集成电路系列丛书・集成电路设计

逐次逼近模/数转换器（SAR ADC）设计与仿真

何乐年　李浙鲁　奚剑雄　著

電子工業出版社
Publishing House of Electronics Industry
北京・BEIJING

内 容 简 介

模/数转换器（ADC）是连接模拟信号与数字信号的桥梁，属于信号链电路的关键组成部分。本书首先概述各种 ADC 的结构和基本特点；然后对应用较为广泛的 SAR ADC 进行详细介绍，包括 SAR ADC 的结构、原理、参数等；接着着重以 14 位二步式 SAR ADC 为例，介绍芯片电路原理、核心模块、辅助模块设计与仿真，详细说明 ADC 的测试技术、校正技术等。附录中给出了测试代码。本书可帮助从事 SAR ADC 研究与设计的工程技术人员，从入门开始，逐渐了解各个模块与电路系统的性能，从而完成整个 SAR ADC 的设计与仿真。

本书适合从事与 ADC 相关的混合信号集成电路芯片设计及其工程应用的专业技术人员阅读，也适合作为高等学校电子科学与技术、集成电路科学与工程、集成电路与系统、电子信息工程、通信工程等相关专业的教学用书。

图书在版编目（CIP）数据

逐次逼近模/数转换器（SAR ADC）设计与仿真/何乐年，李浙鲁，奚剑雄著. —北京：电子工业出版社，2022.9

（集成电路系列丛书. 集成电路设计）

ISBN 978-7-121-44249-0

Ⅰ. ①逐… Ⅱ. ①何… ②李… ③奚… Ⅲ. ①数-模转换器-电路设计②数-模转换器-计算机仿真 Ⅳ. ①TP335

中国版本图书馆 CIP 数据核字（2022）第 160026 号

责任编辑：柴　燕　　文字编辑：刘海艳
印　　刷：北京捷迅佳彩印刷有限公司
装　　订：北京捷迅佳彩印刷有限公司
出版发行：电子工业出版社
　　　　　北京市海淀区万寿路 173 信箱　　邮编　100036
开　　本：720×1000　1/16　印张：14.5　字数：285.4 千字
版　　次：2022 年 9 月第 1 版
印　　次：2025 年 1 月第 6 次印刷
定　　价：99.00 元

凡所购买电子工业出版社图书有缺损问题，请向购买书店调换。若书店售缺，请与本社发行部联系，联系及邮购电话：（010）88254888，88258888。

质量投诉请发邮件至 zlts@phei.com.cn，盗版侵权举报请发邮件至 dbqq@phei.com.cn。

本书咨询联系方式：lhy@phei.com.cn。

“集成电路系列丛书·集成电路设计”编委会

“集成电路系列丛书”主编序言

培根之土 润苗之泉 启智之钥 强国之基

王国维在其《蝶恋花》一词中写道：“最是人间留不住，朱颜辞镜花辞树”，这似乎是人世间不可挽回的自然规律。然而，人们还是通过各种手段，借助于各种媒介，留住了人们对时光的记忆，表达了人们对未来的希冀。

图书，尤其是纸版图书，是数量最多、使用最悠久的记录思想和知识的载体。品《诗经》，我们体验了青春萌动；阅《史记》，我们听到了战马嘶鸣；读《论语》，我们学习了哲理思辨；赏《唐诗》，我们领悟了人文风情。

尽管人们现在可以把律动的声像寄驻在胶片、磁带和芯片之中，为人们的感官带来海量信息，但是图书中的文字和图像依然以它特有的魅力，擘画着发展的总纲，记录着胜负的苍黄，展现着感性的豪放，挥洒着理性的张扬，凝聚着色彩的神韵，回荡着音符的铿锵，驰骋着心灵的激越，闪烁着智慧的光芒。

《辞海》中把书籍、期刊、画册、图片等出版物的总称定义为“图书”。通过林林总总的“图书”，我们知晓了电子管、晶体管、集成电路的发明，了解了集成电路科学技术、市场、应用的成长历程和发展规律。以这些知识为基础，自20 世纪 50 年代起，我国集成电路技术和产业的开拓者踏上了筚路蓝缕的征途。进入 21 世纪以来，我国的集成电路产业进入了快速发展的轨道，在基础研究、设计、制造、封装、设备、材料等各个领域均有所建树，部分成果也在世界舞台上拥有一席之地。

为总结昨日经验，描绘今日景象，展望明日梦想，编撰“集成电路系列丛书”（以下简称“丛书”）的构想成为我国广大集成电路科学技术和产业工作者共同的夙愿。

2016年，“丛书”编委会成立，开始组织全国近500名作者为“丛书”的第一部著作《集成电路产业全书》（以下简称《全书》）撰稿。2018年9月12日，《全书》首发式在北京人民大会堂举行，《全书》正式进入读者的视野，受到教育界、科研界和产业界的热烈欢迎和一致好评。其后，《全书》英文版 *Handbook of Integrated Circuit Industry* 的编译工作启动，并决定由电子工业出版社和全球最大的科技图书出版机构之一——施普林格（Springer）合作出版发行。

受体量所限，《全书》对于集成电路的产品、生产、经济、市场等，采用了千余字“词条”描述方式，其优点是简洁易懂，便于查询和参考；其不足是因篇幅紧凑，不能对一个专业领域进行全方位和详尽的阐述。而“丛书”中的每一部专著则因不受体量影响，可针对某个专业领域进行深度与广度兼容的、图文并茂的论述。“丛书”与《全书》在满足不同读者需求方面，互补互通，相得益彰。

为更好地组织“丛书”的编撰工作，“丛书”编委会下设了 12 个分卷编委会，分别负责以下分卷：

☆ 集成电路系列丛书·集成电路发展史论和辩证法

☆ 集成电路系列丛书·集成电路产业经济学

☆ 集成电路系列丛书·集成电路产业管理

☆ 集成电路系列丛书·集成电路产业教育和人才培养

☆ 集成电路系列丛书·集成电路发展前沿与基础研究

☆ 集成电路系列丛书·集成电路产品、市场与 EDA

☆ 集成电路系列丛书·集成电路设计

☆ 集成电路系列丛书·集成电路制造

☆ 集成电路系列丛书·集成电路封装测试

☆ 集成电路系列丛书·集成电路产业专用装备

☆ 集成电路系列丛书·集成电路产业专用材料

☆ 集成电路系列丛书·化合物半导体的研究与应用

2021 年，在业界同仁的共同努力下，约有 10 部“丛书”专著陆续出版发行，献给中国共产党百年华诞。以此为开端，2021 年以后，每年都会有纳入“丛书”的专著面世，不断为建设我国集成电路产业的大厦添砖加瓦。到 2035 年，我们的愿景是，这些新版或再版的专著数量能够达到近百部，成为百花齐放、姹紫嫣红的“丛书”。

在集成电路正在改变人类生产方式和生活方式的今天，集成电路已成为世界大国竞争的重要筹码，在中华民族实现复兴伟业的征途上，集成电路正在肩负着新的、艰巨的历史使命。我们相信，无论是作为“集成电路科学与工程”一级学科的教材，还是作为科研和产业一线工作者的参考书，“丛书”都将成为满足培养人才急需和加速产业建设的“及时雨”和“雪中炭”。

科学技术与产业的发展永无止境。当 2049 年中国实现第二个百年奋斗目标时，后来人可能在 21 世纪 20 年代书写的“丛书”中发现这样或那样的不足，但是，仍会在“丛书”著作的严谨字句中，看到一群为中华民族自立自强做出奉献的前辈们的清晰足迹，感触到他们在质朴立言里涌动的满腔热血，聆听到他们的圆梦之心始终跳动不息的声音。

书籍是学习知识的良师，是传播思想的工具，是积淀文化的载体，是人类进步和文明的重要标志。愿“丛书”永远成为培育我国集成电路科学技术生根的沃土，成为润泽我国集成电路产业发展的甘泉，成为启迪我国集成电路人才智慧的金钥，成为实现我国集成电路产业强国之梦的基因。

编撰“丛书”是浩繁卷帙的工程，观古书中成为典籍者，成书时间跨度逾十年者有之，涉猎门类逾百种者亦不乏其例：

《史记》，西汉司马迁著，130 卷，526500 余字，历经 14 年告成；

《资治通鉴》，北宋司马光著，294卷，历时19年竣稿；

《四库全书》，36300册，约8亿字，清360位学者共同编纂，3826人抄写，耗时13年编就；

《梦溪笔谈》，北宋沈括著，30卷，17目，凡609条，涉及天文、数学、物理、化学、生物等各个门类学科，被评价为“中国科学史上的里程碑”；

《天工开物》，明宋应星著，世界上第一部关于农业和手工业生产的综合性著作，3卷18篇，123幅插图，被誉为“中国17世纪的工艺百科全书”。

这些典籍中无不蕴含着“学贵心悟”的学术精神和“人贵执着”的治学态度。这正是我们这一代人在编撰“丛书”过程中应当永续继承和发扬光大的优秀传统。希望“丛书”全体编委以前人著书之风范为准绳，持之以恒地把“丛书”的编撰工作做到尽善尽美，为丰富我国集成电路的知识宝库不断奉献自己的力量；让学习、求真、探索、创新的“丛书”之风一代一代地传承下去。

王阳元

2021年7月1日于北京燕园

“集成电路系列丛书·集成电路设计”主编序言

集成电路是人类历史上最伟大的发明之一，六十多年的集成电路发展史实际上是一部持续创新的人类文明史。集成电路的诞生，奠定了现代社会发展的核心硬件基础，支撑着互联网、移动通信、云计算、人工智能等新兴产业的快速发展，推动人类社会步入数字时代。

集成电路设计位于集成电路产业链的最上游，对集成电路产品的用途、性能和成本起到决定性作用。集成电路设计环节既是产品定义和产品创新的核心，也是直面全球市场竞争的前线，其重要性不言而喻。党的“十八大”以来，在党中央、国务院的领导下，通过全行业的奋力拼搏，我国集成电路设计产业在产业规模、产品创新和技术进步等方面取得了长足发展，为优化我国集成电路产业结构做出了重要贡献。

为全面落实《国家集成电路产业发展推进纲要》提出的各项工作，加快推进我国集成电路设计技术和产业的发展，满足蓬勃增长的市场需求，在王阳元院士的指导下，我国集成电路设计产业的专家、学者共同策划和编写了“集成电路系列丛书·集成电路设计”分卷。“集成电路设计”分卷总结了我国近年来取得的研究成果，详细论述集成电路设计领域的核心关键技术，积极探索集成电路设计技术的未来发展趋势，以期推动我国集成电路设计产业实现从学习、追赶，到自主创新、高质量发展的战略转变。在此，衷心感谢“集成电路设计”分卷全体作者的努力和贡献，以及电子工业出版社的鼎力支持！

正如习近平总书记所言：“放眼世界，我们面对的是百年未有之大变局。”面对复杂多变的国际形势，如何从集成电路设计角度更好地促进我国集成电路产业的发展，是社会各界共同关注的问题。希望“集成电路系列丛书·集成电路设计”分卷不仅成为业界同仁展示成果、交流经验的平台，同时也能为广大读者带来一些思考和启发，从而吸引更多的有志青年投入到集成电路设计这一意义重大且极具魅力的事业中来。

魏少军

2021 年 7 月 28 日于北京清华园

前　　言

模/数转换器（ADC）是连接模拟信号与数字信号的桥梁，属于信号链电路的关键组成部分。ADC 属于数/模混合信号电路。ADC 芯片设计者不仅需要具备模拟电路知识，还需要具备数字电路知识；另外，在电路设计与验证、版图设计与验证时，需要借助于设计芯片的各种软件。作者在长期的集成电路教学与科研中一直认为，如果设计者能较好地理解和掌握混合信号电路设计与仿真软件，不仅可以节约设计与仿真时间，而且可以加深对电路功能与性能指标的理解。本书的目的是帮助初学者消除 ADC 混合信号电路设计的神秘感，通过重点讲述逐次逼近式 ADC（SAR ADC）的基本理论和原理，并借助实际例子，在设计与仿真软件工具的帮助下，从建立基本电路模块开始，通过仿真验证和优化参数，逐步实现设计指标。书中部分图是设计原图或仿真截图，未做标准化处理，便于读者对比使用。

本书首先概述各种 ADC 的结构和基本特点；然后对应用较为广泛的 SAR ADC 进行详细介绍，包括 SAR ADC 的结构、原理、参数等；接着着重以 14 位二步式 SAR ADC 为例，介绍芯片电路原理、核心模块、辅助模块设计与仿真，详细说明 ADC 的测试技术、校正技术等。附录中给出了测试代码。本书可帮助从事 SAR ADC 研究与设计的工程技术人员，从入门开始，逐渐了解各个模块与电路系统的性能，从而完成整个 SAR ADC 的设计与仿真。

本书适合从事与 ADC 相关的混合信号集成电路芯片设计及其工程应用的专业技术人员阅读，也适合作为高等学校电子科学与技术、集成电路科学与工程、集成电路与系统、电子信息工程、通信工程等相关专业的教学用书。

在较短的时间内，如果没有浙江大学的同事和研究生的帮助，本书是不可能完成的。作者衷心感谢浙江大学微纳电子学院院长吴汉明院士的帮助、指导与资助。在读博士研究生刘海、张啸蔚等同学不仅参与了部分稿件整理工作，还对稿件进行了仔细校对，在此向他们表示衷心感谢。

作者

2022 年 3 月 29 日

☆☆☆ 作者简介 ☆☆☆

何乐年，浙江大学微纳电子学院副院长、教授、博士研究生导师，曾任电气工程学院应用电子学系副主任、超大规模集成电路设计研究所所长等。

1983 年本科毕业于东南大学电子工程系。

1996 年获日本国立金泽大学电气情报工学专业博士学位。

1999 年 4 月回国入职浙江大学信息与电子工程学院。

曾负责国产 3 英寸 CMOS 集成电路生产线建线，并任生产线技术主管，主持开发了 CMOS 4000 系列芯片。主要研究方向包括 ADC、LDO、锂电池管理以及 ADC/DAC 芯片设计等，承担过科技部“863”项目、“973”课题、国家重大专项项目、浙江省和广东省重大项目等，发表论文 60 多篇，并在顶级国际会议与顶级刊物 ISSSCC、Trans. on Industrial Electronics、JSSC 等发表多篇论文。获国家发明专利 40 多件、日本专利 4 件；省科技进步奖三等奖 1 项；国家级教学成果奖二等奖 1 项；出版教材与专著 3 本；翻译教材 2 本。

目　录

第 1 章

绪论

自然界中绝大多数信号都是模拟的。为了充分利用数字电路的计算性能，需要有相应的模/数转换器（Analog-to-Digital Converter，ADC）将模拟信号转换成数字信号。图 1-1 是 ADC 采样与转换过程的时域波形图：图（a）为待转换的模拟输入波形 $y=x(t)$，t 与 y 均为连续变量；图（b）为 $x(t)$ 的采样波形 $x(nT)$，其中 T 为采样周期，n 为整数离散变量，$x(nT)$ 为连续变量；图（c）为 $x(nT)$ 的量化波形 $x_D(n)$，将连续变量 $x(nT)$ 对应到最接近的离散变量 $x_D(n)$ 上完成量化。一般 ADC 都需要经过采样和量化两个步骤。根据实际需求设计相应的 ADC 可以更加有效地使电子系统满足信号处理要求。

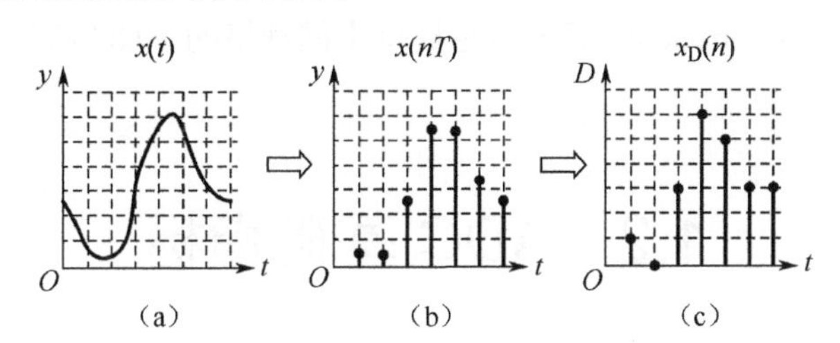

图 1-1　ADC 采样与转换过程的时域波形图

1.1　ADC 发展现状

ADC 的应用范围广泛，主要包括通信、能源、医疗、仪器/仪表/测量、电机和功率控制、工业自动化和航空航天/国防等各个领域。一般情况下，涉及输入信号为模拟信号，而系统具有运算核心的电子系统都需要 ADC。根据 ADC 的不同应用场合，对 ADC 提出的性能指标和要求也不相同。

应用于通信前端方向的 ADC 的采样频率较高（＞10MSPS；Sampling Per

Second，SPS）。美国亚德诺公司（Analog Devices Inc.，ADI）AD9213 的最高采样频率可以达到 10GSPS，分辨率为 12 位。该 ADC 采用时间交织流水线结构，通过随机化与校正降低通道间 ADC 不匹配的影响，在采样频率范围内均保持较高的无杂散动态范围（Spurious-Free Dynamic Range，SFDR），可以直接用于射频（Radio Frequency，RF）前端。美国亚德诺公司的 AD6676[1]是集成 16 位、3.2GSPS 带通德尔塔-西格玛（Delta-Sigma，Δ-Σ）ADC 的宽带中频接收机子系统芯片，利用它可以大幅简化接收机的设计。

应用于测量系统等的 ADC 的采样频率较低（＜20MSPS），但是转换精度较高。一般采用逐次逼近（Successive Approximation Register，SAR）ADC、Δ-Σ ADC 或者隔离式 ADC 等架构。工业控制应用的 ADC 需要有较高的准确度、坚固性与灵活性，具有多个信号处理通道，且能处理电流等多种类型的输入信号；根据相应的安全规定要求，还要满足隔离的要求。ADI 的 LTC 2500-32[2]是结合数字滤波的 32 位过采样 SAR ADC，在 1MSPS 采样率时，可以达到 104dB 的信噪比；在 61SPS 采样率时，可以达到 148dB 的动态范围。ADI 的 AD7177-2 是 32 位、10kSPS 的Δ-Σ ADC[3]，可以用于温度、压力测量和医学科学仪器等领域。

除一般高速与高精度 ADC 外，依据应用需求还有与其他功能模块集成或者特殊用途的 ADC，主要有隔离式 ADC、音频 ADC、电容/数字转换器和触摸屏控制器、电流/数字转换器、电能计量芯片、数字/频率转换器等。不同应用场景下，ADC 会有一定的变化。除以上介绍的 ADI 外，Intersil、Maxim Integrated、Microchip、Texas Instruments 等公司也提供不同规格的 ADC 芯片或者基于 ADC 的集成模块。

1.2 ADC 基础指标

1.2.1 静态指标

ADC 用于实现模拟量到数字量的转换。由于模拟量是连续无限分布的，而数字量是离散有限分布的，那么模/数转换必定会造成一定的误差，该误差被称为量化误差（Quantization Error）。图 1-2 所示为一个典型的 3 位理想 ADC 的传输特性曲线与量化误差曲线。根据数字量转变点与模拟输入之间的关系，有两种形式的 ADC 传输特性曲线。图 1-2（a）所示的 Mid-Tread 形式，数字量的转变点对应模拟输入的非整数值，如 0.5Δ、1.5Δ、2.5Δ 等；图 1-2（b）所示的 Mid-Rise 形式，数字量的转变点对应模拟输入的整数值，如Δ、2Δ、3Δ 等。图中每一个数字量对应一段模拟输入。该模拟输入长度取决于两个转变点相隔的距离，比如与图 1-2（a）中数字量“100”对应的模拟输入是转变点 T_{001} 和 T_{100}。每一个数字量对应的宽度称为该码的码宽。理想情况下，所有数字码的码宽都为Δ，也记作 1LSB（Least-Significant Bit，最低有效位）。1LSB 也就是该 ADC 能够分辨的最小模拟输入电压，定义为模拟精度。在一定模拟输入范围内，量化误差保持为-0.5LSB～$+0.5$LSB，将该范围定义为模拟输入范围。Mid-Tread ADC 的模拟输入范围为-0.5Δ～7.5Δ；Mid-Rise ADC 的模拟输入范围为 0～8Δ。Mid-Tread ADC 的模拟输入与 Mid-Rise ADC 的模拟输入相比，需要向左平移 0.5Δ，以保证两者的量化误差都集中在-0.5LSB～$+0.5$LSB。

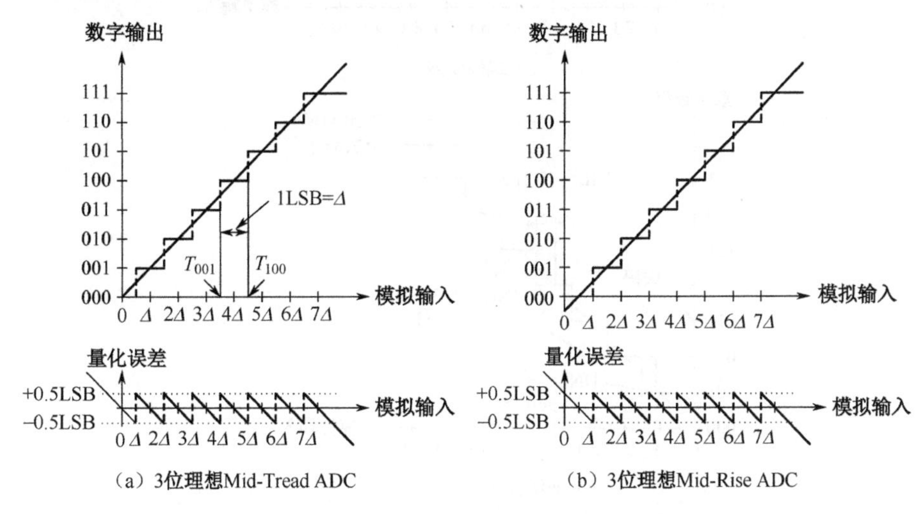

图 1-2 典型的 3 位理想 ADC 的传输特性曲线与量化误差曲线

图 1-3 说明实际 ADC 与理想 ADC 相比的各种误差。

（1）输入失调误差（Offset Error）：图 1-3（a）中的偏差（Offset）即为 ADC 的输入失调电压。由于各种非理想效应导致实际 ADC 零数字码对应的模拟输入电压与理想 ADC 零数字码对应的模拟输入电压的偏差称为输入失调电压。

（2）增益误差（Gain Error）：图 1-3（a）中的 Gain1 为理想 ADC 的等效增益，Gain2 为实际 ADC 的等效增益。两者的偏差就是增益误差。图 1-3（a）中增益曲线可以通过使得量化误差能量最小化拟合得到。

输入失调误差与增益误差是线性误差，不会造成 ADC 的信噪比变差。因此，在分析 ADC 非线性误差时，首先通过平移、增益转换等操作去除输入失调电压与增益误差的影响，得到如图 1-3（b）所示的 ADC 传输特性曲线。

（3）微分非线性误差（Differential Non-Linearity，DNL）：图 1-3（b）中实际 ADC 的每个数字输出对应码宽与理想 ADC 的码宽之间的差距就是 DNL。最小的 DNL 为 -1LSB，表示该码无法输出。

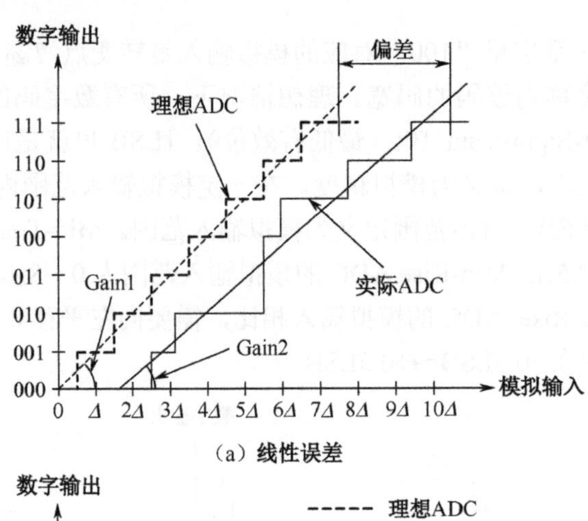

（a）线性误差

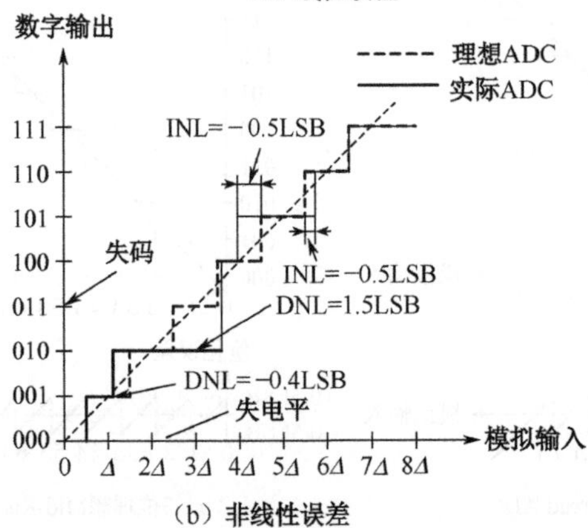

（b）非线性误差

图 1-3　实际 ADC 与理想 ADC 相比的各种误差

（4）积分非线性误差（Integral Non-Linearity，INL）：图 1-3（b）中实际 ADC 的每一个数字码左侧转变点与理想 ADC 同一个码左侧转变点的差距即为 INL。INL 是该码之前所有码的 DNL 之和。对于码 k，INL_k 为

$$\mathrm{INL}_k = \sum_{i=0}^{k-1} \mathrm{DNL}_i \tag{1-1}$$

（5）失码（Missing Code）：如果某一个码没有出现在 ADC 的输出中，就称发生失码。如图 1-3（b）中码“011”即为失码，“011”对应的 DNL 为 -1LSB。

（6）失电平（Missing Level）：如果某一个码对应的 ADC 输入大于Δ，那么大于Δ的那部分模拟电压对应到了同一个码，无法准确判断该码对应的模拟输入范围。这种情况称为失电平。

（7）单调性（Monotonicity）：ADC 输出曲线是否单调上升被称为单调性。图 1-3 中实际 ADC 符合单调性要求。

1.2.2　动态指标

衡量 ADC 与频率 f 相关的指标称为动态指标，其性能随着输入信号的频率变化（f/f_S，f_S 为采样频率）而变化。通过输出数字量的频谱可以对 ADC 动态性能进行评价。图 1-4 为 ADC 输出频谱图。Input 是输入信号分量，2～10 次谐波分别标记在图中。频谱图除信号与谐波外其余部分均被认为是噪声。以下说明量化噪声的计算与相关的动态参数。

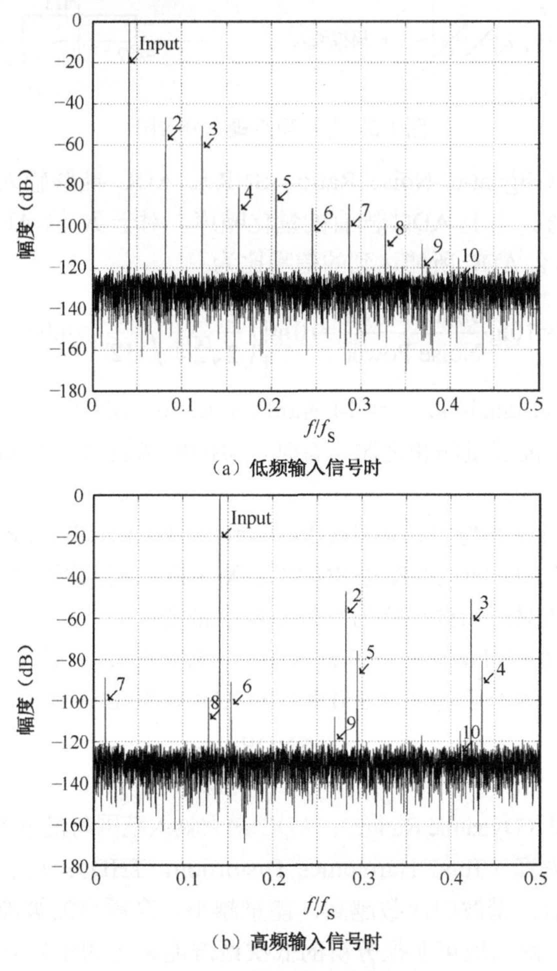

（a）低频输入信号时

（b）高频输入信号时

图 1-4　ADC 输出频谱图

如图 1-5 所示，如果 ADC 工作在模拟输入范围内，ADC 具有幅度介于 −0.5LSB～+0.5LSB 的量化噪声。假设模拟输入幅度相对于 Δ 较大，但是仍在输入范围 FS 之内，且模拟信号频率与 ADC 转换频率不具有明显相关关系，可以认为 ADC 输出的量化噪声是如图 1-5（b）所示的均匀分布在 −0.5LSB～+0.5LSB

内的白噪声，其能量为

$$Q_{\mathrm{n}}=\int_{-\infty}^{+\infty} v^2 p(v)\mathrm{d}v=\int_{-\Delta/2}^{+\Delta/2} v^2\frac{1}{\Delta}\mathrm{d}v=\frac{1}{3\Delta}v^3\bigg|_{-\Delta/2}^{+\Delta/2}=\frac{\Delta^2}{12} \tag{1-2}$$

式中，v 为量化噪声电压；$p(v)$为量化噪声电压的概率分布函数。

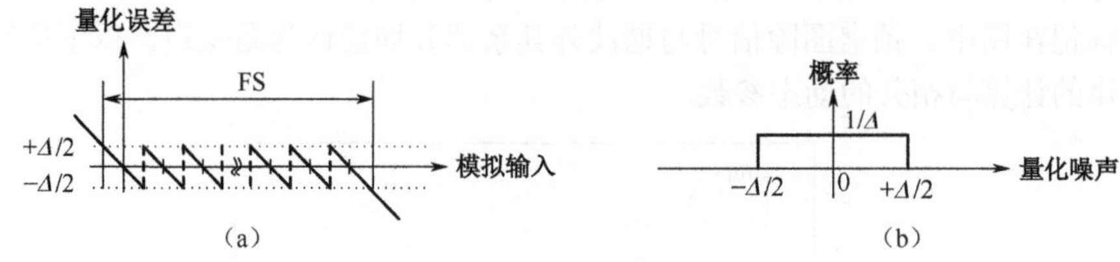

图 1-5　量化噪声概率分布图

（1）信噪比（Signal-to-Noise Ratio，SNR）：ADC 能够输入的最大信号能量与噪声能量的比值。由于 ADC 固有的量化噪声，对于 N 位 ADC 的满幅输入信号 FS 为 $2^N\Delta$，那么 ADC 所能达到的信噪比为

$$\mathrm{SNR}=10\lg\frac{\text{Signal Power}}{\text{Noise Power}}=10\lg\left[\left(\frac{2^N\Delta}{2\sqrt{2}}\right)^2\bigg/\frac{\Delta^2}{12}\right]=6.02N+1.76 \tag{1-3}$$

（2）信纳比（Signal-Noise-and-Distortion Ratio，SNDR）：ADC 输入信号能量与噪声能量、谐波能量的和之比。有时，SNDR 也被记作 SINAD。SNDR 的值比 SNR 更低。

（3）有效分辨率带宽（Effective-Resolution Bandwidth，ERBW）：随着输入信号频率的增高，ADC 的 SNR 与 SNDR 逐渐下降。根据不同的定义，SNR 或者 SNDR 下降 3dB 所对应的频率称为有效分辨率带宽。

（4）有效位数（Effective Number of Bits，ENOB）：有效位数是根据 ADC 信纳比计算得到的，对于信纳比为 $\mathrm{SNDR_{dB}}$ 的 ADC，其 ENOB 为

$$\mathrm{ENOB}=\frac{\mathrm{SNDR_{dB}}-1.76}{6.02} \tag{1-4}$$

（5）动态范围（Dynamic Range）：ADC 最大输入范围与最小可分辨信号之比。

（6）总谐波失真（Total Harmonics Distortion，THD）：所有的谐波能量之和与基波能量的比值。谐波的次数越高，能量越小，高频谐波被淹没在噪声中，无法分辨。因此，一般只取可明显分辨的低次谐波能量之和作为总谐波能量。

（7）无杂散动态范围（Spur Free Dynamic Range，SFDR）：信号能量与输出频谱中除信号外最大分量频率所对应的能量之比。

除了以上动态指标，还有交调失真（Intermodulation Distortion，IMD）、二阶交调失真（Two-tone Intermodulation Distortion，IMD2）、多音功率比（Multi-tone Power Ratio，MTPR）等其他指标。

1.3 ADC 基本架构与原理

ADC 实现模拟量到数字量的转换，其架构多样，各有特点。通常的 ADC 包含采样保持（Sample-and-Hold，S&H）模块、比较基准生成模块与比较器模块。根据采样频率与信号频率的关系，ADC 可以分为奈奎斯特（Nyquist）ADC 和过采样（Oversampling）ADC。奈奎斯特 ADC 的特点是一个采样周期对应一个输出，其输入信号的带宽理论上可以达到采样频率的一半；过采样 ADC 的特点是多个采样周期对应一个输出，其输入信号的带宽远小于采样频率的一半。下面介绍各种架构 ADC 的原理，并对各种架构 ADC 进行比较。

1.3.1 闪存（Flash）ADC

闪存（Flash）ADC 是最简单直接的 ADC。图 1-6 是典型的 Flash ADC 架构图。由此可见：一个 N 位 Flash ADC 通过 S&H 模块采样输入电压 V_{IN}；2^N 个电阻用于产生 2^N-1 个转换电平；通过 2^N-1 个比较器将采样获得的信号与电阻串分压得到的基准电压进行比较，以判断输入电压所对应的数字量；比较器输出的是 2^N-1 位的热编码，需要解码器将其转换成 N 位二进制编码，以减小接口的位宽。

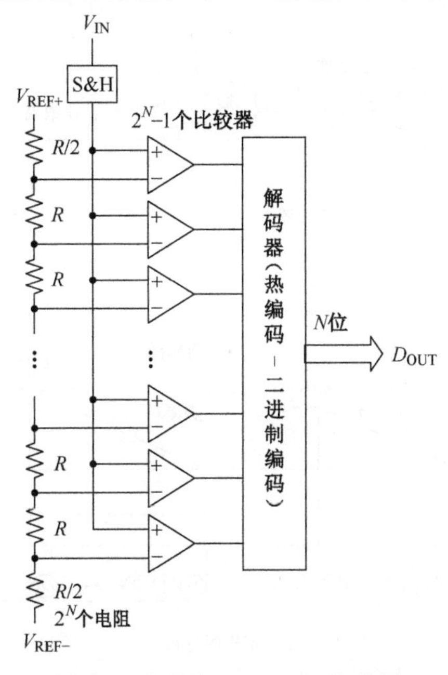

图 1-6 典型的 Flash ADC 架构图

Flash ADC 只需要一个时钟就可以完成模/数转换，速度非常快，延时相对较小。但是，Flash ADC 的硬件开销比较大，比较器、电阻个数等与精度呈指数关系。随着精度增大，比较器数量增多。对于 S&H 模块而言，负载重，难以驱动。基准电压通过电阻串分压具有直流功耗。电阻绝对值须足够小，以保证采样带宽足够大。此外，在比较器跳变后，小电阻能够足够快地将回踢噪声（Kickback Noise）消除。比较器的失调电压会直接造成 ADC 的误差，甚至可能造成传输曲线的不单调。Flash ADC 一般用于速度较快、精度较低的场合。

1.3.2 积分（Integrating）ADC

积分（Integrating）ADC 分为单斜坡（Single-slope，SS）ADC 以及衍生的双斜坡（Dual-slope，DS）ADC。积分 ADC 通过测量采样得到的输入信号积分至一定值所需要的时间来确定待转换的模拟输入的大小。

图 1-7 是 SS ADC 的架构图与时序图。SS ADC 由 S&H 模块、比较器、数字逻辑电路、积分器和计数器构成。采样电路以 f_S 的频率进行采样，得到 V_S 电压；积分器从零开始，以 I/C 的斜率对电压 V_X 进行积分；数字逻辑电路监测比较器输出 V_Y。如果 V_X 还没达到 V_S，V_Y 保持为高。在此期间，每经过一个周期 $1/f_{clk}$（f_{clk} 是数字逻辑模块时钟的频率），计数器值加 1。直到 V_X 超过 V_S，V_Y 变为低，计数器停止计数。计数器输出的 D_{OUT} 即为模/数转换结果。

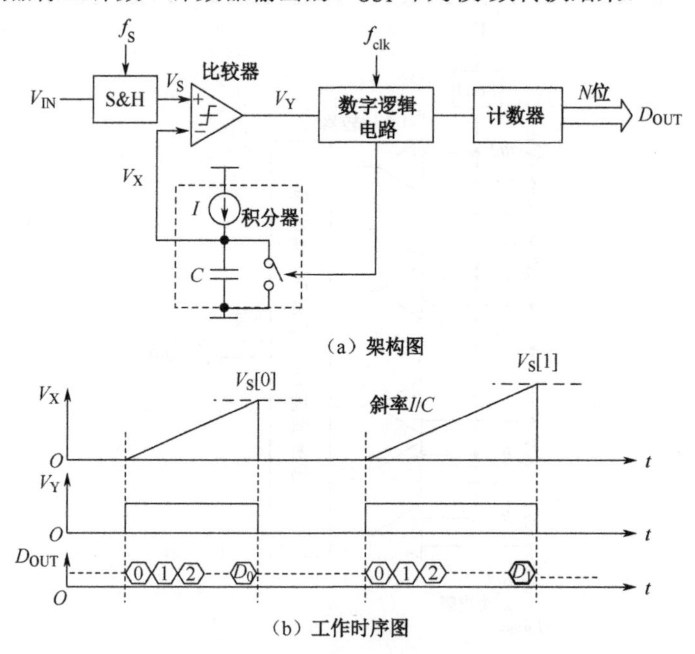

图 1-7　SS ADC 的架构图与时序图

N 位的 SS ADC 进行一次模/数转换需要 $2^N/f_{clk}$ 的时间，因此速度较慢。因为需要极高的频率 f_{clk}，所以 SS ADC 不适合高速应用。但是，SS ADC 可以实现很高精度的转换，积分可以保证单调性。SS ADC 结构简单、精度高。

SS ADC 的输出 $D_{OUT}=f_{clk}CV_S/I$，其值与 I 和 C 的绝对值相关。随着工艺、温度和电压的变化，D_{OUT} 值是会变化的。为了克服这个问题，提出了如图 1-8 所示的 DS ADC。DS ADC 的构成与 SS ADC 基本相似。不同的是积分器不再积分一个固定的电流源，而是分别对采样电压 V_S 和基准电压 $-V_R$ 进行积分。首先在固定 T_R 时间内对 V_X 以斜率 $V_S/(RC)$ 进行积分，而后对 V_X 以斜率 $-V_R/(RC)$ 进行积分，直到 V_X 计数器值回到零。DS ADC 的输出 $D_{OUT}=V_ST_Rf_{clk}/V_R$，其值与 RC 的绝对值无关，只与 V_R、T_R、f_{clk} 相关。这些量基本不受工艺、温度和电压变化的影响。因此，DS ADC 的性能具有很高的稳定性。

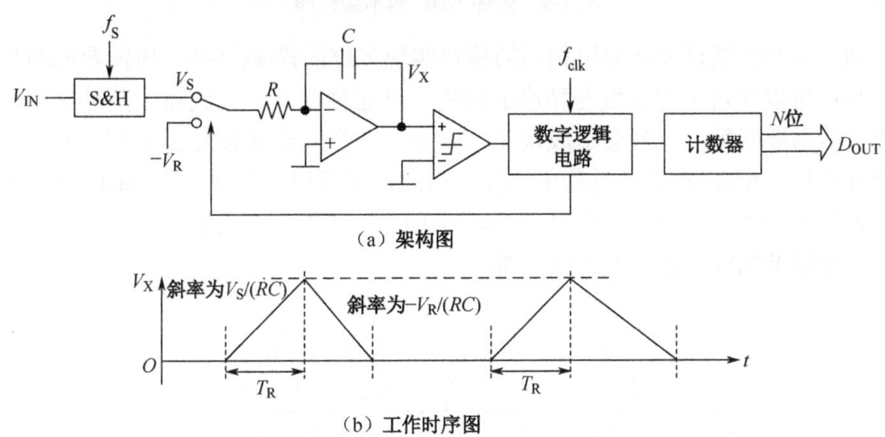

图 1-8　DS ADC 的架构图与时序图

1.3.3　循环（Cyclic）ADC

循环（Cyclic）ADC 也称算法（Algorithmic）ADC，其基本架构如图 1-9 所示。典型循环 ADC 由 S&H 模块、比较器、1 位 DAC、放大器及数字逻辑电路组成。循环 ADC 首先进行采样，开关连接到 V_{IN}，采样得到 V_X。而后 V_X 与 $V_{FS}/2$ 进行比较，判断 V_X 是处于 $0\sim V_{FS}/2$ 还是处于 $V_{FS}/2\sim V_{FS}$。将比较得到的结果通过 1 位 DAC 转换成模拟电压，再与 V_X 相减得到余量信号 V_{Res}，V_{Res} 总是小于 $V_{FS}/2$。V_{Res} 与 V_X 的关系如下：

$$V_{Res}=\begin{cases} V_X, & V_X<V_{FS}/2 \\ V_X-V_{FS}/2, & V_X>V_{FS}/2 \end{cases} \tag{1-5}$$

将 V_{Res} 放大为 2 倍，得到 V_O，使得 V_O 处于 $0\sim V_{FS}$ 范围。之后开关连接到 V_O，进行类似操作，以判断 V_O 是处于 $0\sim V_{FS}/2$ 还是处于 $V_{FS}/2\sim V_{FS}$。如此循环

N 次，并一直保持开关连接到 V_O 直至下次采样，便可以得到 N 位的模/数转换结果。图 1-10 为典型的循环 ADC 依次转换过程中 V_X 的波形图。

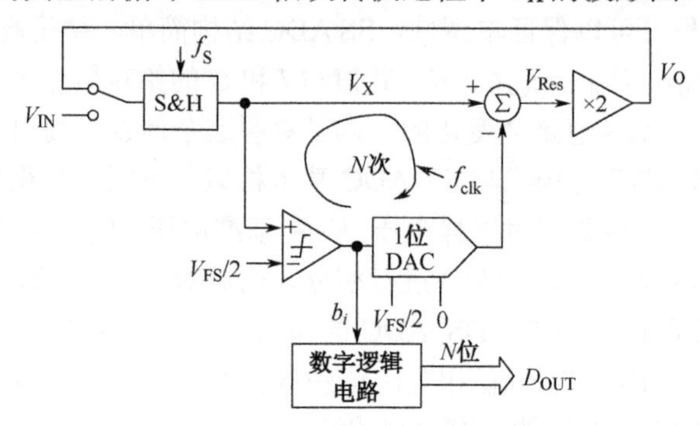

图 1-9　循环 ADC 基本架构图

循环 ADC 通过循环复用相同的模块实现多位的模/数转换，所需要的面积相对较小，可以实现中等速度与精度的应用。理想情况下，比较器、基准电压与 2 倍放大器需要匹配，不然会造成误差。比如，当放大器增益大于 2 时，V_{Res} 就可能超过量程，ADC 在循环过程中饱和。因此，需要引入如 1.5 位 ADC 等一定的校正机制来应对这种情况。此外，循环 ADC 需要用到放大器。在深亚微米工艺下，实现精准的放大器相对比较困难。

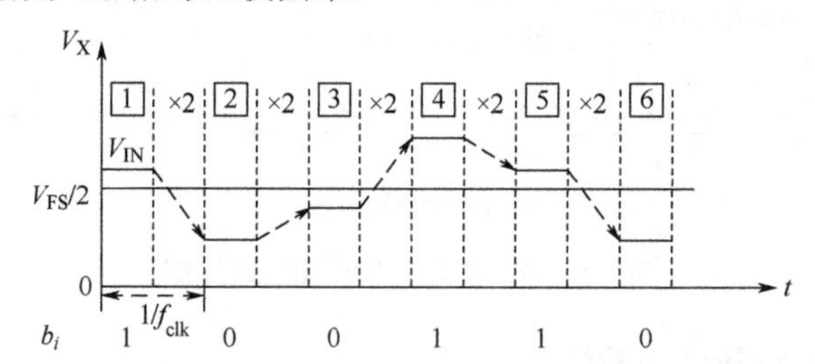

图 1-10　典型的循环 ADC 依次转换过程中 V_X 的波形图

1.3.4　逐次逼近（SAR）ADC

循环 ADC 中每次循环得到的余量 V_{Res} 都会被放大，以保证可以充分利用量程 V_{FS}，利用 $V_{FS}/2$ 进行判断。这样对于第 i 次循环比较，就等效于输入信号被放大 2^i 倍后再与 V_{FS} 进行比较。循环 ADC 的特点是循环次数越高，输入等效放大倍数越大，对于噪声等非理想因素越不敏感。如果不考虑等效放大的效果，也可以考虑通过基准电压按照 2 的倍数缩小后再与 V_{Res} 进行比较得到每位数字量。这就是逐次逼近（SAR）ADC。

图 1-11 是典型的 SAR ADC 架构图。SAR ADC 由 S&H 模块、比较器、SAR 逻辑电路和 DAC 组成。图 1-12 是 SAR ADC 的典型波形图。首先，S&H 模块采

样 V_{IN} 得到 V_S。而后设置 $V_{DAC}=V_{FS}/2$，与 V_S 比较得到最高位。如果 $V_S>V_{DAC}$，最高位为“1”，保持 $V_{DAC}=V_{FS}/2$；如果 $V_S<V_{DAC}$，最高位为“0”，V_{DAC} 值返回到“0”。之后再在 V_{DAC} 值基础之上增加 $V_{FS}/4$，判断 V_S 与 V_{DAC} 大小得到次高位。如果 $V_S>V_{DAC}$，次高位为“1”，保持 V_{DAC} 值增加 $V_{FS}/4$；如果 $V_S<V_{DAC}$，次高位为“0”，V_{DAC} 值保持原值不增加。用同样的逻辑设置逐位 V_{DAC} 值并判断输出数字量。SAR ADC 每比较一个值，首先需要预测 V_{DAC} 值，预测值按照 1/2 的比例缩小。根据每一次比较结果判定预测值是否接近 V_S。如果接近，就保持；如果不接近，就返回原值。一个 N 位的 SAR ADC 需要进行 N 次比较，也就是 N 次反馈循环。

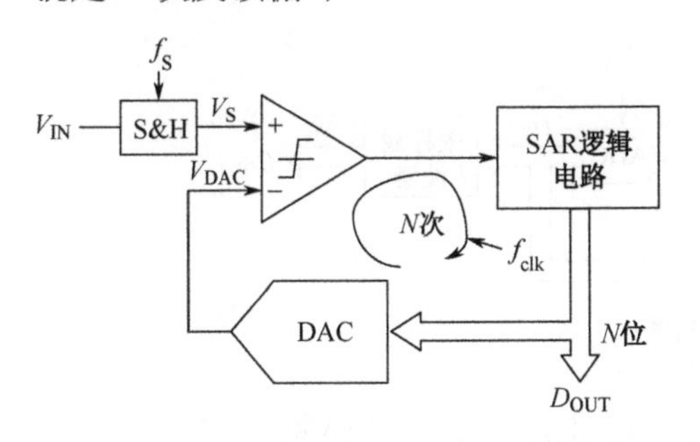

图 1-11　典型的 SAR ADC 架构图

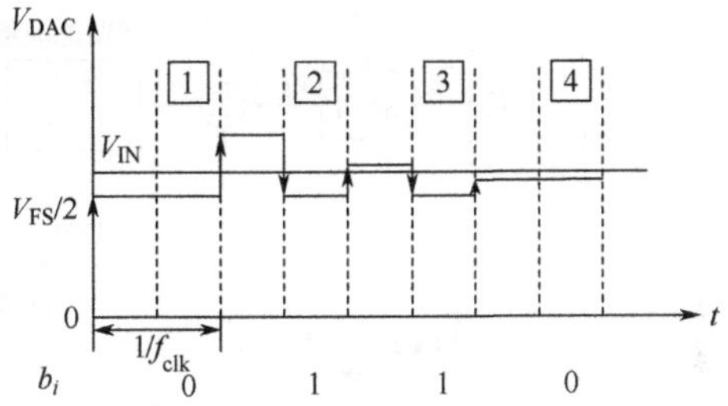

图 1-12　SAR ADC 的典型波形图

SAR ADC 的硬件设计难度相对较小，并且不需要循环 ADC 中所采用的放大器。如果采用电容阵列实现，所有的模块都可以设计为动态模块，功耗非常小。因此，SAR ADC 十分适合在深亚微米工艺下实现。SAR ADC 中 DAC 误差直接影响整体 ADC 的误差。如果不采用一定的方法实现高精度 DAC，SAR ADC 的精度一般在 10 位左右。SAR ADC 在低功耗、中等精度与中等速度需求条件下十分具有优势。

1.3.5　德尔塔-西格玛（Delta-Sigma, Δ-Σ）ADC

以上分析的各种 ADC 都属于奈奎斯特 ADC，与之相对的是过采样 ADC。过采样 ADC 的采样频率 f_S 远大于信号带宽，而量化噪声均匀分布在 $0.5f_S$ 带宽内，因此过采样可以减少信号带宽内的量化噪声。将 $0.5f_S$ 与信号带宽的比值定义为过采样率（Oversampling Ratio，OSR）。Δ-Σ ADC 是一种过采样 ADC。由于噪声整形（Noise Shaping）的特点，Δ-Σ ADC 适合极高精度应用场合，但是速度相对较慢。

图 1-13 是典型一阶Δ-Σ ADC 的架构图和信号流图。图 1-13（a）中 Δ-Σ ADC 包括 S&H 模块、环路滤波器、低精度 ADC 和 DAC 及采样滤波器。图 1-13（b）将图 1-13（a）中各模块进行模型化。首先 S&H 模块是输入信号与狄拉克冲

激序列的乘积，用于表示采样过程；ADC 建模成量化噪声 V_Q，通过加法器与输入模拟量相加得到相应的数字输出；DAC 是增益为 1 的理想放大器，不在图 1-13（b）中表示；采样滤波器是低通滤波器，将数字高频分量滤除后进行采样得到数字输出。采样信号 V_S 到 D_Y 的传递函数称为信号传递函数（Signal Transfer Function，STF）；量化噪声 V_Q 到 D_Y 的传递函数称为噪声传递函数（Noise Transfer Function，NTF）。对于一阶Δ-Σ ADC 而言，STF=1，NTF=$1-z^{-1}$。STF 对信号没有影响，而 NTF 是高通滤波器且直流增益为零。由于Δ-Σ ADC 为过采样 ADC，采样频率远高于信号带宽，因此结合高通 NTF 可以将信号带宽内的量化噪声衰减以提高精度。

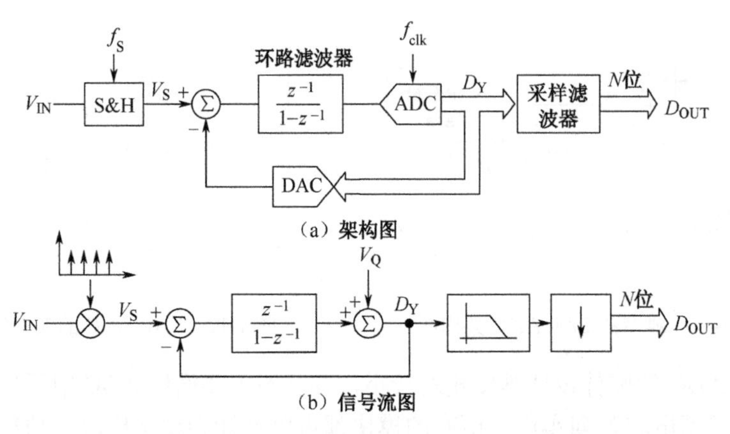

图 1-13　典型一阶Δ-Σ ADC 架构图和信号流图

图 1-14 是一阶Δ-Σ ADC 典型的输出频谱图。可以从图 1-14 看出，噪声呈现高通特性，在信号带宽以内的噪声分量很小。通过后续的采样滤波器滤除信号带宽外的噪声，可以由低精度 ADC 和 DAC 结合反馈实现一个高精度的 ADC。

由于Δ-Σ ADC 的过采样特性，信号的带宽比较小。如果想要提高Δ-Σ ADC 的精度，可以提高内部 ADC 和 DAC 分辨率、NTF 的阶数或者过采样率。内部 ADC 和 DAC 分辨率提高直接减小 V_Q。但是 DAC 对于 STF 而言处于反馈环路，DAC 的非线性误差会直接表现在输出上。因此，直接提高 ADC 和 DAC 分辨率的同时需要保证 DAC 精度。NTF 阶数提高可以获得更好的信号带内噪声抑制效果。但是高阶的 NTF 引入多个极点，导致反馈系统更加难以稳定，设计就会相对比较困难。直接增加过采样率对于系统时钟要求比较高，导致系统消耗的功耗较大且难以设计。Δ-Σ ADC 一般适合用于电子秤、数字音频放大器等低频高精度应用。

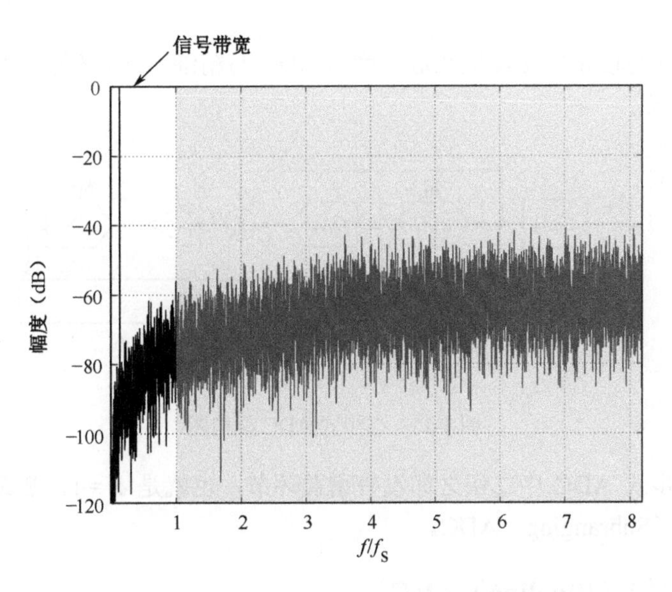

图 1-14 一阶Δ-Σ ADC 典型的输出频谱图

1.3.6 二步式（TS）ADC

1.3.1 节至 1.3.5 节介绍的是常见的基础架构的 ADC。通过将以上几种 ADC 结合，可以设计更多类型的 ADC。图 1-15 所示的二步式（Two-step，TS）ADC 就是基于基础 ADC 架构实现的。典型的 TS ADC 可以分为粗（Coarse）ADC 和精细（Fine）ADC 两部分。粗 ADC 的精度要求不高，用于粗略判断采样获得的信号 V_S 所处的范围。将 V_S 减去粗 ADC 判断获得的范围得到余量 V_{Res}。V_{Res} 也就是粗 ADC 的量化误差。V_{Res} 经过放大，送给精细 ADC 进行进一步量化。对于精细 ADC 而言，由于存在放大 K 环节，导致精细 ADC 的误差折算到输入端被衰减 K 倍，因此精细 ADC 的精度要求也不高。理论上粗 ADC 需要与精细 ADC 完全匹配，以保证在输入范围内全部正常工作，但是由于失配、增益误差等原因可能造成粗 ADC 与精细 ADC 不能匹配工作。在实际设计中，可以通过设计 K 值与粗 ADC、DAC，实现粗 ADC 与精细 ADC 在精度要求不高的条件下正常工作。

通过采用二步式 ADC 的架构，可以将分辨率为 M+N 的 ADC 分解成两个分辨率分别为 M 和 N 的 ADC。如果采用的 ADC 的面积与分辨率呈指数关系，那么原先的 ADC 面积正比于 2^{M+N}，采用二步式 ADC 的面积正比于 2^M+2^N。如果 $M=N$，面积可以从 2^{2M} 节省到 2^{M+1}，节省 2^{M-1} 倍。如果采用的 ADC 的转换时间与精度呈指数关系，那么通过采用二步式结构可以节省很多转换时间。

二步式 ADC 主要的问题是粗 ADC、DAC 与精细 ADC 和增益 K 环节的不匹配，导致粗 ADC 的误差可能造成精细 ADC 超量程而出现明显误差，因此需要通过一定的设计与校正算法保证在低精度粗 ADC 与精细 ADC 条件下仍旧能够实现高精度的 ADC。

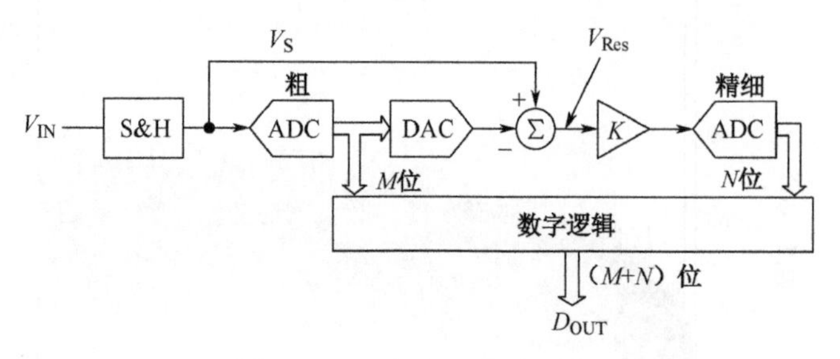

图 1-15　二步式 ADC 架构图

如果二步式 ADC 中二级之间没有增益环节，也就是 $K=1$，那么该 ADC 也被称为分段（Subranging）ADC。

1.3.7　流水线（Pipeline）ADC

流水线 ADC 是可以提高转换速度的 ADC。图 1-16 为典型流水线 ADC 的架构图，其中图 1-16（a）为整体架构图，图 1-16（b）为其中一级的架构图。总体而言，流水线 ADC 每一级都以采样频率 f_S 工作，每一级的 ADC 都可以转换得到 b_i 的数字量，并且转换结束后将该级输入与转换结果相减得到余量 $V_{Res,i}$。因为每一级电路都有采样保持电路，所以各级可以同时工作。对于一个 N 级的流水线 ADC，数字量输出的频率为 f_S。对于输入 V_{IN} 而言，每一次完整的转换需要经过 N 级子 ADC，也就是说每一次转换的延时是 N/f_S。

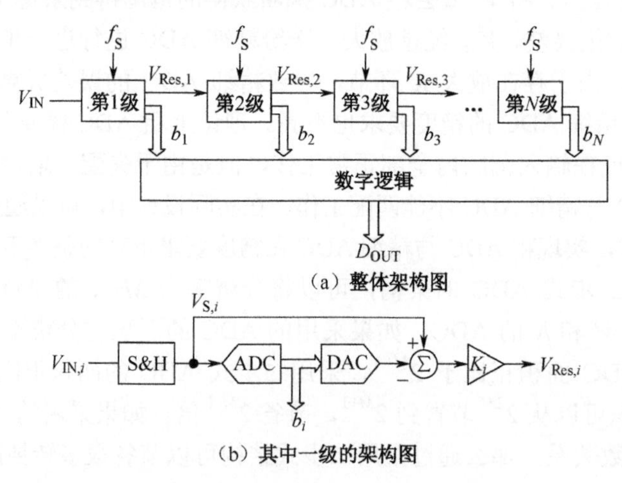

（a）整体架构图

（b）其中一级的架构图

图 1-16　典型流水线 ADC 的架构图

流水线 ADC 各级电路都是低精度的子 ADC，可以实现很快的转换速度。因此，流水线 ADC 整体转换频率 f_S 可以非常快。高位的 ADC、DAC 和增益 K 的不匹配会导致误差，需要通过一定的校正算法予以解决。低位的 ADC、DAC 和增益 K 的误差折算到输入端，经过多个前级放大器增益级的衰减，不会对性能造成影响。流水线 ADC 适合中高精度、高速应用场合；不适合如反馈环节等对延时敏感的应用场合。

1.3.8 时间交织（TI）ADC

为实现高速 ADC 并避免使用流水线 ADC 中用于求余量的 DAC 和放大余量的放大器，可以考虑采用时间交织（Time-Interleaved，TI）ADC。图 1-17 是典型时间交织 ADC 架构图。时间交织 ADC 由工作在采样频率 f_S 的 S&H 模块、k 通道的模拟多路选择器、工作在 f_S/k 频率的 k 个 ADC，以及 k 通道的数字多路选择器构成。

S&H 模块以 f_S 频率进行采样，采样得到的数据通过模拟多路选择器依次给 k 个 ADC。从头到尾不断循环，每个 ADC 依次转换对应的数据，相邻 ADC 之间得到的数据具有 $1/f_S$ 的延时。ADC 转换得到的数字量通过数字多路选择器依次输出，并且从头到尾不断循环。这样可以利用工作在采样频率为 f_S/k 的 k 个 ADC 得到一个工作在采样频率 f_S 的 ADC。输入和输出之间具有 $1/f_S$ 的延时。

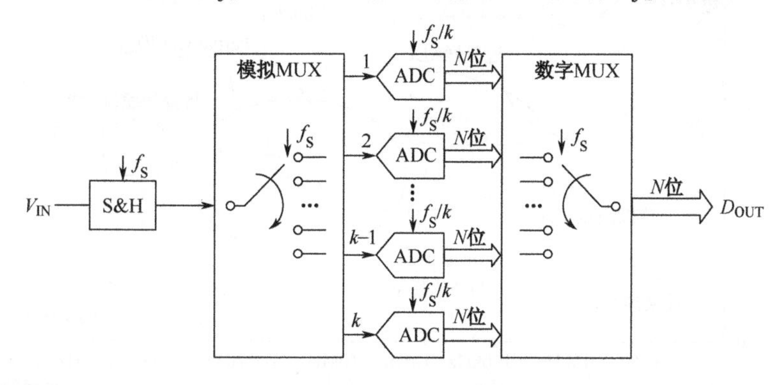

图 1-17　典型时间交织 ADC 架构图

时间交织 ADC 适合高速应用，但是其性能受到各通道 ADC 之间的不一致性影响。不同通道 ADC 的增益与失调误差都会造成整体 ADC 性能下降。此外，各个 ADC 之间延时控制需要十分精准。通道间固定的延时误差会转换成整体 ADC 的非线性误差，而通道间时钟抖动会转换成整体 ADC 的噪声。因此，实现高性能的时间交织 ADC，需要解决各通道间的匹配以及时钟分布与抖动的问题。

1.3.9 ADC 架构比较

不同架构 ADC 具有不同特点。针对不同的应用场合，需要根据应用的要求选择合适的 ADC。ADC 的精度与速度是一对基本矛盾。各种架构 ADC 采样频率与精度的比较如图 1-18 所示。其中，连续逼近算法是 SAR ADC 采用的算法。一般情况下，积分 ADC 速度最慢，时间交织 ADC 速度最快；积分与过采样 ADC 精度最高，时间交织 ADC 精度最低。以 16 位输出 ADC 为例，一次转换输出 1 个 word，即 1 个字。对于每一个时钟周期 T_{clk}，积分 ADC 只能完成 1 个数字台阶（level）的比较；过采样 ADC 可以完成 1/OSR 次（word）模/数转换（图 1-18 中 OSR 是过采样率）；SAR ADC 可以完成 1 位（bit）模/数转换；分段 ADC 与流水线 ADC 可以完成 1 次模/数转换中的部分位（Partial word）；闪存 ADC 可以完成 1 次（word）模/数转换。除精度与速度之外，ADC 的面积、功耗与实现的复杂程度都是重要的考虑指标。综合而言，SAR ADC 具有中等速度与中等精度。由于电路结构基本由动态电路与数字电路构成，功耗较低，且易于在深亚微米工艺条件下设计，在许多低功耗、先进工艺系统芯片设计中，SAR ADC 具有相当的优势。

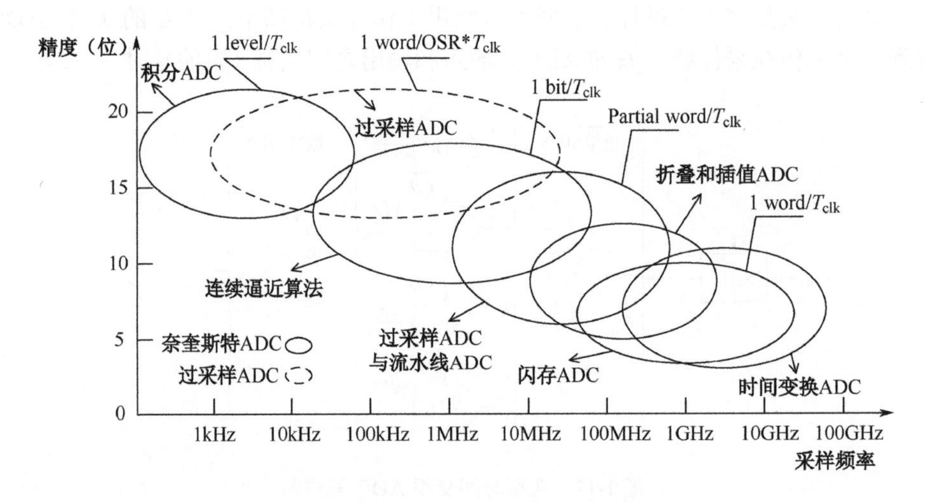

图 1-18　各种架构 ADC 采样频率与精度的比较[4]

第 2 章

ADC 发展趋势与 SAR ADC 系统

2.1 ADC 发展趋势

随着数字电路技术的高速发展，数字电路领域存储和处理了越来越多的数字信息，而将自然界中的模拟信号转换为数字信号的需求，推动了 ADC 的发展。

纯模拟电路可以以低成本和固定的方式进行大量的信号处理。例如，模拟电路对于诸如滤波和放大之类的简单功能已经足够了。随着先进电子系统的复杂度的提高，用纯模拟解决方案实施信号处理变得太昂贵，甚至不可行。数字信号处理（DSP）提供了对这些必需功能的关键扩展，因为 DSP 提供了完善的存储功能、无限制的信噪比，以及执行复杂算法的选项，从而可以利用 DSP 前所未有的计算能力来实现新功能。为了利用这种功能，必须在信号处理链的前端，将模拟信号转换为数字信号，从而使 ADC 成为关键的模块。在很多情况下，当代数字系统的性能由数据转换器的质量和速度决定。

互补金属氧化物半导体（CMOS）技术的连续按比例缩小极大地提高了速度、功率效率和电子系统的集成度。摩尔定律在过去几十年里能很好地预测集成电路在规模和等级上的发展，但最近几年集成电路的扩展速度开始放缓。系统性能的扩展改进已经推动了相应数据转换器的改进需求。一个趋势是继续开发高性能数据转换器，同时降低 ADC 功耗；另一个趋势是将 ADC 转移到“上游”，以允许在数字域中进行更多的信号处理，充分利用数字域的优势并消除不必要的干扰和噪声。

ADC 应用的数量在增加，同时 ADC 应用范围越来越广泛，包括工业过程控制、通信基础设施、汽车控制器、音频/视频功能和医疗设备等。在这些应用中，将 ADC 转移到上游通常需要更高的采样频率和分辨率。对于高性能应用，如无线通信设备、程控无线电台和毫米波图像系统等，将 ADC 移至上游将需要 12

位或更高的分辨率，采样频率需要几十兆赫兹（MHz），并要求稳定地朝着几百兆赫兹甚至吉赫兹（GHz）范围内发展。此外，便携式/电池供电电子产品的日益普及要求 ADC 设计需要更低的功率。这给在同一设计中实现高性能、高分辨率和低功耗带来了很多挑战，特别是对深度按比例缩小的 CMOS 技术。

2.1.1 技术按比例缩小带来的挑战

从改善集成度和单位增益频率 f_T 的角度看，技术按比例缩小有益于数字集成电路，但按比例缩小不一定同样有益于模拟电路（如运算放大器）。随着特征尺寸的缩小，电压空间（V_{DD}）、晶体管的固有增益（$g_m r_o$）和栅氧化层厚度（t_{OX}）均规模化减小。尽管有速度方面的好处，但这些因素使模拟电路设计变得极为困难。

按比例缩小可降低电源电压并减小关键模拟模块的可用信号电压范围，但不幸的是，它不会降低噪声水平，并且为防止断态电流过度增加，阈值电压变化与电源电压变化不成比例。这些进一步加剧了由电源电压减小引起的困难。例如，当电源电压从 1.8V 降低到 0.9V 时，SNR 自动降低 6dB。为了保持相同的 SNR，噪声功率需要减小为原来的 1/4。由于噪声功率与 kT/C 成正比，因此为了达到这样的噪声水平，电容器的尺寸必须增加为原来的 4 倍。如果将系统设计为具有一定的 g_m/C 带宽，电容的增加需要与跨导 g_m 的增加相适应，这将导致对于原设计需要 2 倍功耗来维持相同带宽。

由于有限的电压空间，使用共源共栅技术来提高运算放大器的直流增益也变得越来越不切实际。为了增加 DC 增益，设计人员已采用增益增强型共源共栅或多级设计。尽管这些技术可以提供足够的 DC 增益，但会在低频引入多个极点，这给设计闭环稳定系统带来了挑战。

器件参数变化是另一个重要影响因素。这种变化主要体现在阈值电压 V_{TH} 的变化上，如式（2-1）和式（2-2）所示。

$$\begin{cases} 2\phi_B = 2\dfrac{kT}{q}\ln\dfrac{N_A}{n_i} \\ C_{OX} = \dfrac{\varepsilon_{OX}}{t_{OX}} \end{cases} \tag{2-1}$$

$$V_{TH} = V_{FB} + 2\phi_B + \frac{\sqrt{qN_A 2\varepsilon_S}}{C_{OX}}\left(\sqrt{2\phi_B + V_{SB}} - \sqrt{2\phi_B}\right) \tag{2-2}$$

这些方程式表明，阈值电压取决于掺杂浓度（N_A）、平带电压（V_{FB}）和栅氧化层厚度（t_{OX}）。式（2-1）和式（2-2）中，ϕ_B 为器件的费米值，k 为玻尔兹曼常数，T 为温度，q 为电子电荷量，n_i 为本征载流子浓度，C_{OX} 为单位面积的栅氧化层电容，t_{OX} 为栅氧化层厚度，ε_{OX} 为栅氧化物的介电常数，V_{SB} 为器件的源体电压（源极电位减去体电位），ε_S 为硅的介电常数。掺杂浓度尤其受离子注入和热退火步骤产生的随机掺杂物波动的影响。这使得很难开发出减少阈值电压变化的技术，并且阈值电压的这种变化使深度按比例缩小器件的匹配变得困难。器件参数变化导致模拟电路中出现随机偏差，这会限制可实现的性能。其他短沟道效应，例如漏极引起的势垒降低（Drain Induced Barrier Lowering，DIBL）、栅极电流泄漏、速度饱和以及寄生源极/漏极电阻，也需要模拟电路设计者去关注。ADC 设计者需要利用数字集成电路按比例缩小的优势，并充分考虑上述模拟电路的限制进行设计。

2.1.2　ADC 体系结构概述

图 2-1 所示为 1997—2012 年间在集成电路设计领域的关键技术会议——国际固态电路会议（International Solid-State Circuits Conference，ISSCC）和超大规模集成电路国际研讨会（Symposium on Very-Large-Scale-Integrated Technology and Circuits，VLSI）上发布的 ADC 的分辨率和采样频率的关系图。图 2-1 显示了采样频率增加的同时，分辨率降低的趋势。在经典架构中，Δ-Σ ADC 在高分辨率和低采样频率范围内占主导地位，闪存 ADC 和折叠 ADC 的采样频率最高，但分辨率最低，逐次逼近寄存器（SAR）ADC 用于中低速和中高分辨率应用，而流水线 ADC 和分段式 ADC 则用于需要中高速和中高分辨率的应用。

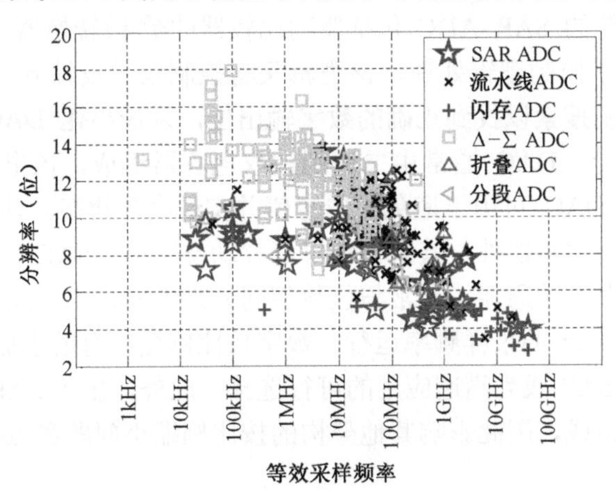

图 2-1　1997—2012 年间在 ISSCC 和 VLSI 上发布的 ADC 的分辨率与采样频率的关系图[5]

闪存拓扑及其折叠和插值变体已成为高速和低分辨率应用的选择，能够实现最高的数据吞吐量，但是由于高度并行的特点而存在许多缺陷。由于比较器的数量随分辨率呈指数增长，因此，这些 ADC 需要更多的功率和面积才能获得 8 位以上的分辨率。大量的比较器还会引起其他问题，例如较大的输入负载和反冲噪声：较大的输入负载会限制 ADC 的速度，反冲噪声会影响基准电压源或模拟输入的精度。这种困难促使我们使用其他 ADC 架构。

Δ-Σ ADC 传统上用于高分辨率、低带宽数字音频应用，其带宽通常在千赫兹范围内，分辨率可以高达 18 位。最近，研究工作展示了经过速度提升的 ADC，可以达到几兆赫兹的采样频率。Δ-Σ ADC 以一定的速度代价来追求分辨率，并且对输入的采样要比奈奎斯特速率快许多倍，以便进行噪声整形。由于内部电路的运行速度必须比采样频率快得多，因此与奈奎斯特速率 ADC 相比，Δ-Σ ADC 功耗可能要高得多。数字抽取滤波器的设计也可能具有挑战性。

传统上，流水线 ADC 用于中高速和中高分辨率应用。流水线 ADC 的优点之一是硬件要求随位数的增长而线性增加。通过添加另一个流水线级，我们可以通过该额外级的分辨率来提高整个流水线 ADC 的分辨率。并行性以额外的功耗和延迟为代价实现了高吞吐量。例如，6 级流水线 ADC 在模拟输入和数字输出之间的延迟至少为 6 个时钟周期。在流水线操作的核心，它依靠运算放大器将上一阶段的余量乘以下一阶段的余量。运算放大器必须设计为具有高增益/带宽，以实现所需的性能。但是，在深度按比例缩小的 CMOS 技术中，在有限的供电电压空间中保持闭环稳定时，很难实现这样的增益。最近的研究表明，使用开环比较器或过零检测器代替运算放大器，可以缓解因按比例缩小而引起的问题。

McCreary 等人于 1975 年引入了电容器阵列 SAR ADC，这种架构已广泛用于中速应用。传统的 SAR ADC 包括驱动比较器的数/模转换器（DAC）。然后，比较器输出由数字控制逻辑处理，该逻辑又将控制信号反馈到 DAC。该反馈逻辑正在执行二进制搜索以找到正确的数字输出位，以最小化 DAC 输出电压与模拟输入之间的差异。DAC 通常由二进制加权电容器组成，该电容器也用作输入采样电容器。子 DAC 可用于避免大电容值并实现高分辨率。该架构具有很高的能源效率，因为除比较器外，其余模块仅消耗动态功率。SAR 体系结构的一个缺点是，它需要多个时钟周期（通常与位数相同）来生成输出。过去，SAR 体系结构很难以超过 5MHz 的采样频率运行。数字按比例缩小有助于提高 CMOS 技术的速度，现在使 SAR 成为高速应用的可行选择。此外，由于 SAR ADC 具有很高比例的数字部分组成，因此影响其他架构的按比例缩小问题在 SAR ADC 这里并不存在。

2.1.3 ADC 趋势

广泛采用的品质因数（Figure of Merit，FoM）也称 Walden 品质因数（为了和其他品质因数区别，下面称之为 FoM_1），其中包含分辨率、速度和功耗，它可以为能源效率比较提供一个平台，如下所示：

$$\mathrm{FoM}_1 = \frac{P}{2f_{\mathrm{sig}} \cdot 2^{\mathrm{ENOB}}} \tag{2-3}$$

式中，P 为总功耗；ENOB 为有效位数，ENOB 的计算见式（1-4）；f_{sig} 为信号的输入频率。FoM_1 旨在提供执行一个转换步骤需要多少能量的度量，以每个转换步骤的能量表示。该 FoM_1 的定义主要基于对学术出版物或商业 ADC 中的大量 ADC 进行调查后的经验数据，该指标是在功率趋于随输入频率和 SNDR 线性缩放的前提下创建的。SNDR 为使用正弦输入时，测量得到的信噪比（dB）。SNDR 与输入信号频率有关，使设计人员可以比较在不同条件下运行的 ADC 之间的能量效率。但是，该度量标准具有很大的局限性。在精度为 10 位或更高的 ADC 中，分辨率主要受 $\sqrt{kT/C}$ 形式的热噪声限制。为了将分辨率提高 1 位（或将 SNR 提高 6dB），C 必须增加为 4 倍。如果工作频率保持恒定，则功耗必须增加为 4 倍，才能将分辨率提高为 2 倍。这意味着将分辨率提高 1 位会自动使 FoM_1 增大为 2 倍。

为了解决由热噪声引起的这些限制，式（2-4）提出了改进的 FoM（为了和其他品质因数区别，下面称之为 FoM_2）定义：

$$\mathrm{FoM}_2 = \frac{P}{2f_{\mathrm{sig}} \cdot \mathrm{SNTR}^2} \tag{2-4}$$

式中，SNTR（Signal Noise Thermal Ratio）是热信噪比。在没有失真和量化噪声的情况下，$\mathrm{SNTR} = 2^{\mathrm{ENOB}}$。由于 ADC 的采样热噪声为 $\sqrt{kT/C}$ 形式，因此 SNTR^2 与 C 成正比。换言之，在固定采样频率下，功率增加与 SNTR^2 增加的要求相同，从而使整体 FoM_2 保持恒定。这使得 FoM_2 更适合受热噪声限制的比较型高精度 ADC。

品质因数的另一个变体叫作 Schreier FoM，下面称之为 FoM_3。它是 FoM_2 的倒数，其单位为 dB。在相同频率下，性能更高的 ADC，用 FoM_3 表示值更大。

FoM_3 与工艺节点和年份的对照如图 2-2 和图 2-3 所示，来源于 1997—2012 年在 ISSCC 和 VLSI 上发表的最先进 ADC 文章。该文章显示出总体增长趋势。由图可见，FoM_3 平均每年增加 1.3dB。集成电路按比例缩小的趋势，使模拟电路的设计更具挑战性。FoM_3 值的提高可以部分归因于 ADC 体系结构中数字技术的使用和发明。

图 2-4 和图 2-5 分别显示了 FoM_1 与采样频率和分辨率的关系。最好的 ADC 可以实现的品质因数为每个转换步骤需要数十飞焦耳（fJ）；但是，这些 ADC 的分辨率往往低于 10 位，采样频率低于每秒几 MSPS。就能量效率而言，图 2-4 显示出 10kSPS～1GSPS 之间的所有采样频率，SAR 体系结构具有优于所有其他体系结构的品质因数。当采样频率增大时，变得难以获得与较低频率设计相同的能

量效率。这些所谓的“高速 ADC”更加依赖底层晶体管的速度能力。为了以更快的速度运行，ADC 需要消耗额外的功率。

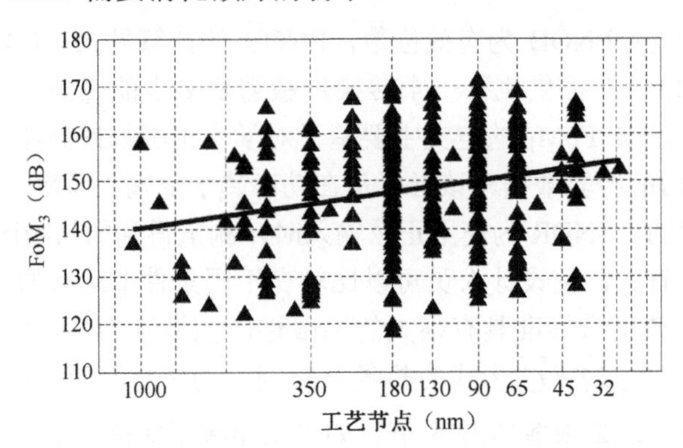

图 2-2　在 ISSCC 和 VLSI 上发布的 FoM_3 与 1μm 至 28nm 的最新 ADC 的 CMOS 工艺节点的比较[5]

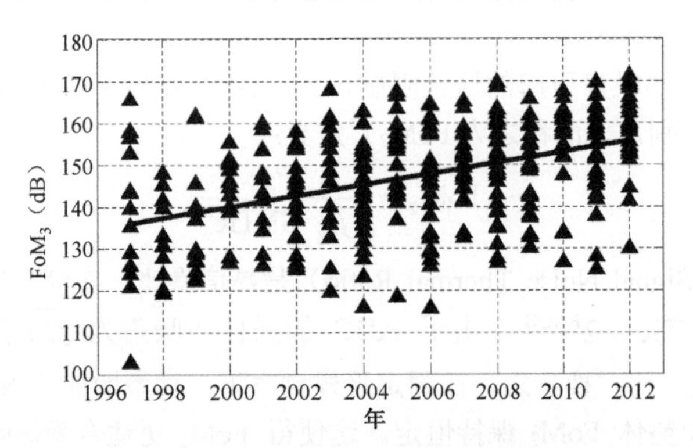

图 2-3　1997—2012 年 ADC 的转换能量效率 FoM_3[5]

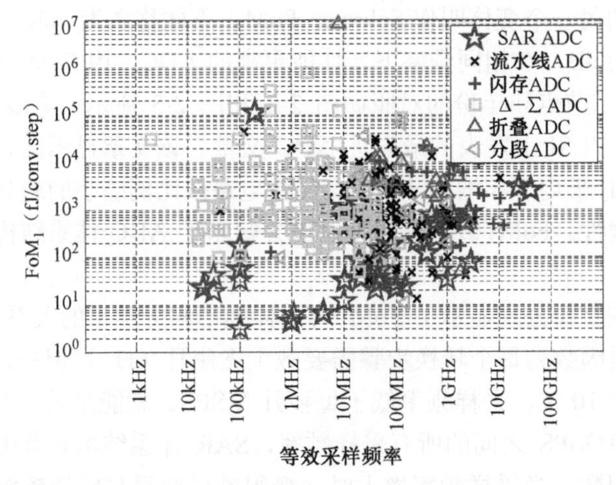

图 2-4　在 ISSCC 和 VLSI 上发布的最新 ADC 的 FoM_1 与采样频率的关系[5]

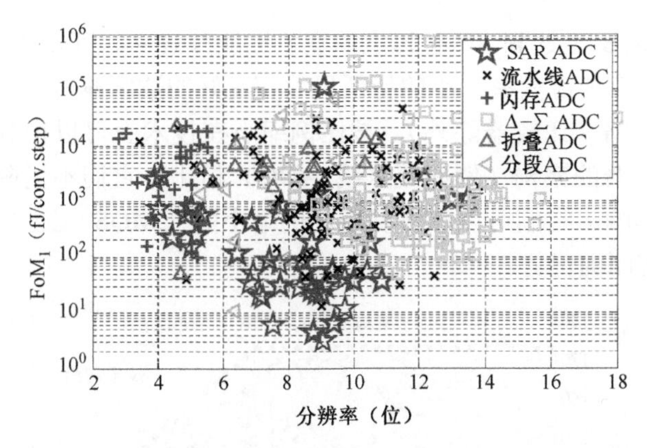

图 2-5　在 ISSCC 和 VLSI 上发布的最新 ADC 的 FoM_1 与分辨率的关系[5]

在分辨率方面，图 2-5 显示了另一个有趣的趋势。转换器 6～10 位的 ENOB 能够达到最佳的 FoM_1。该窗口是实现节能设计的“最好点”，我们将其称为节能窗口（EEW）。EEW 特别适用于对电池敏感的便携式设备的设计。对于低于 6 位的分辨率，该设计通常针对超高速 ADC，因为如前所述，由于受技术限制，很难提高能量效率。对于超过 10 位 ENOB 的分辨率，热噪声会使 FoM_1 降低。因为设计受噪声限制，需要各种过采样技术来降低频带内的有效热噪声。由于过采样率高，通常很难以节能的方式实施这些技术。如图 2-5 所示，在 EEW 中，SAR 架构比其他架构拥有更好的能源效率。

根据图 2-4 重新绘制图 2-6 中的 FoM_3，这是比较高精度 ADC 的更理想的品质因数。对于小于约 30MHz 的频率，性能最高的 ADC 聚集在 Schreier 和 Temes 所称的“架构前沿”之下。这些 ADC 具有低输入带宽，但分辨率较高。性能通常受噪声限制，FoM_3 受架构的能源效率限制，而不受工艺技术限制。图 2-6 中的斜线称为“技术前沿”。聚集在这条线附近的 ADC 通常具有较高的速度和中等分辨率。这些 ADC 依赖于工艺技术来提高速度，并且经常使用能量效率较低的架构来实现更高的速度。在图 2-6 中标记的“FoM_3 角”表示“架构前沿”与“技术前沿”之间的交集。

在 ISSCC 和 VLSI 上发布的最新 ADC 的每奈奎斯特能量与 SNDR 的关系如图 2-7 所示。图中，P 为 ADC 功耗，f_S 为采样频率（一般为奈奎斯特采样频率）。转换能量是一种衡量 ADC 性能的品质因数，它表征了每完成一次转换需要消耗的能量。对于相同采样频率的 ADC，功耗越低，性能越好；或者，对于相同功耗的 ADC，采样频率越高，性能越好。FoM_1 和 FoM_3 都绘制在图 2-7 上。我们可以看到，大多数 ADC 都在 FoM_3=170dB 这条线的左侧运行，这条线代表了前面描述的“架构前沿”。关于 FoM_1，最近的 ADC 都在朝着每个转换步骤接近几十飞焦耳的 FoM 迈进。本书设计的 ADC 具有更好 SNDR 和更低的功耗。为了在 ENOB 上达到 10 位以上的竞争性能源效率，可以选择探索 SAR 架构，因为它具有高能源效率、小的特征尺寸和良好的数字兼容性。SAR ADC 无须精密的模拟电路（比较器除外），按比例缩小在技术上可以很容易实现，因为与基于运算放大器的架构（例如流水线 ADC）相比，它们不受降级的固有增益和电压空间的影响。它们可以在深度按比例缩小的 CMOS 工艺中更好地利用速度和能量效率方面的优势。

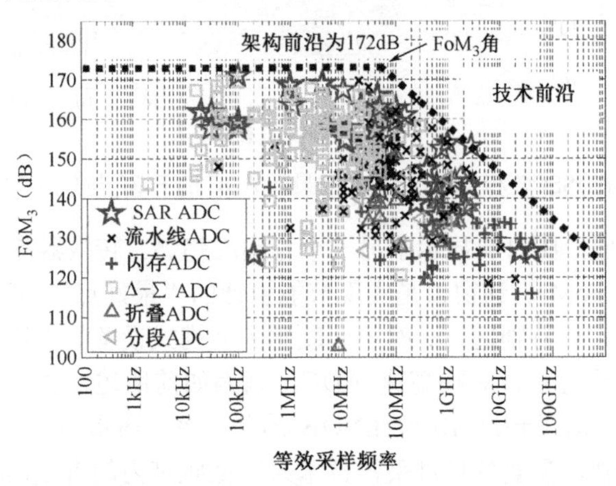

图 2-6 在 ISSCC 和 VLSI 上发布的最新 ADC 的 FoM_3 与采样频率的关系[5]

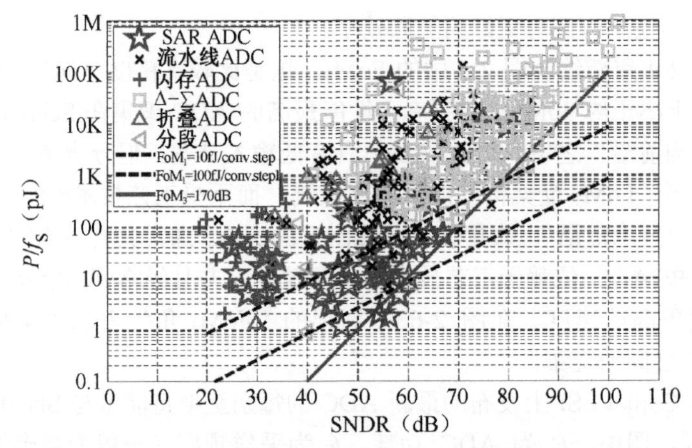

图 2-7 在 ISSCC 和 VLSI 上发布的最新 ADC 的每奈奎斯特能量与 SNDR 的关系[5]

尽管在能量效率方面 SAR 架构具有优势，但在 SAR 体系结构中仍有一些需要解决的限制问题，以使能量效率达到低于 FoM_1=50fJ/conv.step 的水平，并且在分辨率超过 10 位 ENOB 时性能要超过 10MSPS。关键的线性度和速度限制因素是电容器不匹配，以及 DAC/基准电压在电路转化过程中，在规定时间内重新建立的精度达不到要求。不幸的是，这两个问题都不会随着技术的发展而减小，会严重限制设计。新的精密技术对于 SAR 体系结构克服这些障碍至关重要。

先前的精密技术包括修整和校准。后期制作通常需要激光微调以实现更高的分辨率。例如，ADI 公司的 AD574 使用激光微调薄膜电阻来实现所需的准确性和线性。该过程额外增加了制造工艺的成本和复杂性。由于修整过程是在制造过程中完成的，因此修整后的参数中的任何后续漂移均无法校正。例如，封装期间的应力、温度变化、老化等都可能会改变修整后的参数，并且在将芯片交付给客户之后，通常无法进行重新修整。

为解决这个问题，研究人员开发了高匹配设计技术，它采用了诸如同心版图、伪器件插入和大器件尺寸之类的技术。这些技术在一定程度上有助于提高匹配度，但不足以达到高精度设计目标。另一类精密设计技术使用数字后处理，以数字方式纠正模拟问题。由于 ADC 通常与数字信号处理器集成，使得数字校准电路易于集成到整个电路系统中。

数字校准有两种类型：前端校准和后端校准。前端校准依赖于对输入校准信号的先验知识。它根据模拟量输入和观测数字量输出之间的差异来相应地检测和校正转换错误。与前端校准相关的一个问题是，为了在输入端施加激励，它必须中断正常的模/数转换操作。

后端校准对于常规 ADC 操作是透明的。它分析了输入和输出关系的特性，并基于其特定的系统架构，校准引擎可以针对正确的参数进行优化。通常，后端校准需要额外的检测电路或测试输入信号，并根据检测电路的输出信号与基准信号的比较判断其出现的误差并进行校正。

2.2　SAR ADC 系统

SAR ADC 具有低功耗、中高速度、中高精度、易于设计等特点，对于使用先进工艺进行设计的系统芯片具有明显的优势。本节首先介绍 SAR ADC 核心电路，分析模块相应功能与设计的要点，然后对 SAR ADC 系统的辅助电路进行介绍。在本书后续章节，将不再详细介绍外围辅助电路，但是对于一个实际的设计而言，外围辅助电路对于保证 SAR ADC 的性能也十分重要。最后，针对一款 14 位二步式 SAR ADC 进行介绍，简要说明其工作原理与性能指标。该 SAR ADC 的设计将会贯穿本书的后续内容。

图 2-8 是典型 SAR ADC 系统框图。虚线框内为 SAR ADC 核心电路，由比较器、DAC 与 SAR 逻辑组成。DAC 采用电容结构，兼具采样电路的功能。虚线框外为外围辅助电路：模拟输入信号 V_{IN} 经过缓冲器与抗混叠滤波器（Anti-aliasing Filter）后输入采样电路中；基准信号 V_{REF} 经过缓冲器输入 DAC 中；外

部差分时钟信号经过差分转单端缓冲器输入比较器、SAR 逻辑等模块；数字输出模块作为接口电路将 ADC 转换得到的数字量输出到芯片外部；此外，还需要电源电路、数字控制电路等其他辅助模块。可以看到一个 N 位的 SAR ADC 是一个 N 次循环的反馈结构，通过判断采样与 N 次循环中各关键节点的波形或者数据是否正常来判断 SAR ADC 的工作是否正常。主要的节点有 DAC 的模拟输入和基准输入，比较器的输入（DAC 输出）和输出，以及 SAR 逻辑输出。

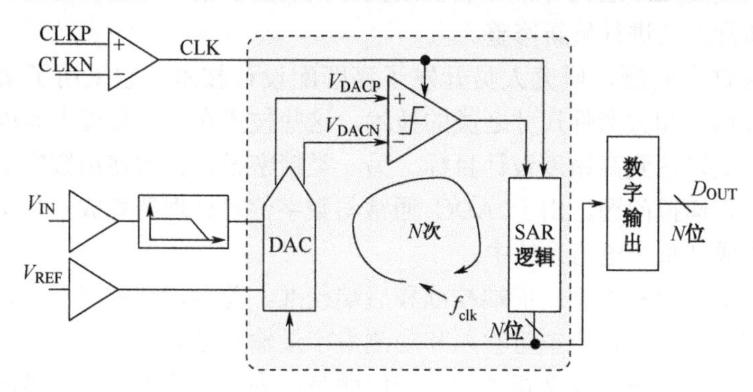

图 2-8　典型 SAR ADC 系统框图

2.2.1　SAR ADC 核心电路

本节介绍 SAR ADC 核心电路各模块组成主要的结构及相关的设计要点。理论上，SAR ADC 可以在电压域、电流域、电荷域等以相应的变量形式进行采样、比较与转换输出。一般情况下，采用基于电荷域的电荷重分配结构，该结构采用电容 DAC。电容 DAC 也同时作为采样电路使用。电荷重分配型 SAR ADC 中电容 DAC、SAR 逻辑只有动态功耗，比较器根据设计也可以只有动态功耗。因此，该类型的 SAR ADC 功耗较低。由于基本采用动态电路，也适合在深亚微米工艺条件下进行设计。

作为一种典型的 ADC 结构，SAR ADC 具有单端、全差分、伪差分等多种架构。图 2-9 所示为单端结构的 SAR ADC，其由单端电容 DAC、比较器与 SAR 逻辑构成。

图 2-10 所示为差分结构的 SAR ADC，其中图（a）为全差分结构的 SAR ADC，图（b）为伪差分结构的 SAR ADC。两者在模块上基本一致，均为差分电容 DAC、比较器与 SAR 逻辑。主要差异是全差分结构 SAR ADC 差分两端均采样并参与转换；而伪差分结构 SAR ADC 只有一端进行采样与转换。差分结构与单端相比，既增大了能够处理的模拟输入范围，也提高了抑制共模噪声的能力；但是相应地需要更多数量的电容，导致面积与功耗开销增大。考虑到芯片内部其他电

路或者外部电路具有较多非理想因素，一般采用差分结构可以获得较多的益处。伪差分与全差分相比，其工作原理与单端结构一致，只是另一端的电路与差分结构一样。伪差分结构在一定程度上可以减小共模噪声的影响，功耗开销较小，但是其能够处理的电压范围与单端结构相同，抑制共模噪声能力不如全差分结构。

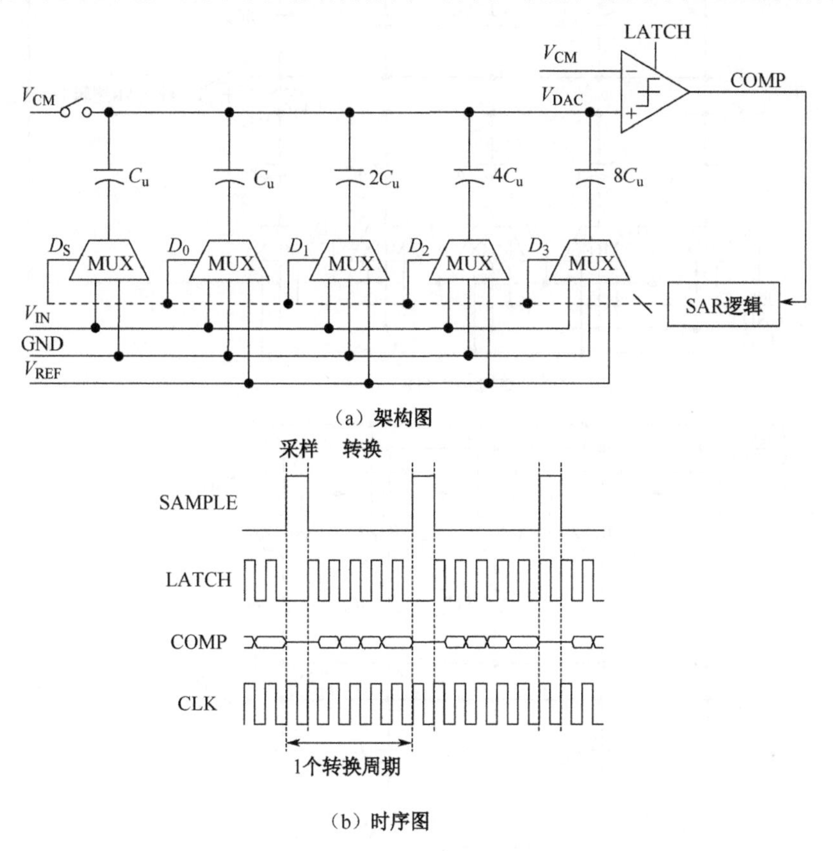

（a）架构图

（b）时序图

图 2-9　单端结构 SAR ADC 架构图和时序图

图 2-9（b）为相应的时序图，每一个转换周期可以分成采样与转换两部分。采样阶段，电容阵列对模拟输入进行采样。图中采样阶段占据 1 个时钟周期，实际设计中根据不同的速度情况，可以使得采样阶段占据不同数量的时钟周期。转换阶段，SAR ADC 的反馈环路逐位进行比较转换，得到量化数据。根据以上的时序过程，可以将 ADC 设计的要点分成两部分：首先是采样阶段，采样得到的信号需要足够的精确，这对电容阵列与采样开关提出相应要求；其次是转换阶段，需要 DAC 能够及时地进行基准切换，使得比较器输入 V_{DAC} 在比较器比较之前就稳定到足够的精度。比较器能够及时准确地对 DAC 输出信号进行比较判断。SAR 逻辑能够及时准确地将比较器的输出信号进行存储。

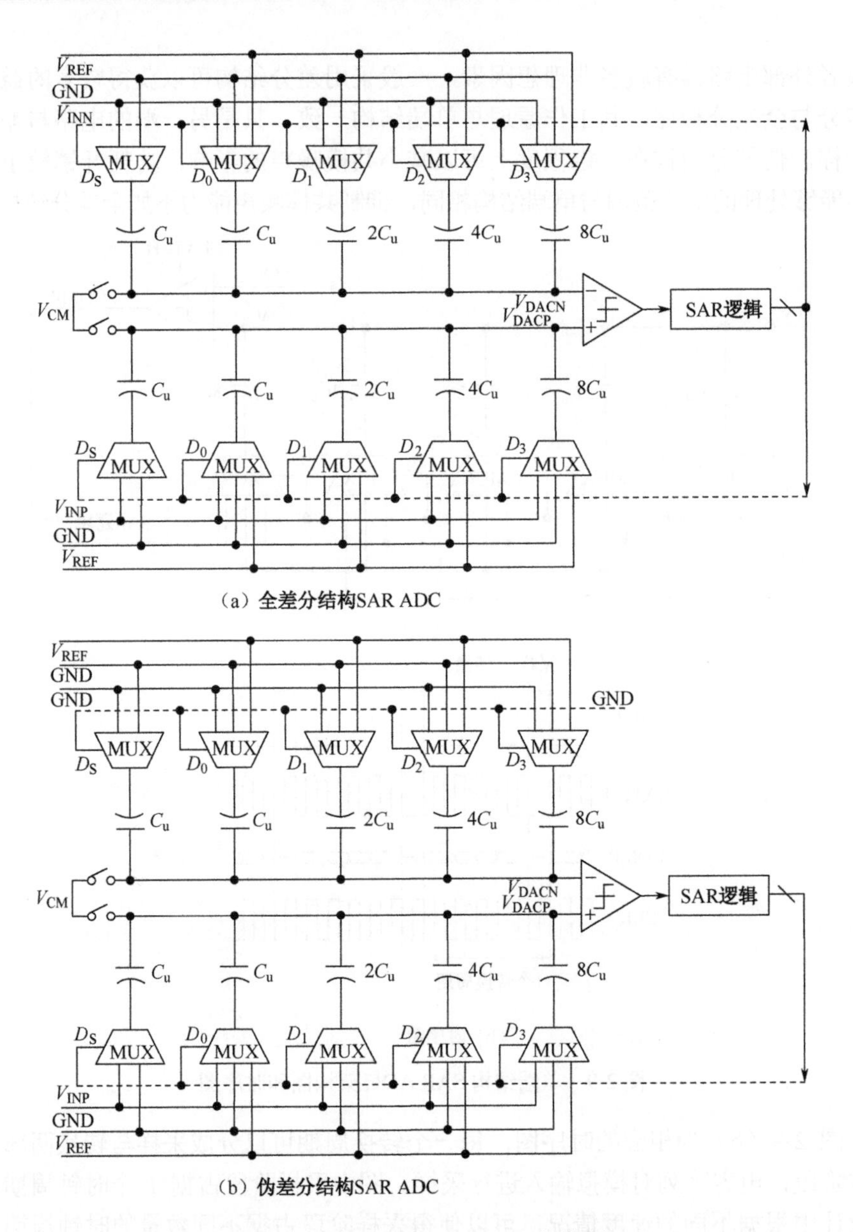

（a）全差分结构SAR ADC

（b）伪差分结构SAR ADC

图 2-10　差分结构 SAR ADC 架构图

在进行 SAR ADC 系统设计时，主要关注的节点如下：

（1）采样信号控制结束时，采样得到的信号是否准确跟随输入信号；

（2）逐位比较过程中，每一位基准电压切换后，电容阵列的上下极板能否及时稳定到所需误差以内；

（3）逐位比较过程中，比较器能否及时准确地分辨出每一位的比较结果；

（4）SAR 逻辑能否及时准确地存储每一位比较结果。

与节点（1）、节点（2）相关的是 DAC 以及多路选择器 MUX 的设计。DAC 总电容的大小与采样开关的电阻决定采样过程的精准程度。DAC 总电容与 kT/C 采样噪声相关。DAC 总电容和采样开关电阻与采样带宽和采样线性度相关。DAC 切换基准时的时间常数由 DAC 总电容和基准开关导通电阻与 DAC 决定。此外，DAC 的总电容和基准开关导通电阻与每一位转换时的 DAC 噪声相关。DAC 电容阵列的架构以及单位电容的大小影响 ADC 整体的非线性误差。

与节点（3）相关的只是比较器的设计。比较器的输入失调电压（Offset）、噪声、增益与带宽等都会影响到每一位转换时比较器的比较准确性。

与节点（4）相关的是 SAR 逻辑的逻辑准确性以及 SAR 逻辑的速度是否满足要求。

上述设计过程中，首先判断采样是否正确，而后判断每一位转换是否正确。

2.2.2　SAR ADC 辅助电路

SAR ADC 能够正常工作需要各辅助电路的协助。辅助电路可以分为模拟辅助电路与数字辅助电路。主要的模拟辅助电路包括输入缓冲器、基准缓冲器、抗混叠滤波器、电源电路等。主要的数字辅助电路包括时钟电路、配置电路、数据输出电路等。

输入缓冲器用于将模拟输入与 DAC 负载进行隔离。DAC 是比较大的电容负载，外部输入信号可能无法直接驱动 DAC，因此需要输入缓冲器进行缓冲。对输入缓冲器的主要要求是能够在采样时间内跟随输入信号，需要考虑其带宽、摆率、线性度、噪声、输入/输出范围能指标。

基准缓冲器用于每一位比较之前，DAC 根据前一位的转换结果进行基准电压切换。由于该位基准切换所给予的时间较少，因此要求基准缓冲器能够在给定时间内将该位所对应电容的下极板稳定到对应基准电压值，主要考虑其带宽、摆率等性能。

抗混叠滤波器用于滤除模拟输入中除奈奎斯特频带以外的频率分量。因为采样会导致所有频带的信号都混叠到奈奎斯特频带以内，因此需要抗混叠滤波器进行滤波。对于采样频率为 f_S 的基带奈奎斯特 ADC 而言，其奈奎斯特频率为 $f_S/2$。理想的抗混叠滤波器在 0～$f_S/2$ 频带以内的增益为 1，而在 $f_S/2$ 以上频带上的增益为 0。实际设计中无法获得理想的滤波器，因此需要一定的过渡带。ADC 的奈奎斯特频率一般为滤波器截止频率的 3～5 倍。0～$f_S/2$ 为信号频带，$f_S/2$ 至滤波器截止频率为滤波器的过渡带。抗混叠滤波器的主要指标是通带增益、阻带增益、截止频率、带内纹波等。

时钟电路用于接收外部差分时钟信号并将其转换成单端信号给 SAR ADC 核心电路使用。在低频情况下，可以直接从芯片外部输入单端时钟信号。在高频情况下，单端时钟无法直接输入芯片内部。正弦信号较易于在高频情况下传输。差分高频正弦信号输入至芯片内差分转单端电路成为单端信号，而后利用驱动器驱动 SAR ADC 核心电路。时钟电路的主要指标是可以传输的最高时钟频率与时钟抖动。

接口电路用于输出转换得到的数据。在低频情况下，数字信号可以直接通过反相器链驱动输出。在高频情况下，难以直接通过反相器输出，此时需要采用高频数据接口，如典型的基于电流模的低电压差分信号（Low-Voltage Differential Signaling，LVDS）接口。

配置电路用于控制 SAR ADC 的配置与工作模式。在不同使用需求与场合下，SAR ADC 的工作模式不同。例如，ADC 的位数不同、ADC 输出数据格式不同等均可以利用配置电路进行设置。

2.2.3 14 位二步式 SAR ADC 原理

通过结合粗 ADC 与精细 ADC 可以实现二步式 ADC。对于分辨率与面积呈指数关系类型的 ADC，二步式 ADC 可以有效地减小高精度 ADC 的面积。对于分辨率与转换时间呈指数关系类型的 ADC，二步式 ADC 可以有效地缩短高精度 ADC 的转换时间。SAR ADC 的转换速度与分辨率近似呈线性关系，而面积与分辨率呈指数关系。采用传统电容阵列结构实现的高精度 SAR ADC 电容阵列面积较大，功耗较大。通过二步式实现的高精度 SAR ADC 电容数量与面积较小。本节以一个 14 位二步式 SAR ADC 为例进行相关的介绍。二步式 ADC 设计方案多种多样，本例采用的是基于比例基准的二步式 SAR ADC。该 SAR ADC 复用一个电容阵列，既实现粗 ADC 转换又实现精细 ADC 转换，使用一个 7 位的电容 DAC 实现了 14 位的转换，进一步节省电容阵列的面积。

基于比例基准的二步式 SAR ADC 采用一个 7 位电容阵列、一对传统基准和一对比例基准实现 14 位分辨率。比例基准二步式 SAR ADC 的电路架构图如图 2-11 所示。其中 7 位电容 DAC 采用二进制比例架构，传统基准电压为 V_{REFTOP} 和 V_{REFBOT}，比例基准电压为 $V_{\mathrm{REFTOP\_S}}$ 和 $V_{\mathrm{REFBOT\_S}}$。

比例基准 $V_{\mathrm{REFTOP\_S}}$ 和 $V_{\mathrm{REFBOT\_S}}$ 与传统基准 V_{REFTOP} 和 V_{REFBOT} 之间存在明确比例关系：

$$V_{\mathrm{FS}} = V_{\mathrm{REFTOP}} - V_{\mathrm{REFBOT}} \tag{2-5}$$

$$V_{\mathrm{REFTOP\_S}} = V_{\mathrm{REFTOP}} + V_{\mathrm{FS}}/128 \tag{2-6}$$

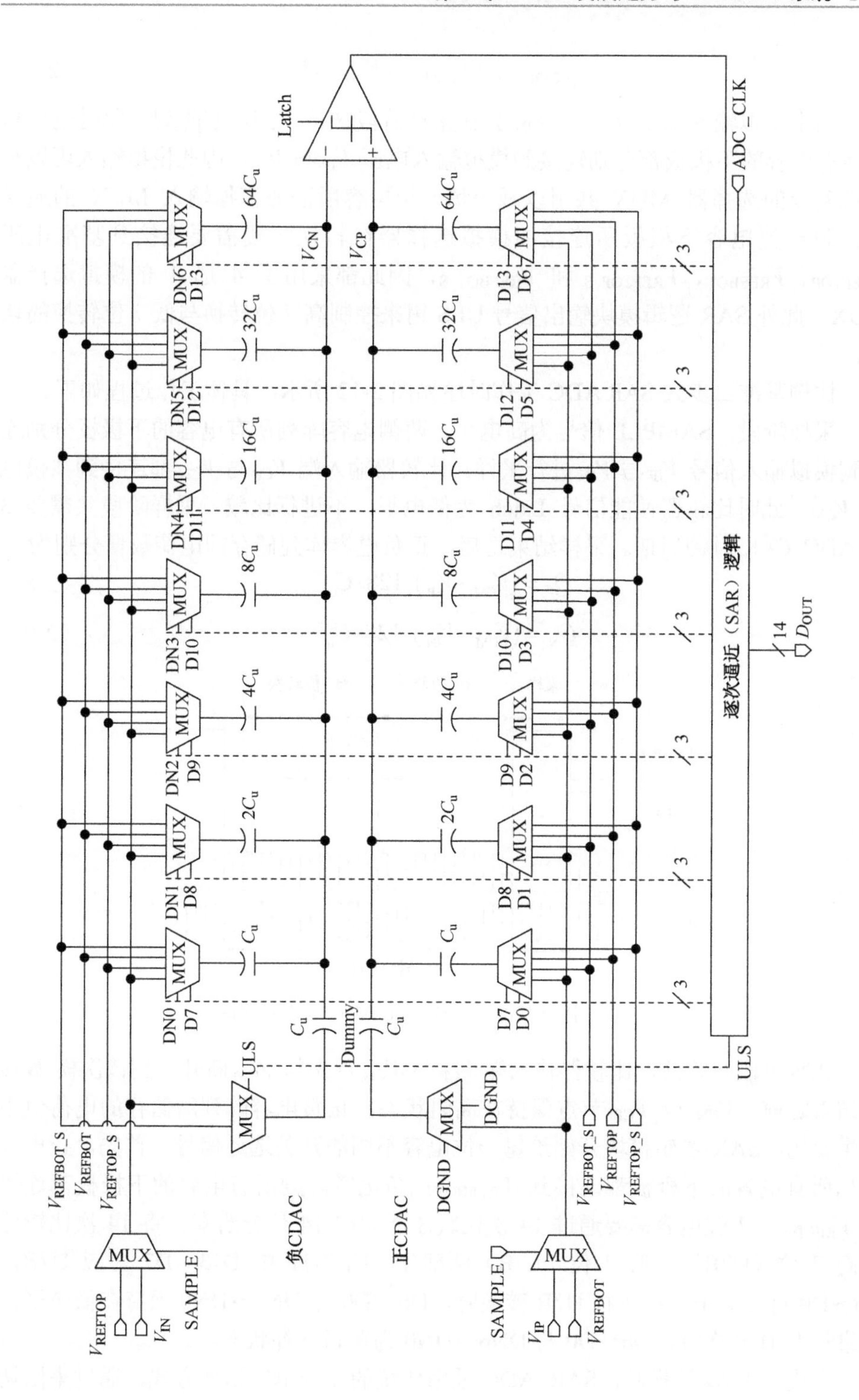

图2-11 比例基准二步式SAR ADC电路架构图

$$V_{\text{REFBOT\_S}} = V_{\text{REFBOT}} + V_{\text{FS}}/128 \tag{2-7}$$

由于模拟输入电压 V_{IP} 与 V_{IN} 只在采样阶段被接入到电容阵列，此时电容阵列所有电容的下极板都分别连接到模拟输入电压 V_{IP} 与 V_{IN}，因此模拟输入可以与传统基准的选择器 MUX 共用以减少每一位电容所需要模拟输入 MUX 的通道数。每一位电容下极板所连接的模拟选择器在转换阶段需要连接到基准电压 V_{REFTOP}、V_{REFBOT}、$V_{\text{REFTOP\_S}}$ 和 $V_{\text{REFBOT\_S}}$，因此都采用了 4 选 1 的模拟选择器 MUX。此外 SAR 逻辑模块输出信号 ULS 用来控制高 7 位转换与低 7 位转换的切换。

比例基准二步式 SAR ADC 工作时序如图 2-12 所示，具体工作过程如下。

采样阶段，SAMPLE 信号为高电平，两侧电容阵列所有电容的下极板分别连接到模拟输入信号 V_{IP} 与 V_{IN} 进行采样。比较器输入端 V_{CP} 与 V_{CN} 都连接到共模电压 V_{CM}。此时比较器使能信号 Latch 为低电平，不进行比较。采样阶段共需要 3 个 ADC_CLK 时钟周期。采样结束之后，正负电容阵列储存的电荷数量分别为

$$Q_{\text{P}} = \left(V_{\text{CM}} - V_{\text{IP}}\right) \cdot 128 \cdot C_{\text{u}} \tag{2-8}$$

$$Q_{\text{N}} = \left(V_{\text{CM}} - V_{\text{IN}}\right) \cdot 128 \cdot C_{\text{u}} \tag{2-9}$$

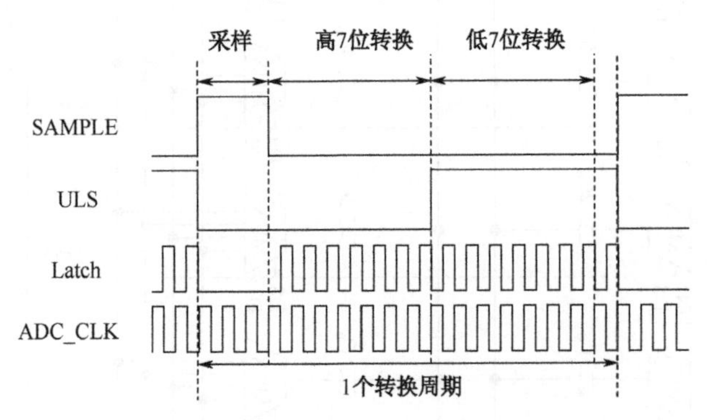

图 2-12　比例基准二步式 SAR ADC 工作时序图

比较阶段开始前，比较器输入端 V_{CP} 与 V_{CN} 首先与 V_{CM} 断开。到该次模/数转换结束之前，V_{CN} 与 V_{CP} 节点保持在高阻状态，正负电容阵列所储存的电荷值不发生变化。SAR 逻辑模块开始给每一位电容不同的开关选通信号。首先，正电容阵列所有电容的下极板都连接到 V_{REFBOT}；负电容阵列所有电容的下极板都连接到 V_{REFTOP}。7 位电容需要通过 14 次比较才能实现 14 位分辨率。将 14 次比较分成高 7 位（U7B）与低 7 位（L7B）两部分。图 2-11 中 D13～D7 对应 U7B，D6～D0 对应 L7B。在进行 U7B 转换时，D6～D0 与 DN6～DN0 保持在低电平；在进行 L7B 转换时，D6～D0 与 DN6～DN0 为逻辑互补状态。

在进行 U7B 转换时，SAR ADC 采用传统的差分电容切换方式，通过来回切

换 V_{REFBOT} 与 V_{REFTOP} 来确定高 7 位。以 U7B 中的最高有效位（Most Significant Bit，MSB）（D13）为例。首先将 D13 置为“1”，其余各位均置为“0”。那么，正电容阵列中的 $64C_{\text{u}}$ 的下极板从 V_{REFBOT} 切换到 V_{REFTOP}，而其余电容连接保持不变；负电容阵列中的 $64C_{\text{u}}$ 下极板从 V_{REFTOP} 切换到 V_{REFBOT}。此时，V_{CN} 与 V_{CP} 以及比较器的输入差值将变为

$$V_{\text{CP,D13}} = -V_{\text{IP}} + V_{\text{CM}} + V_{\text{REFBOT}} + V_{\text{FS}}/2 \tag{2-10}$$

$$V_{\text{CN,D13}} = -V_{\text{IN}} + V_{\text{CM}} + V_{\text{REFTOP}} - V_{\text{FS}}/2 \tag{2-11}$$

$$V_{\text{CD,D13}} = V_{\text{CP,D13}} - V_{\text{CN,D13}} = -V_{\text{IP}} + V_{\text{IN}} \tag{2-12}$$

根据图 2-11 中 Latch 比较器的结果确定 D13 的值。如果比较器输出为“1”，那么表明 $V_{\text{IP}} < V_{\text{IN}}$，D13 为“0”；反之，如果比较器输出为“0”，那么表明 $V_{\text{IP}} > V_{\text{IN}}$，D13 为“1”。根据 D13 的结果，确定 $64C_{\text{u}}$ 电容下极板的连接情况。如果比较器输出为“1”，那么下极板切换回原来的连接，也就是正电容阵列中 $64C_{\text{u}}$ 下极板切换到 V_{REFBOT}，负电容阵列中 $64C_{\text{u}}$ 下极板切换到 V_{REFTOP}。确定完 $64C_{\text{u}}$ 电容的连接方式之后，V_{CD} 的值将小于 V_{FS}，并开始确定 D12，将正电容阵列 $32C_{\text{u}}$ 下极板切换到 V_{REFTOP} 以及将正电容阵列 $32C_{\text{u}}$ 下极板切换到 V_{REFBOT}。此时，V_{CN} 与 V_{CP} 以及比较器的输入差值将变为

$$V_{\text{CP,D12}} = V_{\text{CP,D13}} + V_{\text{FS}}/4 \tag{2-13}$$

$$V_{\text{CN,D12}} = V_{\text{CN,D13}} - V_{\text{FS}}/4 \tag{2-14}$$

$$V_{\text{CD,D12}} = V_{\text{CP,D12}} - V_{\text{CN,D12}} = V_{\text{CP,D13}} - V_{\text{CN,D13}} + V_{\text{FS}}/2 \tag{2-15}$$

采用类似于 D13 的判断方法，根据 Latch 比较器的输出可以确定 D12。依次采用类似方法可以确定 U7B 剩余各位的值。

在 L7B 进行比较之前，电容阵列连接的基准电压需要调整。首先，ULS 信号从低变高。正电容阵列的电容下极板连接保持不变；负电容阵列的电容下极板连接需要调整。负电容阵列的伪（Dummy）电容下极板连接从 V_{REFTOP} 切换到 $V_{\text{REFBOT\_S}}$，其余各电容下极板从 V_{REFTOP} 或 V_{REFBOT} 切换到各自对应的比例基准 $V_{\text{REFTOP\_S}}$ 或 $V_{\text{REFBOT\_S}}$。基准调整的目的是将负电容阵列电容下极板基准切换增加 $V_{\text{FS}}/128$。在进行 L7B 比较时，正电容阵列下极板可以从较低的基准电压 V_{REFTOP} 或 V_{REFBOT} 切换到较高的基准电压 $V_{\text{REFTOP\_S}}$ 或 $V_{\text{REFBOT\_S}}$，而对应负电容阵列下极板可以从较高的基准电压 $V_{\text{REFTOP\_S}}$ 或 $V_{\text{REFBOT\_S}}$ 切换到较低的基准电压 V_{REFTOP} 或 V_{REFBOT}。但以上切换需要保证 ULS 信号变化前后 V_{CN} 不能变化。经过基准调整之后，由于负电容阵列中伪电容切换造成 V_{CN} 变化值为 $\mathrm{d}V_{\text{CN1}}$；由于负电容阵列其他电容切换造成 V_{CN} 变化值为 $\mathrm{d}V_{\text{CN2}}$。$\mathrm{d}V_{\text{CN1}}$ 与 $\mathrm{d}V_{\text{CN2}}$ 的和为 0，V_{CN} 保持不变。

$$\mathrm{d}V_{\mathrm{CN1}}=\left(V_{\mathrm{REFBOT\_128}}-V_{\mathrm{REFTOP}}\right)/128=-127\cdot V_{\mathrm{FS}}/16384 \tag{2-16}$$

$$\mathrm{d}V_{\mathrm{CN2}}=\left(V_{\mathrm{FS}}/128\right)\cdot 127/128=127\cdot V_{\mathrm{FS}}/16384 \tag{2-17}$$

完成电容基准切换之后，开始进行 L7B 转换。以 L7B 中的 MSB（D6）为例。首先，D6 从“0”切换到“1”，D5～D0 保持在低电平。连接到正电容阵列中 $64C_{\mathrm{u}}$ 下极板的基准电压增加 $V_{\mathrm{FS}}/128$，那么 V_{CP} 增加 $V_{\mathrm{FS}}/256$。同时，DN6 设置为“0”，DN5～DN0 保持在高电平。连接到负电容阵列中 $64C_{\mathrm{u}}$ 下极板的基准电压减小 $V_{\mathrm{FS}}/128$，那么 V_{CN} 减小 $V_{\mathrm{FS}}/256$。此时，V_{CP} 与 V_{CN} 以及比较器输入差值变为

$$V_{\mathrm{CP,D6}}=V_{\mathrm{CP,D7}}+V_{\mathrm{FS}}/256 \tag{2-18}$$

$$V_{\mathrm{CN,D6}}=V_{\mathrm{CN,D7}}-V_{\mathrm{FS}}/256 \tag{2-19}$$

$$V_{\mathrm{CD,D6}}=V_{\mathrm{CP,D6}}-V_{\mathrm{CN,D6}}=V_{\mathrm{CP,D7}}-V_{\mathrm{CN,D7}}+V_{\mathrm{FS}}/128=-V_{\mathrm{IP}}+V_{\mathrm{IN}}+V_{\mathrm{DAC,7}}+V_{\mathrm{FS}}/128 \tag{2-20}$$

式中，$V_{\mathrm{DAC,7}}$ 为 D7 比较完之后 V_{CP} 与 V_{CN} 的差值。根据 Latch 比较器的输出（由 $V_{\mathrm{CD,D6}}$ 的极性决定）可以判断 D6 的值。如果 D6 的值是“0”，$64C_{\mathrm{u}}$ 切换回原来的连接方式。如果 D6 值是“1”，$64C_{\mathrm{u}}$ 保持连接不变。D5～D0 各位同样依次进行判断比较，最终完成 L7B 比较。

完成 U7B 与 L7B 的比较之后，14 位转换完毕。由上述工作过程的描述可知，通过一个 7 位的电容阵列和四个基准电压源，可以分两步实现 14 位分辨率的 ADC。首先将满幅输入信号电压 $2V_{\mathrm{FS}}$ 进行初步量化，得到误差小于 $2V_{\mathrm{FS}}/128$ 的高 7 位输出。之后对小于 $2V_{\mathrm{FS}}/128$ 的误差余量进行精细量化，使得最终的误差小于 $2V_{\mathrm{FS}}/16384$，即完成对输入信号实现 14 位的模/数转换。

与传统结构的 SAR ADC 一样，影响比例基准二步式 SAR ADC 精度的主要因素是电容阵列 DAC 电容的匹配精度和比较器的速度和噪声特性。通过比例基准可以使得 14 位的 ADC 电容面积节省为传统 SAR ADC 的 1/128。

2.2.4 14 位二步式 SAR ADC 设计指标

基于比例基准的 14 位二步式 SAR ADC 设计的主要指标见表 2-1。

表 2-1 基于比例基准的 14 位二步式 SAR ADC 设计的主要指标

指　标	单　位	值	备　注
工艺节点	nm	180	CMOS 1P4M 工艺
V_{DD}	V	3.3	模拟/数字电源电压一致
f_{S}	kSPS	600	采样频率
V_{REFTOP}	V	2.8	传统基准

续表

指 标	单 位	值	备 注
V_{REFBOT}	V	0.4	传统基准
V_{REFTOP}	V	2.81875	比例基准
V_{REFBOT}	V	0.41875	比例基准
V_{CM}	V	1.65	共模电压
V_{FS}	V	±2.4	输入范围
LSB	μV	292	最低有效位
P_{QN}	V^2	7.1×10^{-9}	量化噪声能量
V_{QN}	μV	84.3	量化噪声电压有效值

第 3 章

比较器

比较器是 ADC 的基本模块，可以将一个模拟信号与另一个模拟信号或者基准信号进行比较，输出“0”或者“1”的二进制数字信号。可以认为比较器是 1 位的 ADC。常见的比较器主要分为两类：一类为静态比较器，通过开环放大器实现；另一类为动态比较器，通过具有正反馈的锁存器实现。

比较器的主要指标有增益、速度、噪声、输入失调电压（Offset）、功耗等。静态比较器具有静态功耗，其速度较慢、功耗较大，但其噪声与输入失调电压等性能相对较好；动态比较器只有动态功耗，其速度较快、功耗较小，但其噪声与输入失调电压等性能相对较差。

本章首先介绍常见比较器的基础指标，之后介绍常见的静态比较器与动态比较器电路，而后分别介绍各项常规指标的仿真设计过程。

3.1 比较器基础指标

典型的比较器模型与电压传输曲线如图 3-1 所示。零电压认为是数字“0”，V_{DD} 电压认为是数字“1”。当输入信号 V_{IN} 从 0 逐渐变大时，比较器输出信号由“0”变为“1”，中间具有宽度为 ΔV 的过渡区间。

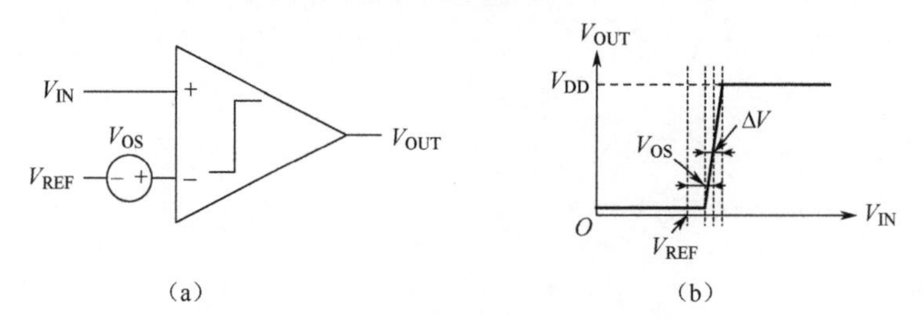

图 3-1 典型的比较器模型与电压传输曲线

（1）失调电压：比较器具有输入失调电压 V_{OS}。对于恒定的 V_{OS}，电压传输曲线水平平移，不会影响 ADC 转换的线性度。

（2）增益：电压传输曲线过渡区间的斜率 $V_{DD}/\Delta V$ 就是比较器的增益。该增益决定比较器的分辨输入电压的能力。对于 ADC 而言，一般要求ΔV<0.5LSB。

（3）速度：比较器的速度是指从比较器输入变化到输出完成逻辑电平跳变所需要的延时时间。对于不同大小的输入信号 V_{IN}，其具有不同的延时时间。对于 ADC 而言，一般要求在输入为 0.5LSB 时，能够及时分辨输入信号。

（4）噪声：在比较器模型中，等效输入的误差不仅有 V_{OS}，也有随机噪声。随机噪声会导致比较器比较错误。比较器的噪声最终会成为 ADC 噪声的一部分，一般要求比较器的噪声能量远小于 ADC 的量化噪声$(1\text{LSB})^2/12$。

（5）功耗：根据比较器类型的不同，比较器的功耗可以分为静态功耗与动态功耗。在 ADC 中，比较器在采样阶段无须动作，因此计算动态功耗时需要考虑比较器的工作时间。

3.2 静态比较器

最简单的静态比较器是开环工作的运算放大器，但是运算放大器的速度太慢，不适合作为比较器使用。在一定的电流条件下，运算放大器的增益带宽积（Gain Bandwidth Product，GBW）为常数。如果增大运放的增益，意味着带宽减小，只能通过增大电流来增加 GBW。为提高一倍速度，需要增加一倍的电流。

为在合理功耗条件下提高静态比较器的 GBW，可以通过级联简单放大器来实现。将 N 级增益为 A_0、GBW 为ω_u的比较器进行级联。单级放大器的增益频率响应为

$$A_0(s)=\frac{A_0}{1+A_0 s/\omega_u} \tag{3-1}$$

式中，$s=j\omega$，是在复频域分析中的频率变量。

N 级级联放大器的增益频率响应为

$$A_V(s)=\left(\frac{A_0}{1+A_0 s/\omega_u}\right)^N \approx \frac{A_0^N}{1+A_0 s\Big/\left(\omega_u\sqrt{2^{1/N}-1}\right)} \tag{3-2}$$

由此可知，级联放大器的增益显著增加，带宽减少量较小，整体 GBW 提升。随着 N 变大，级联运放的 GBW 性能下降。从放大器延时的角度可以计算得到，对于整体增益为 A_V 的级联放大器，其最佳级数 $N_{opt}\approx\ln(A_V)$，单级的最佳增益约为 e。也可以将单级放大器的电阻负载换成电容负载，形成 N 级级联的积分

器，其延时比电阻负载级联放大器小。一般的级联放大器电路图如图 3-2 所示。

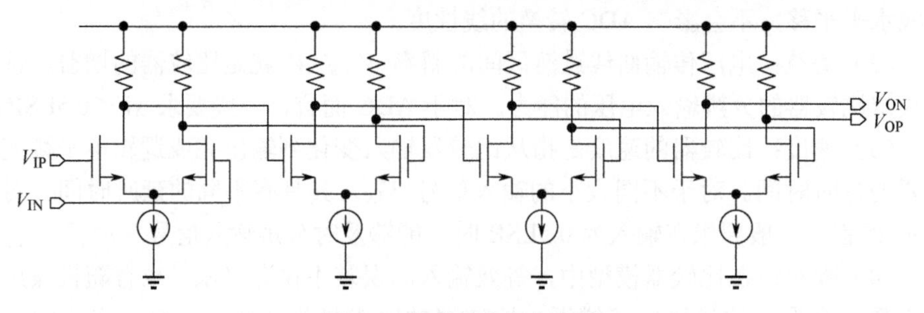

图 3-2　级联放大器电路图

3.3　动态比较器

静态放大器需要级联多级单级放大器以提高 GBW，减小延时。动态放大器采用正反馈原理，可以实现高增益、高速的单级放大器。最简单的动态比较器是背靠背反相器所构成的锁存器，其电路图如图 3-3（a）所示。假设在 $t=0$ 时刻，电路处于初始状态电压 $V_1=v_{10}$、$V_2=v_{20}$，那么初始输入差分电压为 $v_{d0}=v_{10}-v_{20}$。当 $t>0$ 时，电路进入正反馈状态，根据基尔霍夫定律可以得到方程组：

$$\begin{cases} \dfrac{\mathrm{d}v_1}{\mathrm{d}t}=\dfrac{i_1(t)}{C}=\dfrac{-g_\mathrm{m}v_2(t)}{C} \\ \dfrac{\mathrm{d}v_2}{\mathrm{d}t}=\dfrac{i_2(t)}{C}=\dfrac{-g_\mathrm{m}v_1(t)}{C} \end{cases} \tag{3-3}$$

求解该方程组可以得到输出差分电压为

$$v_\mathrm{d}(t)=v_1(t)-v_2(t)=v_{\mathrm{d}0}\mathrm{e}^{t/\tau} \tag{3-4}$$

式中，$\tau=g_\mathrm{m}/C$。动态放大器的差分输出以指数形式增加，因此其增益不断增大，在 t 时刻，动态放大器的增益为 $\mathrm{e}^{t/\tau}$。动态比较器的速度比静态比较器快，可以实现快速分辨，并且功耗非常低。

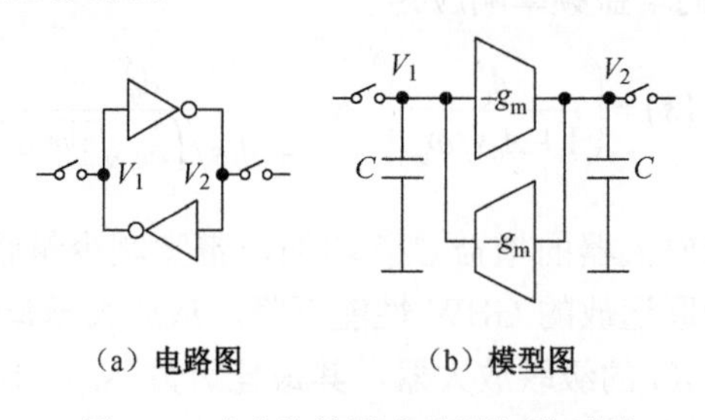

（a）电路图　　（b）模型图

图 3-3　动态比较器电路图与模型图

一种更加常用的动态比较器是如图 3-4 所示的 Strong-Arm 比较器。图中，CLKS 为比较器复位信号。当 CLKS 为低电平时，M3 关闭，DN、DP、V_{ON} 与 V_{OP} 节点被复位到 V_{DD}。当 CLKS 变为高电平时，M3 打开，M8～M11 关闭。对应 V_{IP} 与 V_{IN} 不同的输入电压，DN 与 DP 节点依不同的速率进行放电。当 DN 与 DP 中某个节点电压被下降到 V_{DD}-$V_{TH,n}$ 时（其中 $V_{TH,n}$ 为 M4 或者 M5 的阈值电压），M4 或者 M5 被打开，其所对应的 V_{ON} 或者 V_{OP} 节点放电。当 V_{ON} 或者 V_{OP} 节点被放电至 V_{DD}-$|V_{TH,p}|$，M6 或者 M7 被打开，电路进入类似于图 3-3（b）所示的正反馈状态，V_{ON} 与 V_{OP} 被迅速拉到 V_{DD} 或者地完成比较。

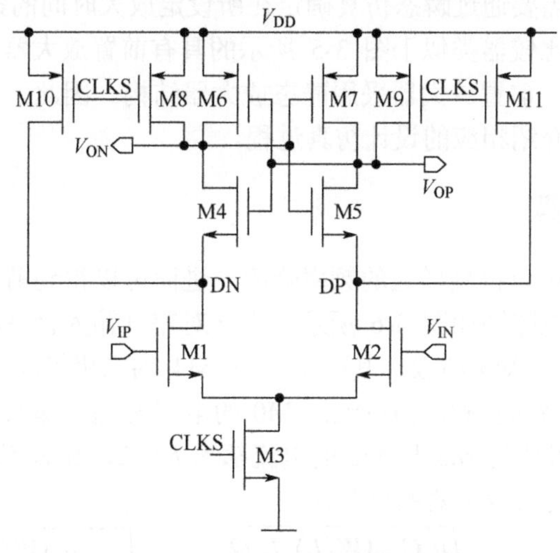

图 3-4　Strong-Arm 比较器电路图

动态比较器具有较大的输入失调电压与噪声。由于 DN 与 DP 在比较阶段从 V_{DD} 下降到接近于地，具有较大摆幅，这会通过 M1 与 M2 的栅 - 漏电容耦合到输入端，从而引起回踢噪声（Kickback Noise），但是其具有速度快、功耗低的优势。当它应用于高精度 ADC 时，一般会在动态比较器之前加入用于预放大的前置放大器，如图 3-5 所示。图中，CLKS 为动态比较器的使能信号。在 CLKS 使能之前，前置放大器 AMP 将输入模拟信号的差值放大。在 CLKS 使能之时，前置放大器输出的信号就是正反馈的初始信号。前置放大器可以降低比较器的等效输入失调电压与噪声，保持比较器的共模特性，缓解回踢噪声等。

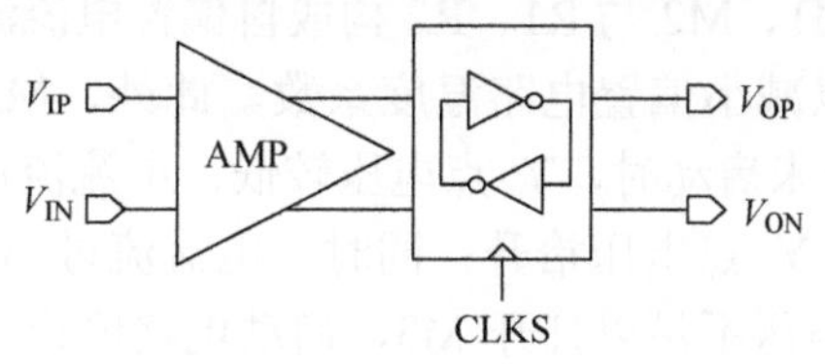

图 3-5　具有前置放大器的动态比较器

以下分别介绍静态比较器与动态比较器基础指标的设计与仿真过程，并完成一个具有三级前置放大器的动态比较器设计。

3.4 比较器增益与速度

由以上分析可知，静态比较器的增益与运放的增益定义类似，可以通过小信号分析得到静态比较器的增益频率响应特性；而动态比较器的增益与放大时间以及时间常数相关，需要通过瞬态仿真确定在所设定放大时间的条件下的增益。

本节所采用的比较器类似于图 3-5 所示的具有前置放大器的动态比较器，具有三级前置放大器，前置放大器采用静态放大器结构。因此，本节分别以前置放大器与动态比较器介绍相应的设计仿真过程。

3.4.1 前置放大器

通过交流分析可以得到增益的频率响应，进而可以得到前置放大器的增益与速度。前置放大器电路图如图 3-6 所示，由一对差分输入管 M1 与 M2、电流源 M0 以及负载管 M3～M6 组成，其中 M3 与 M4 为二极管连接方式的负载、M5 与 M6 为电流源类型的负载。假设流过 M0 的电流为 I_B，那么流过 M1 与 M2 的电流都为 $I_B/2$。假设流过 M5 与 M6 的电流都为 $KI_B/2$，那么流过 M3 与 M4 的电流都为$(1-K)I_B/2$。前置放大器的增益为

$$A_V \approx \frac{g_{m1}}{g_{m3}} = \frac{\sqrt{\mu_n C_{OX}(W/L)_1 I_B/2}}{\sqrt{\mu_p C_{OX}(W/L)_3(1-K)I_B/2}} = \sqrt{\frac{\mu_n (W/L)_1}{\mu_p (W/L)_3 (1-K)}} \tag{3-5}$$

由 M1～M5 构造的前置放大器的增益由 M1 与 M3 的宽长比决定。但是，为提高增益，只能增大 M1 的宽长比或者减小 M3 的宽长比。增大 M1 的宽长比会导致 M1 端输入电容增大，输入端可能为高阻点，电容对于前级电路带宽影响较明显；减小 M3 的宽长比会导致 M3 消耗的电压增大，压缩输出电压摆幅。因此选用 M5 与 M6 分流部分 M3 与 M4 的电流，使得 g_{m3} 减小的同时不需要消耗额外的电压范围。

为产生前置放大器中 M0、M5 与 M6 的电流，设计了如图 3-7 所示的偏置电路。偏置电路的核心 M1、M2 与 R1、R2 构成自偏置电流源；R1 与 R2 为正负温度系数的电阻串联，以减小偏置电路温度系数。此外，M3、M4 与 M14～M16 构成启动电路。电流源未启动时，Y 点电压较低，电流流过 M3 对 Y 点进行充电。电流源启动之后，Y 点电压抬升；同时，电流流过 M4，导致 X 点电压抬升，使得 M3 的 $|V_{GS}|$ 电压不足以打开 M3，启动电路停止工作。以 VBN 与 VBP 作为电流镜结构中的偏置电压，将电流复制至所需要的模块。

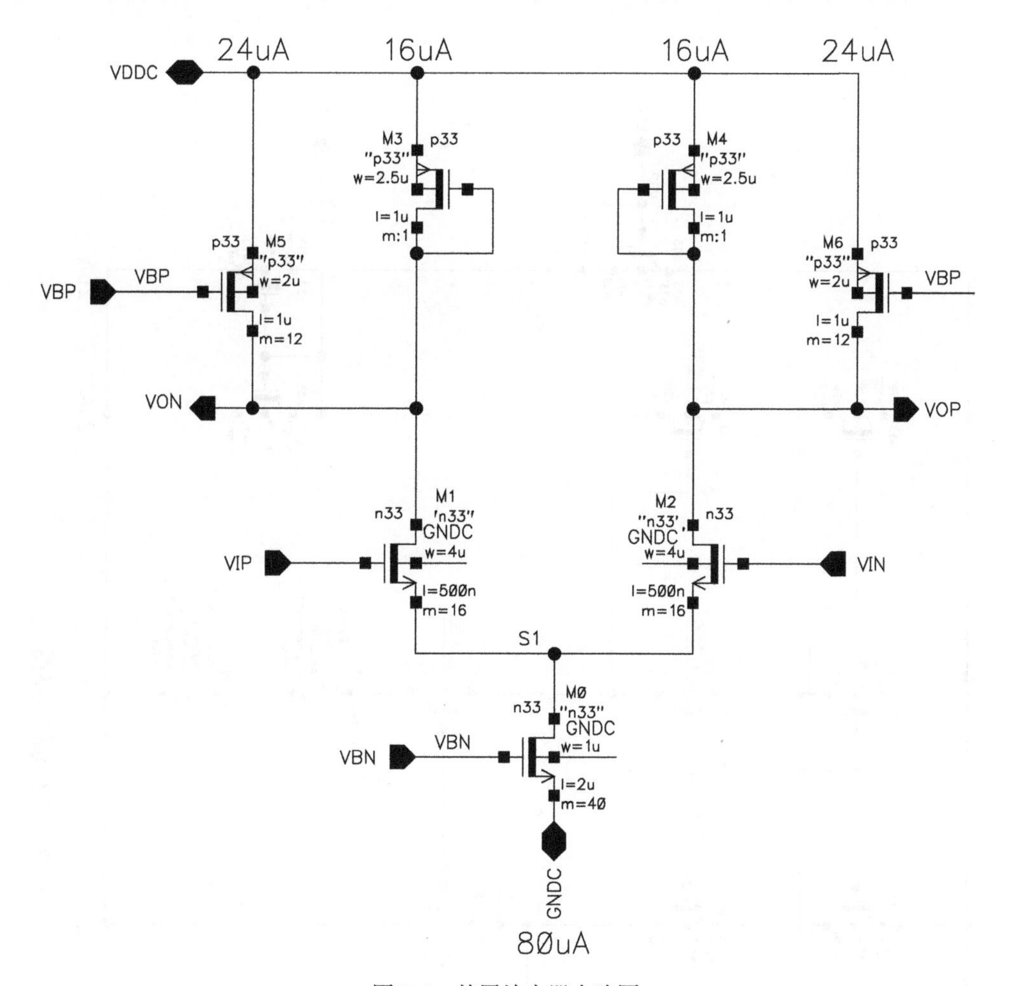

图 3-6 前置放大器电路图

对于启动电路，可以通过瞬态仿真，观察 X 点、Y 点以及流过 M1 与 M2 的电流，判断是否达到设计要求。图 3-8 是偏置电路瞬态仿真电路图，图 3-9 所示的是偏置电路瞬态仿真的电源设置，图 3-10 是偏置电路瞬态仿真波形图。可以看到，在电源电压上电、下电以及再次上电过程中，X 点电压随之上升、下降再上升；Y 点电压类似。当电源电压上升至 3.3V 左右时，流过 M1 与 M2 的电流约为 1μA。

单级前置放大器性能仿真电路图如图 3-11 所示，其中：偏置模块用于给放大器提供电流偏置；第一级前置放大器用于验证单级前置放大器的性能；第二级前置放大器作为第一级前置放大器的负载，可以更加真实地模拟最终的使用环境。在多级级联的前置放大器中，第一级前置放大器对于整体比较器的噪声、失调等性能起主要作用，其设计要求更加严格。因此，第二级前置放大器的输入管尺寸相对小一些，对应第一级的负载相对小一些。

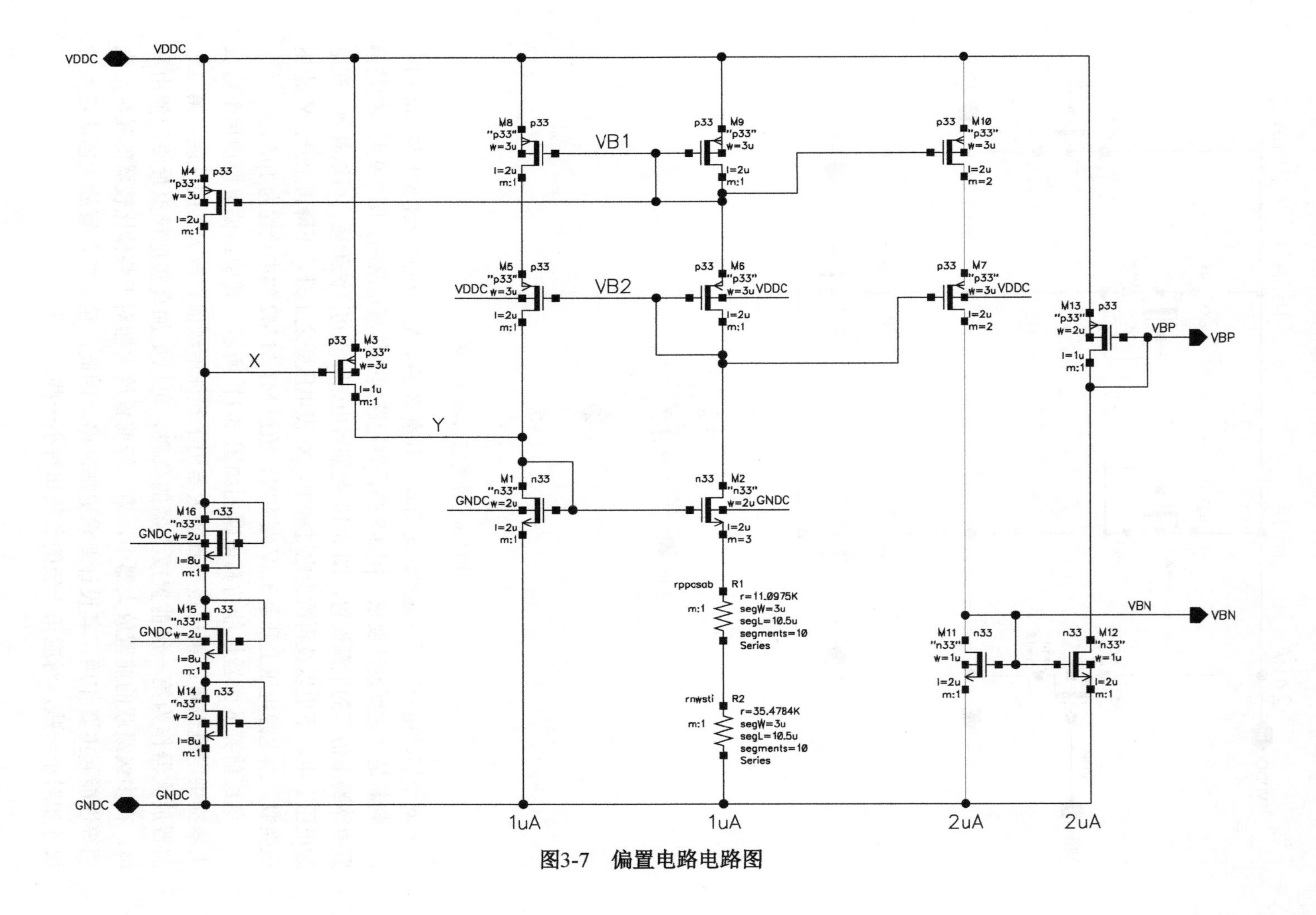
VDDC
GNDC
VBP
VBN
VB1
VB2
X
Y
M1
M2
M3
M4
M5
M6
M7
M8
M9
M10
M11
M12
M13
M14
M15
M16
R1
R2
rppcsab
rnwsti
r=11.0975K
r=35.4784K
segW=3u
segL=10.5u
segments=10
Series
1uA
1uA
2uA
2uA

图3-7 偏置电路电路图

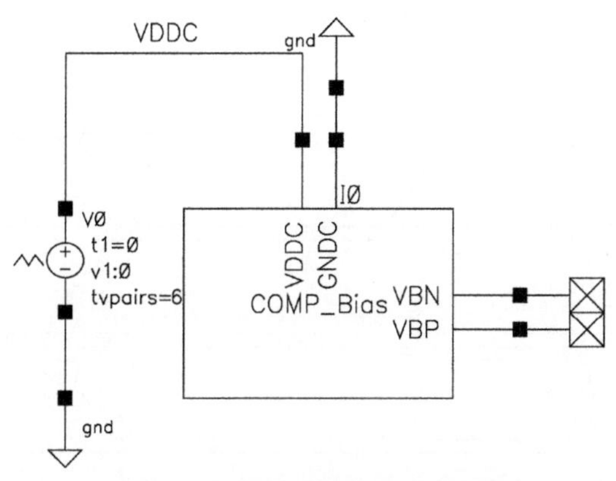

图 3-8 偏置电路瞬态仿真电路图

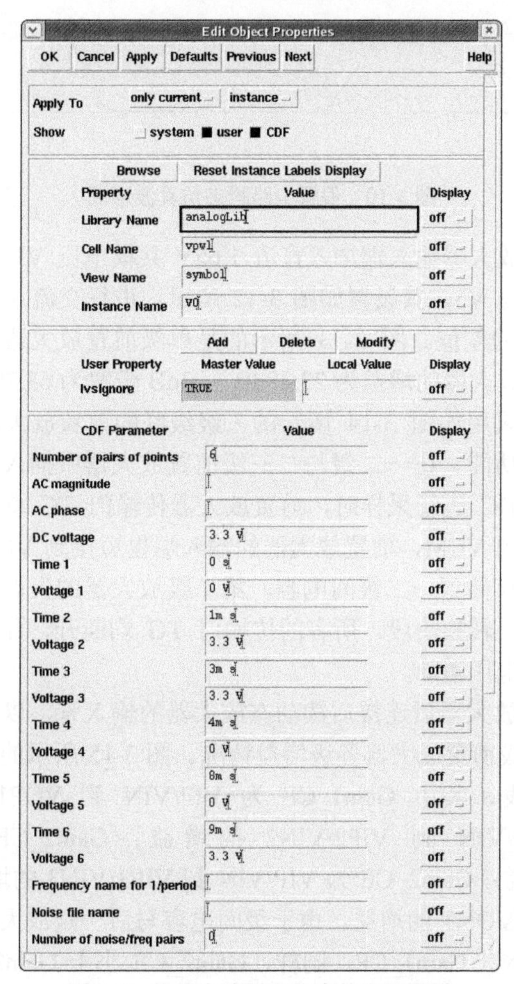

图 3-9 偏置电路瞬态仿真的电源设置

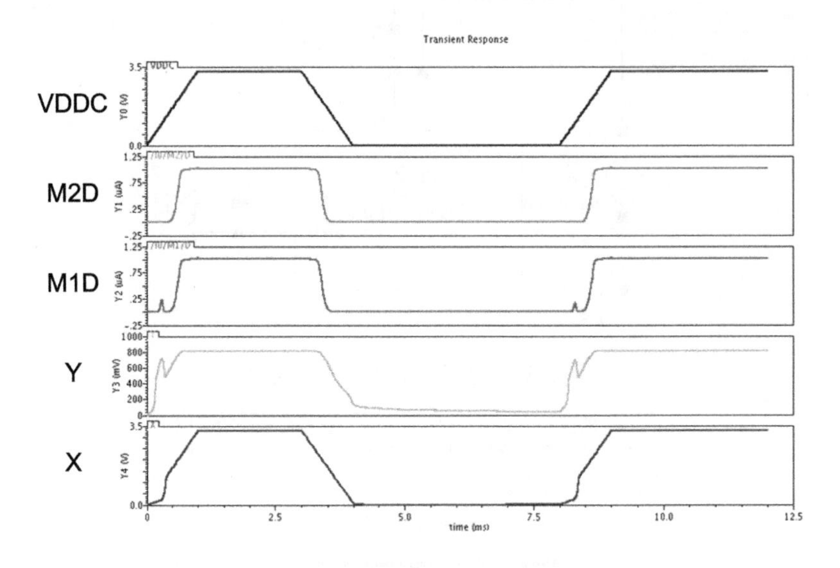

图 3-10　偏置电路瞬态仿真波形图

在第一级前置放大器输入端加入直流 1.65V 共模电压 V1，峰-峰值为 1V 的交流差分电压 V2 与 V3，其设置如图 3-12 所示。进行交流（.ac）仿真，查看输出 VOP 与 VON 的差值。图 3-13 所示的是单级前置放大器的增益频率响应曲线，可以看出单级放大器的增益为 23.38dB，-3dB 带宽为 63.79MHz。

在本设计中，采用如图 3-14 所示的三级级联的前置放大器仿真电路，它还具有失调电压消除功能。在一二级与二三级前置放大器中插入串联电容，用于采样失调电压。在 ADC 进行采样时，前置放大器传输门 TG 均打开，第一级与第二级电容右侧短接到 VCM，前置放大器的输入端也短接到 VCM，此时第一级放大器的失调电压被存储到一二级间电容，第二级放大器的失调电压被存储到二三级间电容。在 ADC 转换阶段，所有的传输门 TG 均断开，此时比较器的失调电压被电容上存储的电压消除。

在第三级前置放大器后连接后续动态放大器的输入管，以尽量模拟实际使用情况。表 3-1 是多级前置放大器各级增益情况。图 3-15 所示的是三级前置放大器增益频率响应曲线，其中 Gain1_CF 为 VIP/VIN 到 VOP1/VON1 的增益；Gain1_CE 为 VIP/VIN 到 VIP2/VIN2 的增益；Gain2_CF 为 VIP/VIN 到 VOP2/VON2 的增益；Gain2_CE 为 VIP/VIN 到 VIP3/VIN3 的增益；Gain3_CF 为 VIP/VIN 到 VOP3/VON3 的增益。由于级间电容与后一级放大器输入电容的分压效应，Gain1_CE 小于 Gain1_CF；同样，Gain2_CE 小于 Gain2_CF。三级放大器整体的增益为 46.43dB，-3dB 带宽为 48.71MHz。

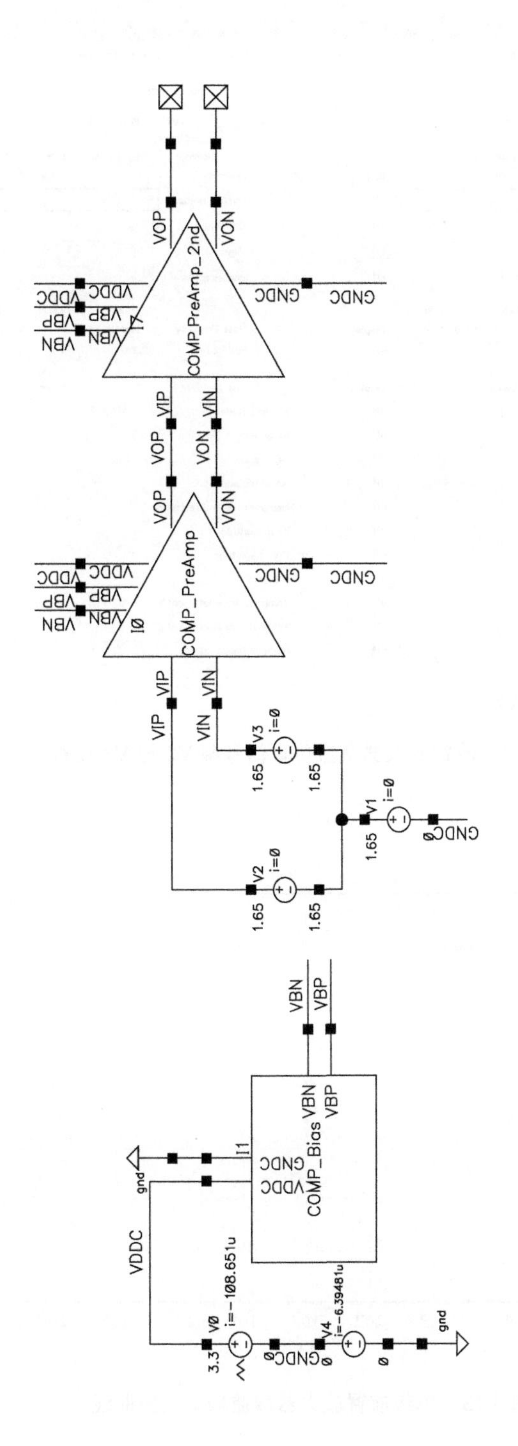

图3-11 单级前置放大器性能仿真电路图

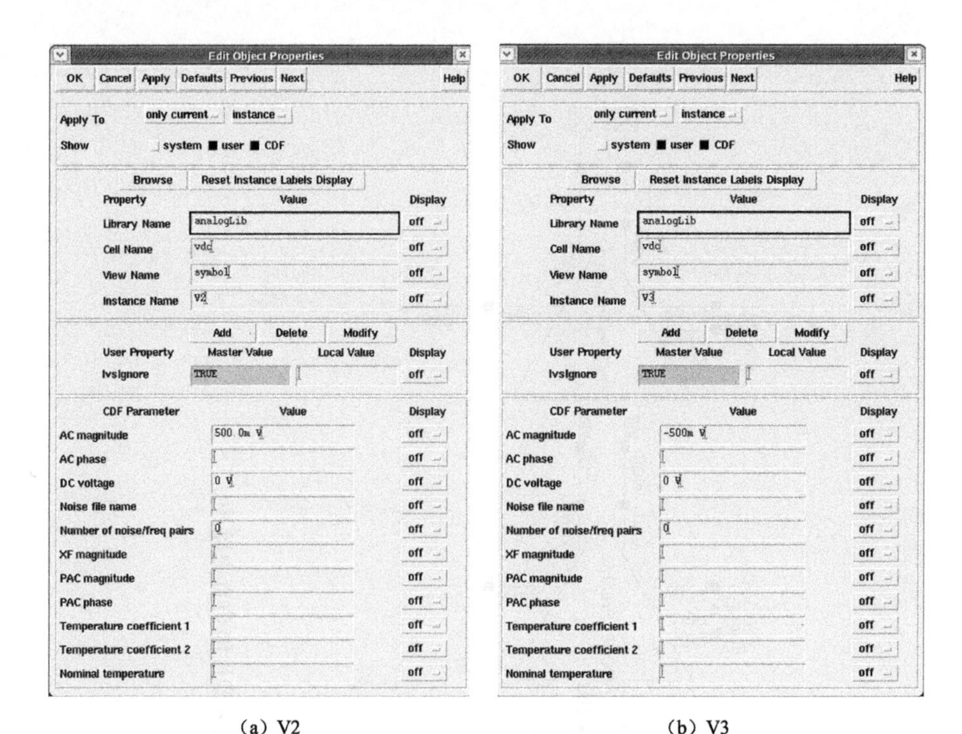

（a）V2　　　　　　　　　　（b）V3

图 3-12　前置放大器交流仿真信号源 V2 与 V3 设置

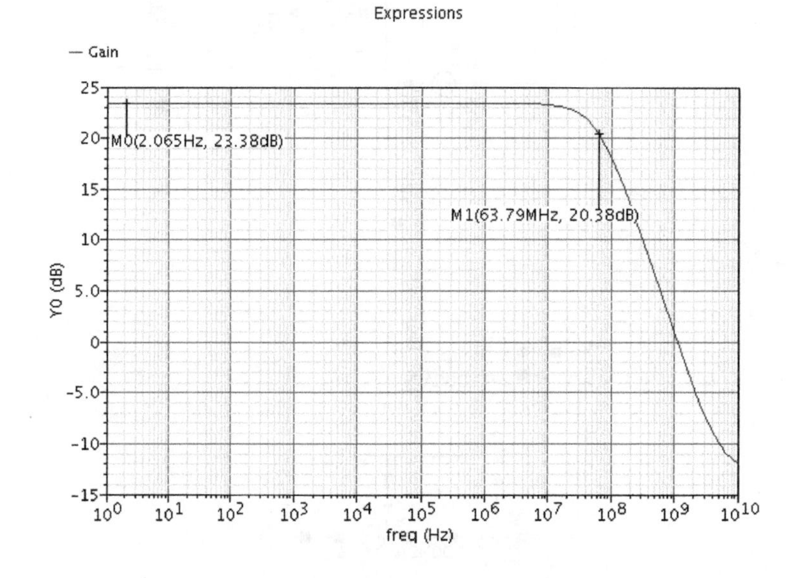

图 3-13　单级前置放大器增益频率响应曲线

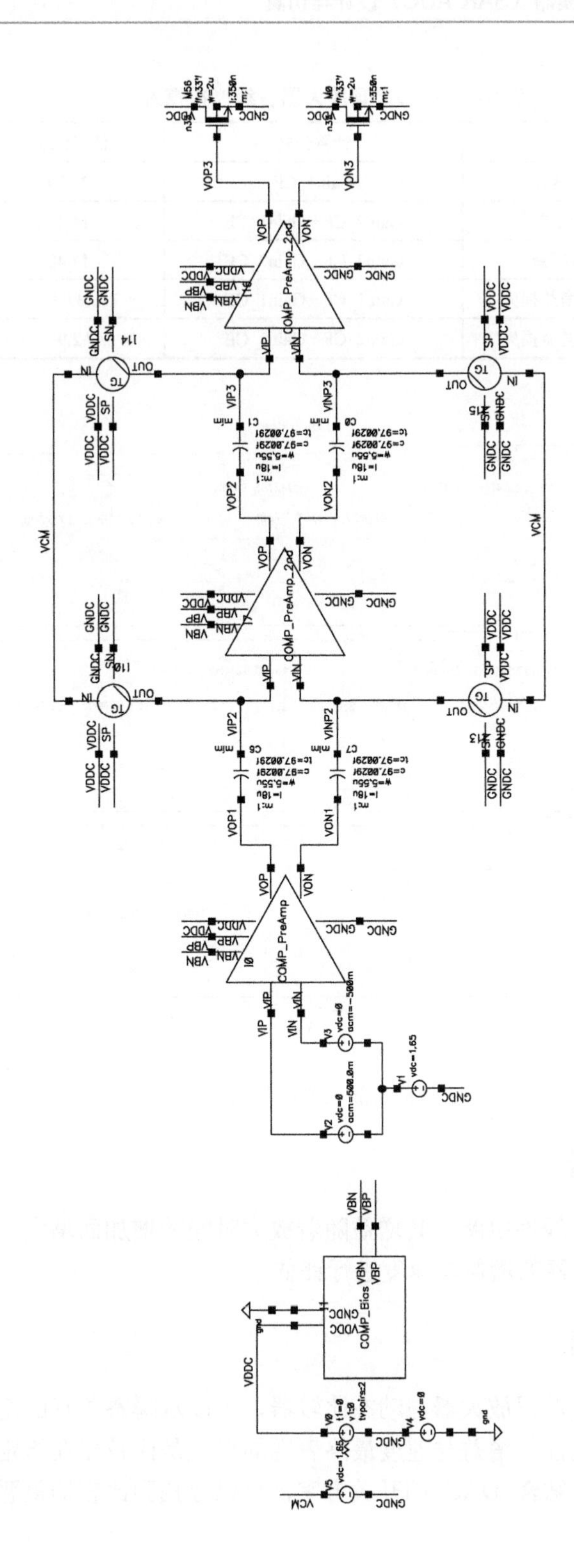

图3-14　三级级联的前置放大器仿真电路图

表 3-1　多级前置放大器各级增益情况

	计算公式	值（dB）
第一级增益	Gain1_CF	23.39
第二级增益	Gain2_CF－Gain1_CE	14.48
第三级增益	Gain3_CF－Gain2_CE	14.48
一二级间增益损失	Gain1_CF－Gain1_CE	3.02
二三级间增益损失	Gain2_CF－Gain2_CE	2.9

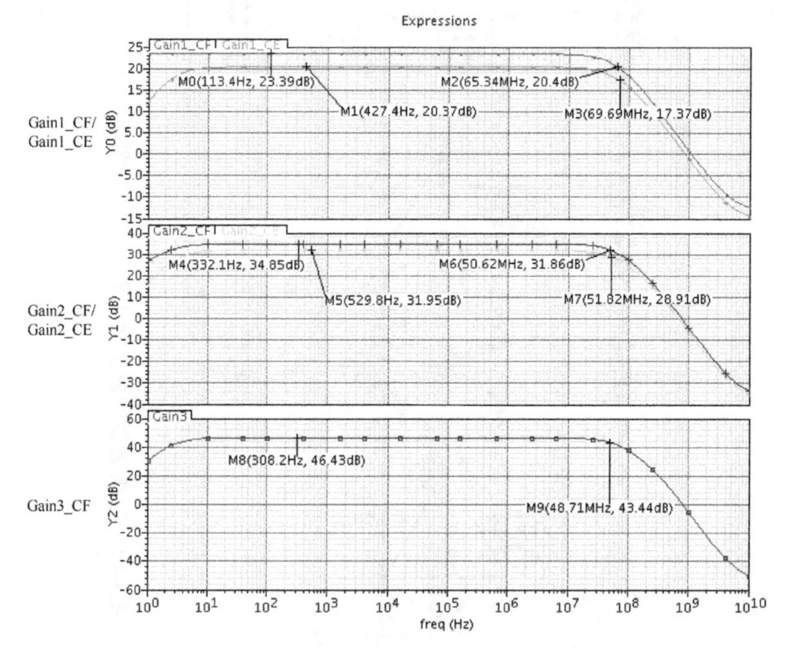

图 3-15　三级前置放大器增益频率响应曲线

3.4.2　动态比较器

动态比较器为非线性电路，其增益随着放大时间的增加而增大，因此可以用瞬态仿真对动态放大器的增益与速度进行评估。

3.4.3　整体比较器

整体比较器结合前置放大器与动态比较器，可以从瞬态仿真的角度对比较器的增益与速度进行验证。增益与速度最终表现的形式是比较器在给定的时间内能否准确地进行判断。结合 DAC 的开关方案，可以寻找到比较器最恶劣的工作条件，以此工作条件作为整体比较器的激励进行仿真。如果比较器在该条件下能够正确分辨，则表明该比较器性能能够满足 ADC 的需求。

假设 ADC 的基准电压分别为 V_{REFTOP} 与 V_{REFBOT}，定义输入幅值 V_{FS} 为

$$V_{\mathrm{FS}}=V_{\mathrm{REFTOP}}-V_{\mathrm{REFBOT}} \tag{3-6}$$

对应于传统的 DAC 切换方案，比较器最恶劣的输入情况是 ADC 模拟输入为

$$\begin{cases} V_{\mathrm{IP}}=V_{\mathrm{FS}}/4-\dfrac{1}{2}\mathrm{LSB}+V_{\mathrm{CM}} \\ V_{\mathrm{IN}}=-V_{\mathrm{FS}}/4+\dfrac{1}{2}\mathrm{LSB}+V_{\mathrm{CM}} \end{cases} \tag{3-7}$$

对应最高位比较器输入为

$$\begin{cases} V_{\mathrm{CIP,MSB}}=V_{\mathrm{CM}}-V_{\mathrm{IP}}+V_{\mathrm{REFBOT}}+V_{\mathrm{FS}}/2=V_{\mathrm{FS}}/4+\dfrac{1}{2}\mathrm{LSB}+V_{\mathrm{REFBOT}} \\ V_{\mathrm{CIN,MSB}}=V_{\mathrm{CM}}-V_{\mathrm{IN}}+V_{\mathrm{REFTOP}}-V_{\mathrm{FS}}/2=-V_{\mathrm{FS}}/4-\dfrac{1}{2}\mathrm{LSB}+V_{\mathrm{REFTOP}} \end{cases} \tag{3-8}$$

对应比较器差分输入为

$$V_{\mathrm{C,Diff,MSB}}=V_{\mathrm{CIP,MSB}}-V_{\mathrm{CIN,MSB}}=-V_{\mathrm{FS}}/2+\mathrm{LSB}<0 \tag{3-9}$$

理想情况下，比较器输出为“0”，V_{CIP} 与 V_{CIN} 保持不变，进入次高位切换。次高位比较器的输入为

$$\begin{cases} V_{\mathrm{CIP,2ndMSB}}=V_{\mathrm{CIP,MSB}}+V_{\mathrm{FS}}/4=V_{\mathrm{FS}}/4+\dfrac{1}{2}\mathrm{LSB}+V_{\mathrm{REFBOT}}+V_{\mathrm{FS}}/4 \\ V_{\mathrm{CIN,2ndMSB}}=V_{\mathrm{CIN,MSB}}-V_{\mathrm{FS}}/4=-V_{\mathrm{FS}}/4-\dfrac{1}{2}\mathrm{LSB}+V_{\mathrm{REFTOP}}-V_{\mathrm{FS}}/4 \end{cases} \tag{3-10}$$

对应比较器差分输入为

$$V_{\mathrm{C,Diff,2ndMSB}}=V_{\mathrm{CIP,2ndMSB}}-V_{\mathrm{CIN,2ndMSB}}=\mathrm{LSB}>0 \tag{3-11}$$

以上所介绍的比较器最恶劣输入情况对应最高位输入差分值为 $-V_{\mathrm{FS}}/2+\mathrm{LSB}$，次高位输入差分值为 LSB。最高位与次高位对应比较器输出结果相反且次高位的差分电压最小。与之相对应的最高位输入差分值为 $V_{\mathrm{FS}}/2-\mathrm{LSB}$，次高位输入差分值为 $-\mathrm{LSB}$，也是最恶劣的情况。

图 3-16 是三级放大器与动态放大器构成的比较器电路图，其中包括三级前置放大器与一级动态锁存器。在动态锁存器之后加入一级 RS 触发器用于检测与锁存比较器的输出。对应最恶劣输入情况，采用如图 3-17 所示的仿真电路图对比较器性能进行仿真。图 3-18 是对应的仿真波形图。由图可见，对应最恶劣的输入情况，比较器可以在 ADC 转换速率为 1MSPS 条件下，准确地判断输入信号的极性。

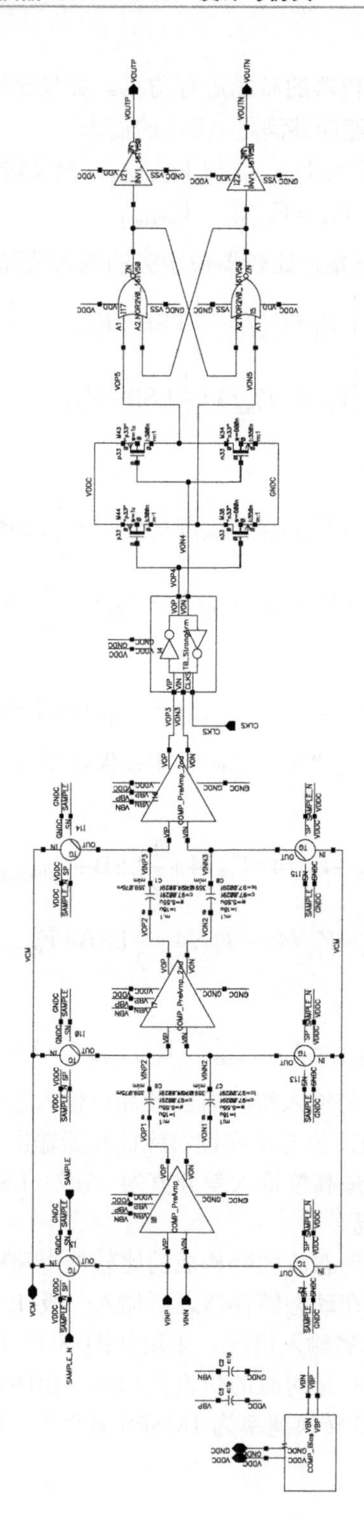

图3-16 三级放大器与动态放大器构成的比较器电路图

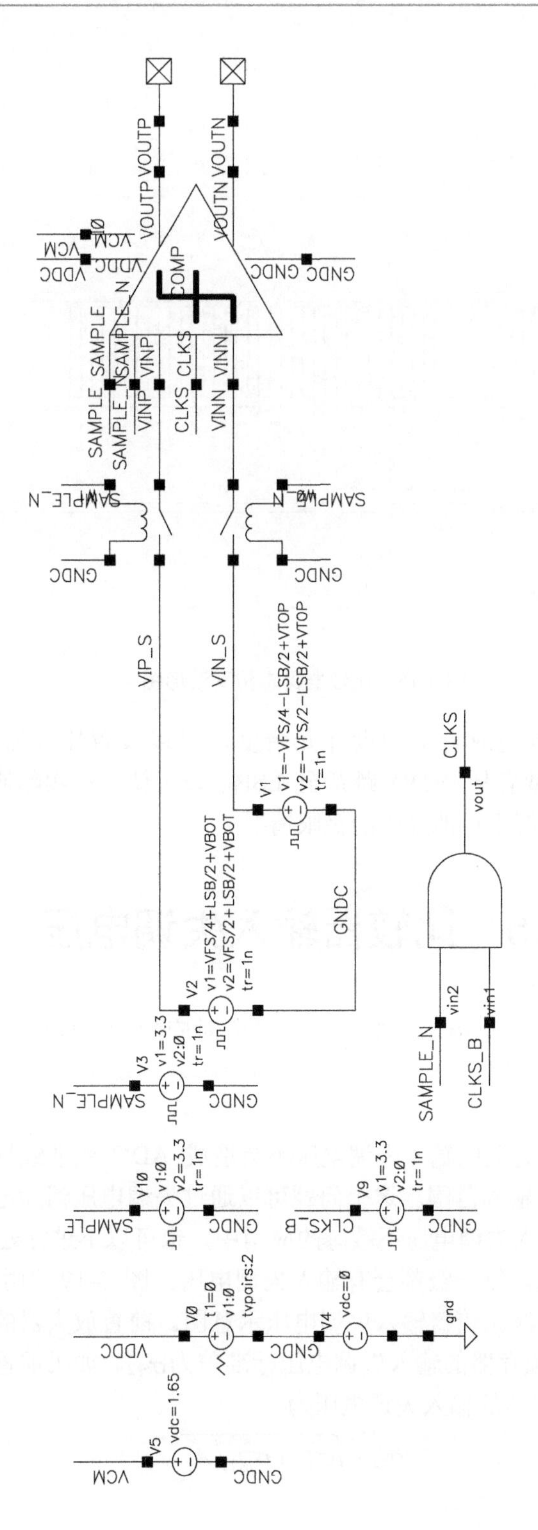

图3-17　比较器瞬态仿真电路图

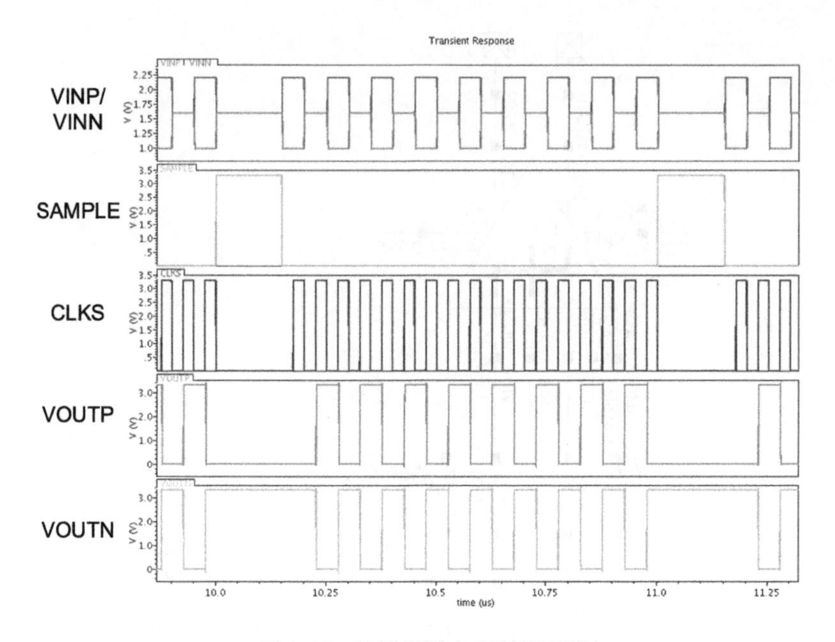

图 3-18　比较器瞬态仿真波形图

如果为了仿真方便或者增加设计冗余度，可以设置比较器的差分输入从 VDD 跳跃至-LSB 或者从-VDD 跳跃至 LSB。以上情况在实际使用中不一定会发生，但这是正常情况下可能发生的极限情况。

3.5　比较器输入失调电压

比较器的失调电压是指比较器零输出时所对应的输入电压。理想情况下，输入失调电压为零。但是受到工艺偏差等因素影响，实际的输入失调电压往往不为零。

与输入模拟电压无关的输入失调电压不会造成 ADC 的非线性误差，只会小幅度地减小 ADC 的输入范围。这个问题可以通过失调电压消除电路或者在系统层面进行处理。在输入失调电压不敏感的应用中，也可以不进行处理。

对于多级比较器，每一级都会有输入失调电压。图 3-19 为由前置放大器与动态锁存器构成的多级比较器输入失调电压示意图。前置放大器的输入失调电压标准差为σ_{os1}，动态锁存器的输入失调电压标准差为σ_{os2}。如果前置放大器的增益为A_V，那么比较器整体的输入失调电压为

$$\sigma_{os}=\sqrt{\sigma_{os1}^2+\sigma_{os2}^2/A_V^2} \tag{3-12}$$

一般情况下，动态锁存器的输入失调电压标准差较大，而前置放大器的输入失调电压标准差较小。通过多级结构可以在比较器输入失调电压与速度之间取得均衡。

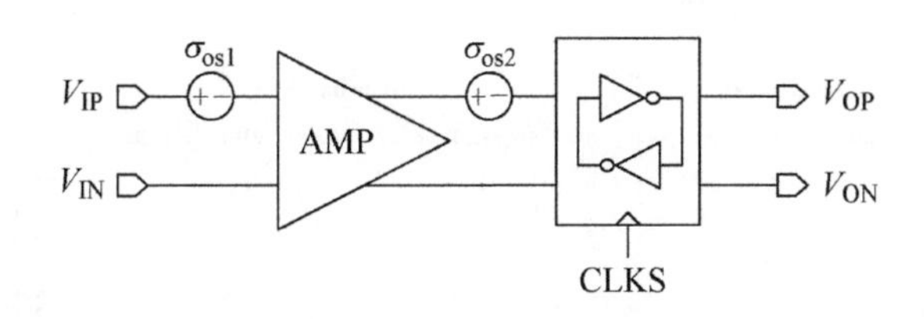

图 3-19 由前置放大器与动态锁存器构成的多级比较器的输入失调电压示意图

关于失调电压，主要处理两方面问题：一是通过仿真对失调电压进行评估；二是通过一定的电路技术对失调电压进行处置。在 Cadence Spectre 中可以通过 Monte Carlo 仿真对失调电压进行评估。对于静态的前置放大器与动态的锁存器而言，评估输入失调电压的仿真设置是不一样的，以下分别进行介绍。

3.5.1 前置放大器失调仿真

采用基于 Mismatch 的 Monte Carlo 仿真评估前置放大器的输入失调电压。首先在仿真器件模型设置中打开 Mismatch 选项，具体的设置可以参考工艺厂商提供的文件。而后按照所需要的仿真类别进行相应的仿真设置。

本例用于评估比较器的输入失调电压，所以采用的仿真电路如图 3-11 所示，但是只用如图 3-20 所示的直流仿真，输出 VO_Diff 为第一级前置放大器的输出差分值。在无输入失调情况下，此时 VO_Diff 应该为零。由于受到工艺失配影响，就会使得 VO_Diff 不为零。Monte Carlo 仿真是将电路中所有晶体管依照正态分布变化器件参数进行仿真。每一次 Monte Carlo 仿真对应一种分布。通过多次 Monte Carlo 仿真，将输出量的每次仿真结果放在一起进行统计并得到该输出量的分布。对应于输入失调电压，在多次 Monte Carlo 仿真之后，可得到 VO_Diff 的分布情况以及标准差σ值。

图 3-21 所示的是 Monte Carlo 仿真的设置。图 3-22 所示的是 Monte Carlo 仿真的设置界面。Monte Carlo 仿真需要产生一些随机变量用于模拟实际生产中器件的偏差。随机变量生成的次数越多，与真实的分布越接近。但是，事实上仿真的资源有限，只能够产生有限次数的随机变量，需要更加有效地生成随机变量。那么，随机变量产生的方式就会影响到 Monte Carlo 仿真的准确度。

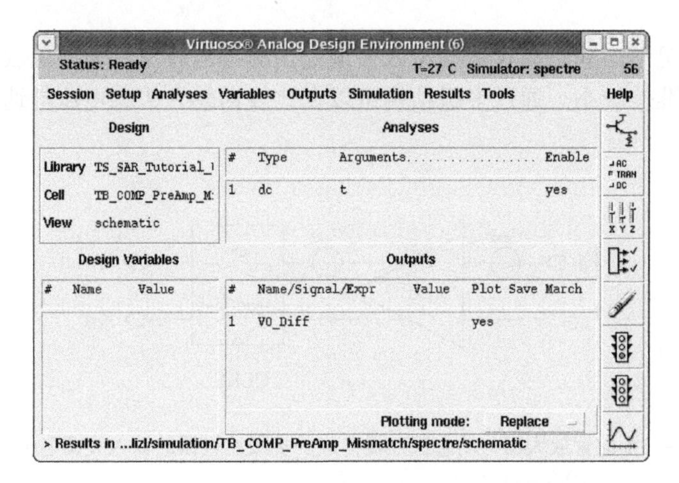

图 3-20　单级前置放大器输入失调电压仿真设置

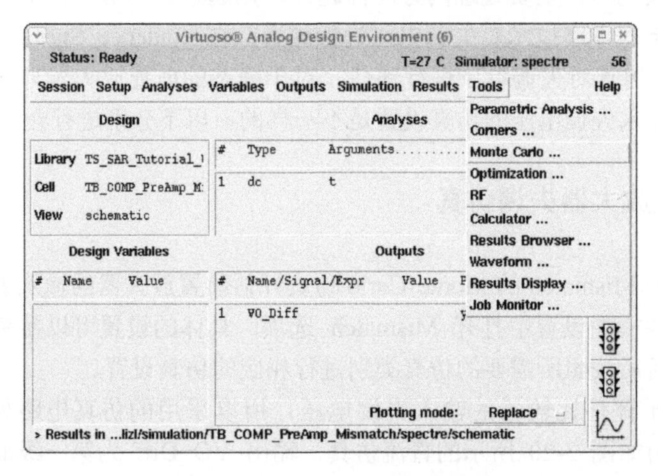

图 3-21　Monte Carlo 仿真的设置

Sampling Method 就是指生成随机变量的方式：其一是标准采样（Standard）方式；其二是拉丁超立方采样（Latin Hypercube Sampling，LHS）方式。对于随机变量 X 抽取 N 个采样点，标准采样在 X 范围内任意抽取，如图 3-23（a）所示；LHS 采样首先对随机变量 X 的分布函数在 Y 轴上进行 N 等分，获得 N 个等概率的区间，而后在每一个区间内随机抽取一个点，如图 3-23（b）所示。在采样点数较少时，标准采样的采样点可能都聚集在大概率范围内，导致仿真的准确度下降，必须增大采样点数以保证准确度；而 LHS 采样可以避免采样点聚集在一起，以提高仿真的效率。对应 LHS 采样，还需要设置每个等概率区间内的采样点数（Number of Bins）。

Number of Runs 是 Monte Carlo 仿真次数。

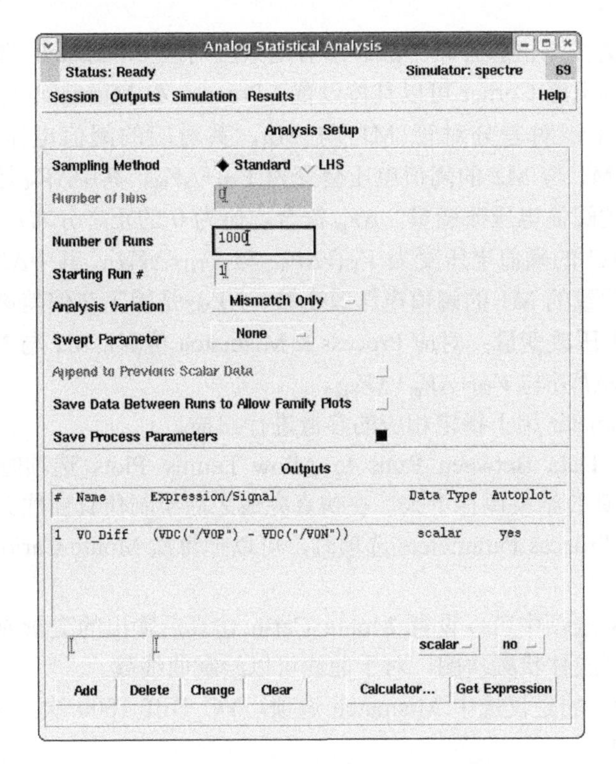

图 3-22　Monte Carlo 仿真的设置界面

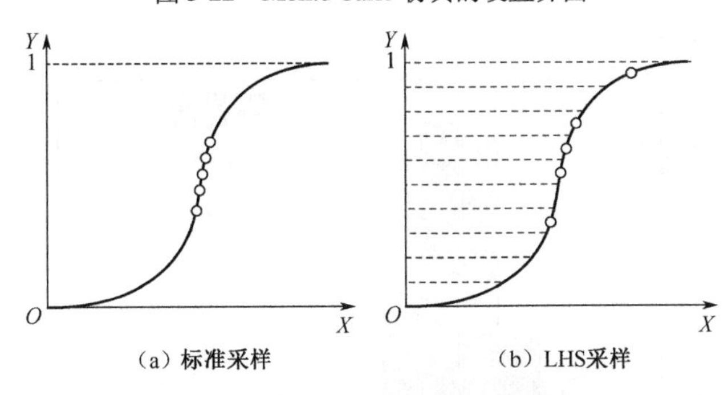

（a）标准采样　　（b）LHS采样

图 3-23　在分布函数上的采样示意图

Start Run #（Number）是指随机数开始于第#个。由于计算机仿真的随机数是伪随机数，相同的 Start Run #对应的随机变量在不同时刻仿真结果是一样的。

Analysis Variation 里有 Process、Mismatch、Process & Mismatch 选项。由于工艺的偏差对实际生产制造的电路会有两种效应：其一是所有的器件参数会随着制造批次的不同而有所差异；其二是在一次制造中，芯片局部内器件参数会有所不同。前者效应对应 Process 选项，会造成电路 Corner 的偏移，良率下降。在 Corner 仿真中，所有器件参数会偏向典型值或者其他极端值；而在 Process 仿真中，器件的参数按照正态分布生成。后者的效应对应 Mismatch 选项，会造成失调。此时对应的电路 Corner 可以具体设置。Process & Mismatch 包含两种变化。举例而言，对于一对差分对管 M1 与 M2，其对应的阈值电压为 V_{TH}。对应 Process 仿真，M1 与 M2 的阈值电压会变为 $V_{TH}+\Delta V_{pt}$，其中ΔV_{pt}是因工艺偏差第一种效应导致的阈值电压改变量，ΔV_{pt}符合均值为 0 的正态分布；对应 Mismatch 仿真，M1 与 M2 的阈值电压变为 $V_{TH}+\Delta V_{M1}$ 与 $V_{TH}+\Delta V_{M2}$，其中ΔV_{M1}是因工艺偏差第二种效应导致的 M1 的阈值电压改变量，ΔV_{M2}是因工艺偏差第二种效应导致的 M2 的阈值电压改变量；对应 Process & Mismatch 仿真，M1 与 M2 的阈值电压变为 $V_{TH}+\Delta V_{pt}+\Delta V_{M1}$ 与 $V_{TH}+\Delta V_{pt}+\Delta V_{M2}$。

Swept Parameter 用于指定相应的参量进行扫描。

选中 Save Data Between Runs to Allow Family Plots 选项时，可以把每次 Monte Carlo 仿真的结果保存下来，在仿真完成之后绘制仿真曲线。

选中 Save Process Parameters 选项时，可以把每次 Monte Carlo 仿真的工艺参数保存下来。

在 Outputs 选项中可以设置 Monte Carlo 仿真后输出的变量或者表达式，对于标量可以绘制成柱状频次图，对于曲线可以绘制曲线簇。

图 3-24 所示的是仅选中 Mismatch 选项，VO_Diff 1000 次，Monte Carlo 标准采样仿真结果。

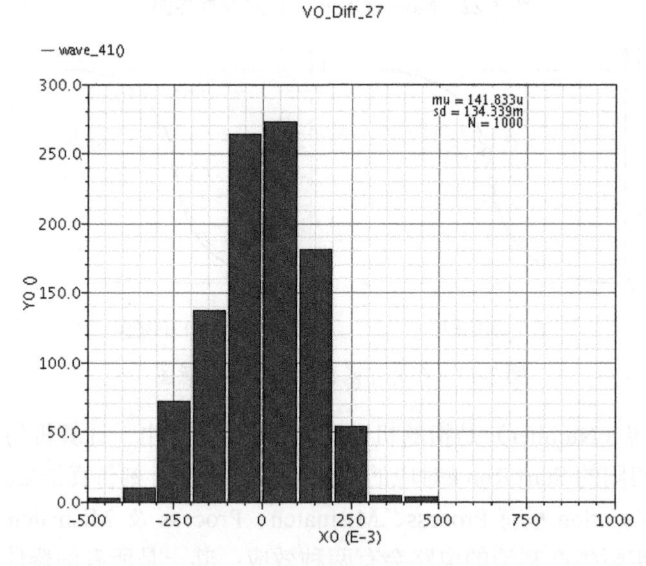

图 3-24　仅选中 Mismatch 选项，VO_Diff 1000 次，Monte Carlo 标准采样仿真结果

图 3-25 所示的是仅选中 Mismatch 选项，VO_Diff 1000 次，Monte Carlo LHS 仿真结果。

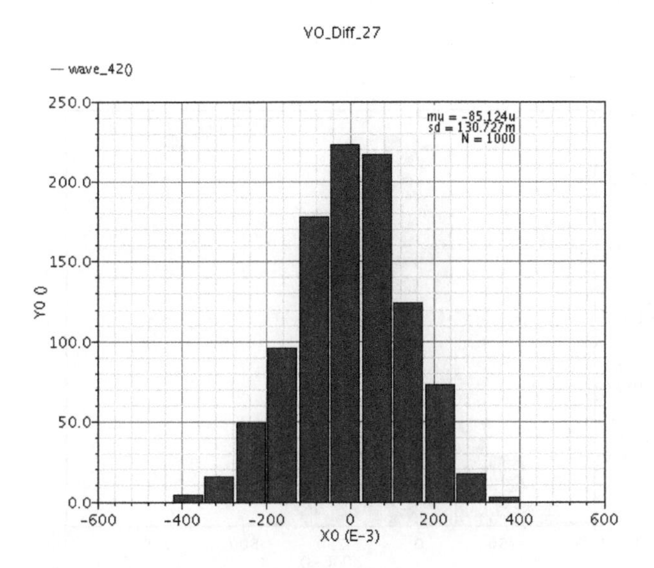

图 3-25　仅选中 Mismatch 选项，VO_Diff 1000 次，Monte Carlo LHS 仿真结果

图 3-26 所示的是选中 Mismatch & Process 选项，VO_Diff 1000 次，Monte Carlo 标准采样仿真结果。

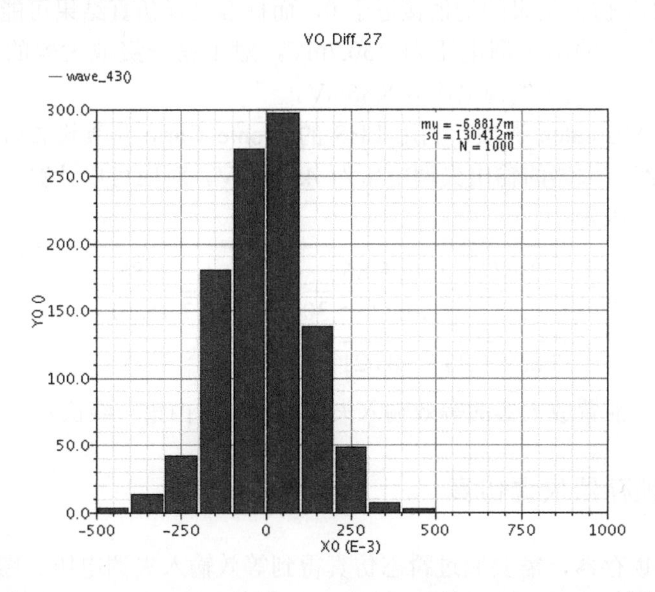

图 3-26　选中 Mismatch & Process 选项，VO_Diff 1000 次，Monte Carlo 标准采样仿真结果

图 3-27 所示的是选中 Mismatch & Process 选项，VO_Diff 1000 次，Monte Carlo LHS 仿真结果。

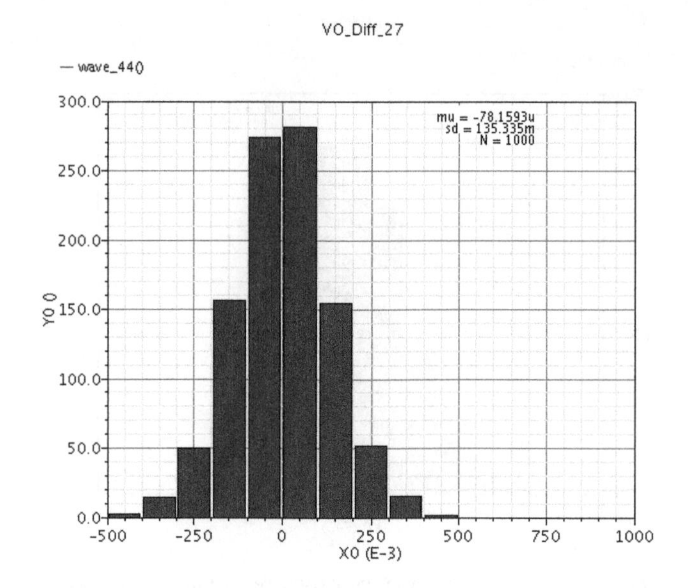

图 3-27 选中 Mismatch & Process 选项，VO_Diff 1000 次，Monte Carlo LHS 仿真结果

根据图 3-24～图 3-27 可以看出，在有限仿真次数的条件下，LHS 仿真更加有效，因为 LHS 仿真结果的均值接近于 0，而标准采样仿真结果可能偏差较大。以图 3-25 为例，输出失调电压为 130.7mV，对于第一级放大器的直流增益为 23.38dB，那么等效输入失调电压为 8.86mV。

在仅选中 Mismatch 选项，利用 LHS 的 Monte Carlo 仿真设置时，可以得到第二级与第三级放大器的输出失调电压为 45.88mV。对应可以计算三级放大器的等效输入失调电压为

$$\sigma_{\text{preamp}}=\sqrt{\left(\frac{130.7}{14.77}\right)^2+\left(\frac{8.86}{14.77\times5.30}\right)^2+\left(\frac{8.86}{14.77\times5.30\times5.30}\right)^2} \tag{3-13}$$

$$=\sqrt{8.85^2+0.113^2+0.021^2}=8.851\ \text{mV}$$

可以看出，前置放大器的等效输入失调电压基本由第一级决定。

3.5.2 动态锁存器失调仿真

对于动态锁存器，需要通过瞬态仿真得到等效输入失调电压。图 3-28 是相关瞬态仿真原理波形图。其中，差分输入缓慢变化，动态锁存器的使能时钟不断翻转，使得比较器不断比较，记录输出由低变高瞬间差分输入的值。该值偏离零值的距离 $-V_{OS}$ 即为动态锁存器的输入失调电压。由于差分输入是连续变化的信号，而动态锁存器是受时钟信号控制的。因此，比较器差分输入变化的斜率与时

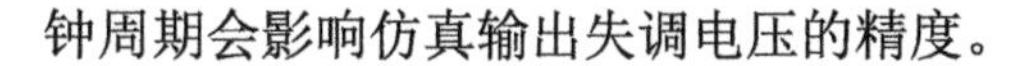

钟周期会影响仿真输出失调电压的精度。

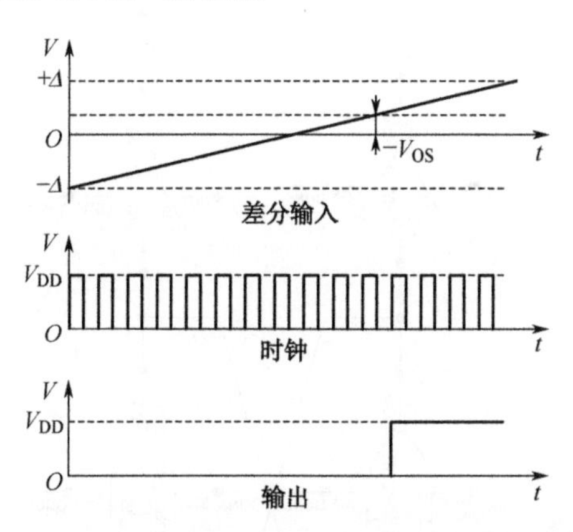

图 3-28　动态锁存器输入失调电压瞬态仿真原理波形图

为保证仿真的精度，要求在每个时钟周期差分输入的变化足够小。但是，过于精细变化的差分输入信号会大大增加仿真时间。在本例中，设置每个时钟周期对应的差分输入变化为$\frac{1}{2}$ LSB（146μV）。假如锁存器的输入失调电压的标准差 σ_L 为 100mV，欲使仿真落在 $3\sigma_L$（300mV）范围内，需要仿真至少 $2\times300\text{mV}/146\mu\text{V}\approx4110$ 个时钟周期。对应于 1MSPS 的 ADC，需要仿真 $1\mu\text{s}/18\times4110=228.33\mu\text{s}$。

图 3-29 是动态锁存器输入失调电压瞬态仿真设置电路图，其中两个 PWL 电压信号用于产生斜坡差分输入信号，一个 VCVS 电压源得到输入差分值。锁存器的比较结果只有在 CLKS 为高时有效，在 CLKS 为低时比较结果 VOP1 与 VON1 被复位到 VDD。为了在复位阶段保持锁存器输出不变化，采用一级 RS 触发器保存结果。在复位阶段，RS 触发器输入 VOP2 与 VON2 为低时，RS 触发器保持前一次比较输出。当 RS 触发器的输出 VOP 或者 VON 发生由高到低或者由低到高翻转时，记录此时对应的差分输入电压，将其作为锁存器的输入失调电压值。由于时钟使能到锁存器输出存在延时，因此以上对应的输入失调电压值存在偏差。

图 3-30 为理想情况下动态锁存器输入失调电压瞬态仿真结果波形图。其中第一行为输入差分信号，第二行为时钟信号，第三、四行为 RS 触发器输出信号。记录显示，VON 由低变为高时刻对应的输入差分值 VIP−VIN 为 4.67μV。为了实现 Monte Carlo 仿真，将该值保存为一个表达式，在 Outputs 设置中选中 Calculator，利用其中的 cross 与 value 函数可以实现相应表达式。cross 函数的作用是得到信号跳变沿对应的时间，具体的设置如图 3-31 所示；value 函数的作用是根据时间得到信号的值，具体的设置如图 3-32 所示。

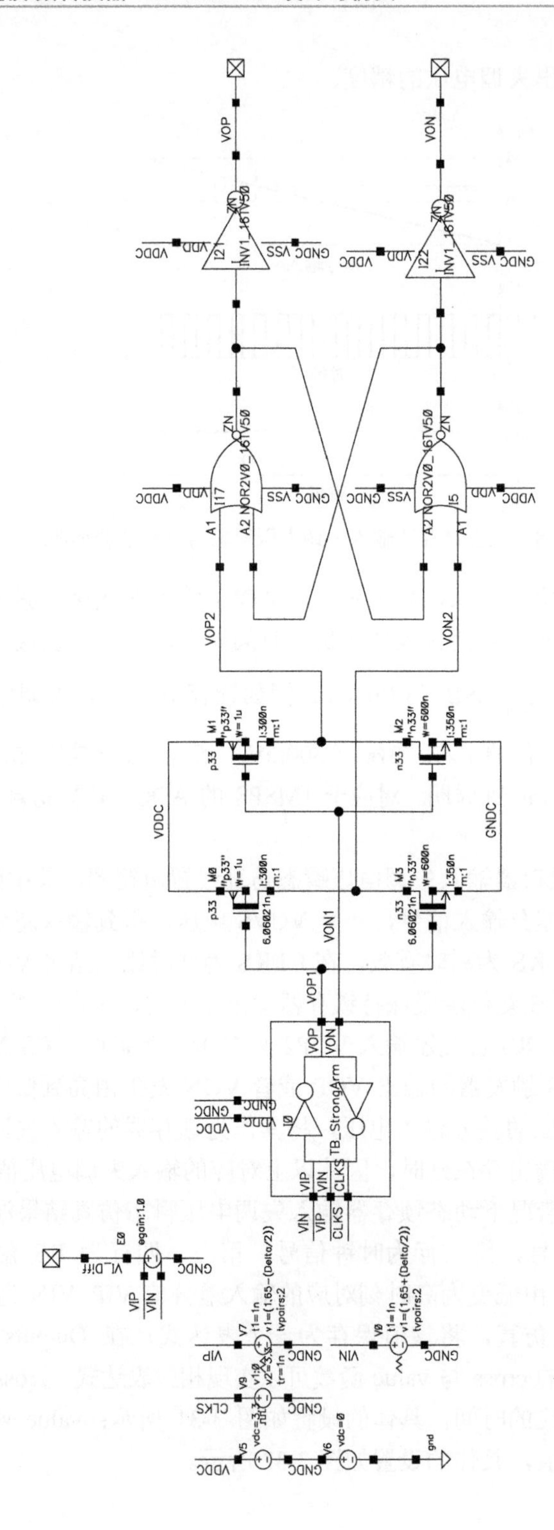

图3-29 动态锁存器输入失调电压瞬态仿真设置电路图

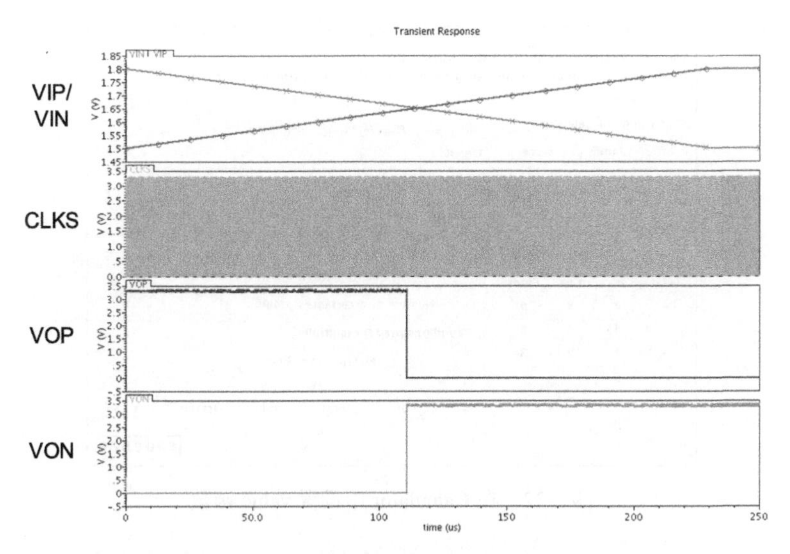

图 3-30　理想情况下动态锁存器输入失调电压瞬态仿真结果波形图

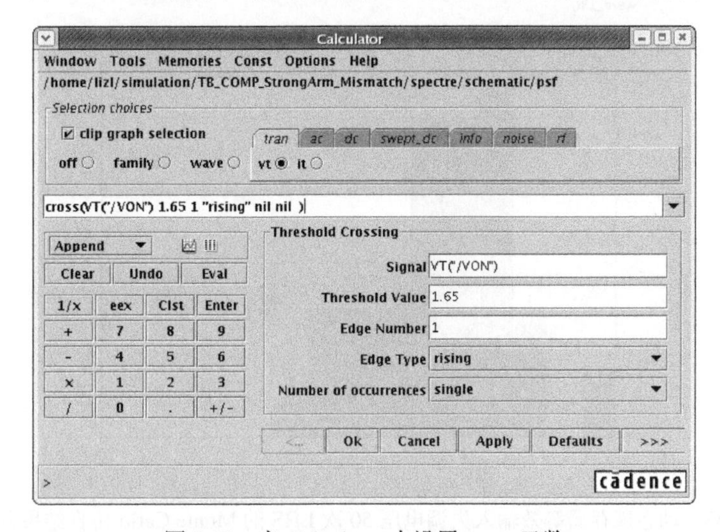

图 3-31　在 Calculator 中设置 cross 函数

利用相同的设置，使用 Monte Carlo 仿真便可以使得器件产生 Mismatch，得到输入失调电压的分布图。动态锁存器等效输入失调电压 50 次 LHS 的 Monte Carlo 仿真结果如图 3-33 所示。由图可见，动态锁存器的等效输入失调电压为 19.2mV，将其除以前置放大器的增益，可以得到比较器输入失调电压中由于动态锁存器造成的成分为 19.2/148.6=0.13mV。

此外，还有一种基于瞬态噪声仿真的动态锁存器输入失调电压仿真方法，该方法将在 3.6 节介绍。

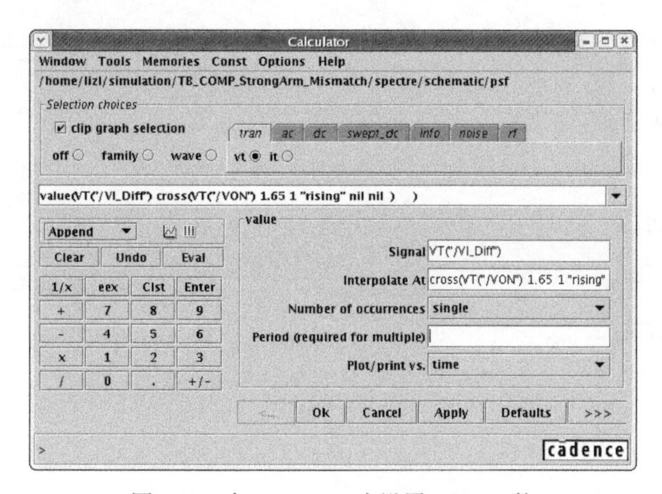

图 3-32　在 Calculator 中设置 value 函数

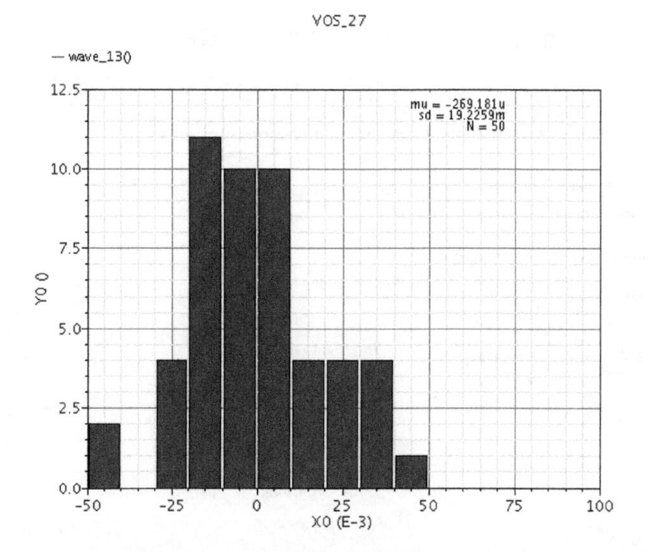

图 3-33　动态锁存器等效输入失调电压 50 次 LHS 的 Monte Carlo 仿真结果分布图

根据前置放大器与动态锁存器各种仿真得到输入失调电压的结果，可以计算出比较器整体的输入失调电压为 8.85mV。前置放大器和动态锁存器构成的比较器的整体输入失调电压可以利用与锁存器一样的仿真方案进行仿真。

本设计中采用输出失调电压消除技术。假设输入失调电压为 3 倍的标准差值，也就是 26.56mV，将大于该值的输入失调电压通过人为设置加入电路中。利用与图 3-17 一样的仿真设置，此时如图 3-34 在比较器中人为加入输入失调电压，将其值设置为 vos。当 vos 为 30mV 时，比较器能够准确地分辨最恶劣的情况，具体如图 3-35 和图 3-36 所示。从图 3-36 可以看出，当 SAMPLE 为高的时候，

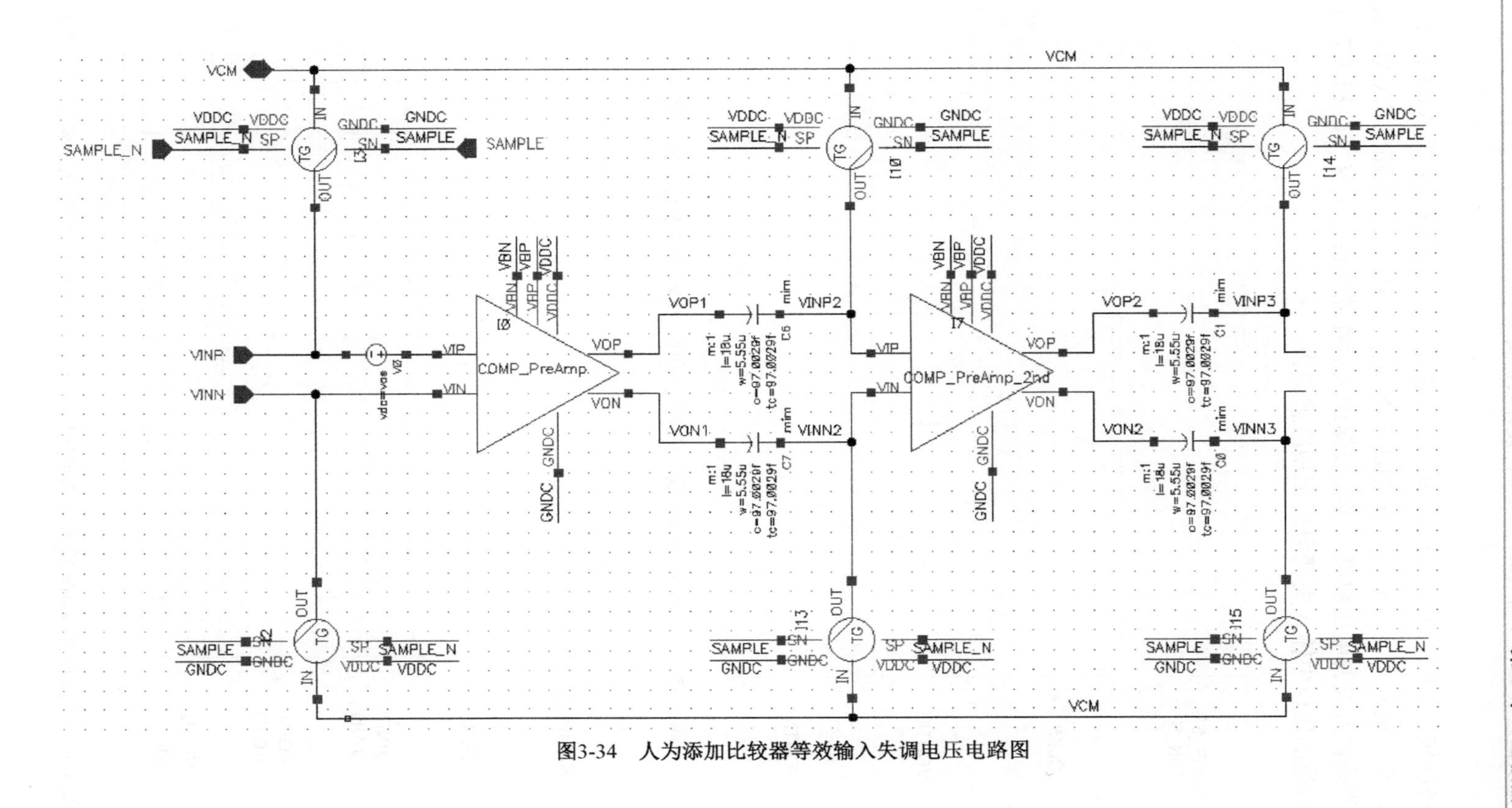

图3-34　人为添加比较器等效输入失调电压电路图

第一级比较器的输入失调电压为 30mV，输出电容 C6 和 C7 左端 VOP1 与 VON1 的差值相应被放大，但是电容右端的 VINP2 与 VINN2 被短路到 VCM，此时认为设置的输入失调电压被第一级比较器放大后存储在输出电容 C6 和 C7 上，在以后各位的比较中输入失调电压都相应被减去。

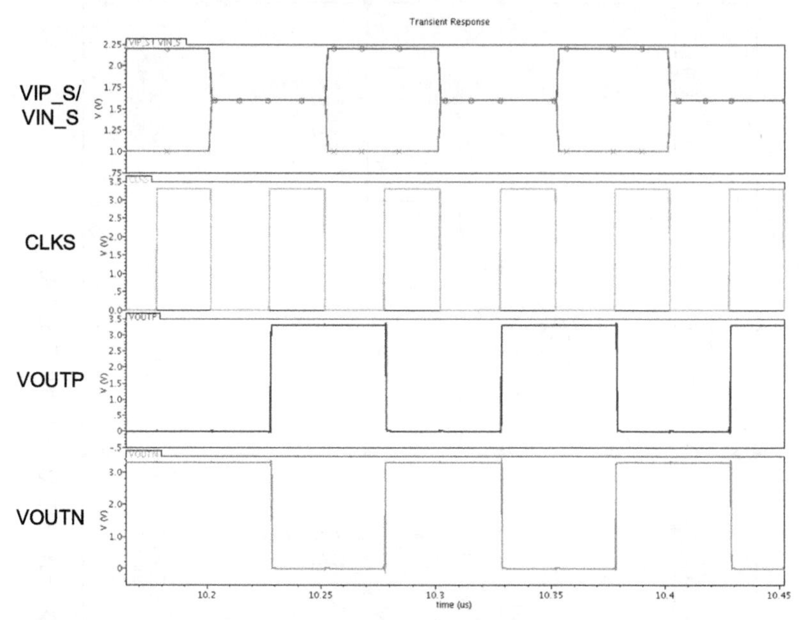

图 3-35　人为设置 30mV 输入失调电压时，比较器瞬态仿真整体结果

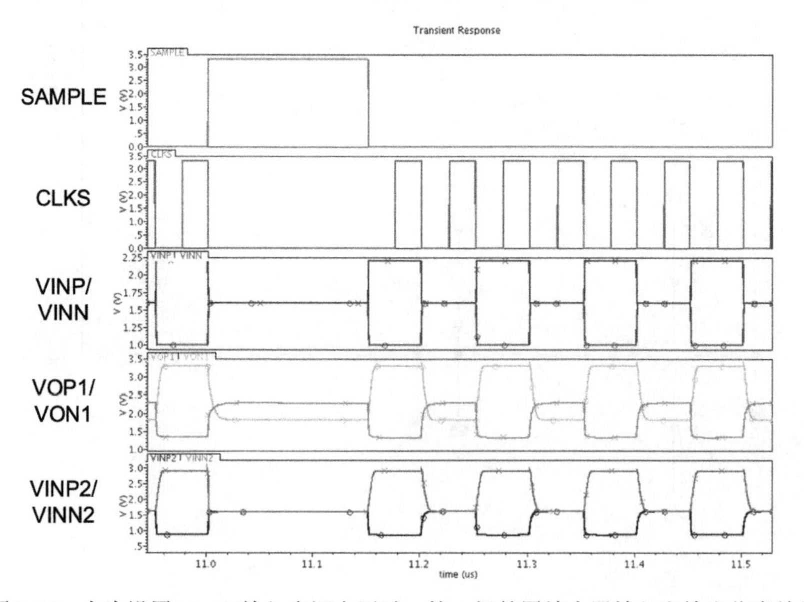

图 3-36　人为设置 30mV 输入失调电压时，第一级前置放大器输入和输出仿真结果

3.6 比较器噪声

当比较器的差分输入电压值较小的时候，噪声会影响比较器的判断。对于线性时不变电路与非线性时变电路，噪声仿真的方法有所不同。前置放大器属于线性时不变电路，可以采用小信号分析的方法得到噪声结果。在 Cadence Spectre 中可以利用噪声（.noise）仿真得到噪声功率频谱密度或者噪声功率等结果。动态锁存器属于非线性时变电路，无法直接通过.noise 仿真得到噪声结果，但可以结合瞬态（.tran）仿真与 transient noise 选项在时域上得到动态锁存器的噪声结果。对于由前置放大器与动态锁存器构成的比较器，也需要通过瞬态仿真得到比较器整体噪声结果。以下分别就.noise 仿真与.tran 仿真进行相关介绍。

3.6.1 前置放大器噪声

前置放大器采用一般的静态放大器，可以通过.noise 进行仿真。其原理是将电路在直流静态工作点进行线性化，而后在每个器件加入相应的噪声源，仿真得到输出噪声的噪声能量频谱或者积分噪声值。

对于第一级前置放大器，可以采用图 3-11 所示的仿真电路图，并在 ADE 中选中.noise 设置选项，具体的设置界面如图 3-37 所示。其中，主要是设置扫描的频率范围：Start 值与 Stop 值。

Start 值由电路观测的时间决定，比如说观测电路为 1ms，那么 Start 取值为 1kHz。由于 $1/f$ 噪声的存在，频率越低，$1/f$ 噪声越大。但是 $1/f$ 所具有的噪声能量并不会急剧增长。如果单独以 $1/f$ 噪声计算，1Hz～1kHz 的 $1/f$ 噪声能量记为 v_{f0}^2；0.1Hz～1kHz 的 $1/f$ 噪声能量则为 $v_{f1}^2=\ln(10000)/\ln(1000)\times v_{f0}^2\approx1.3v_{f0}^2$；0.01Hz～1kHz 的 $1/f$ 噪声能量则为 $v_{f1}^2=\ln(100000)/\ln(1000)\times v_{f0}^2\approx1.67v_{f0}^2$；0.001Hz～1kHz 的 $1/f$ 噪声能量则为 $v_{f1}^2=\ln(1000000)/\ln(1000)\times v_{f0}^2=2v_{f0}^2$。因此，原则上 Start 值设置与电路观测时间相匹配，事实上有些许偏差对结果的影响也不大。

Stop 值由电路的带宽所决定。图 3-38 所示为一阶 RC 电路图及其噪声模型，我们对其不同频率范围进行热噪声积分。记该电路的−3dB 带宽 $1/RC$ 为$\omega_{\text{-3dB}}$。从噪声源 v_N 到输出点 v_O 的传递函数为

$$S_O(s)=\frac{S_N(s)}{RCs+1} \tag{3-14}$$

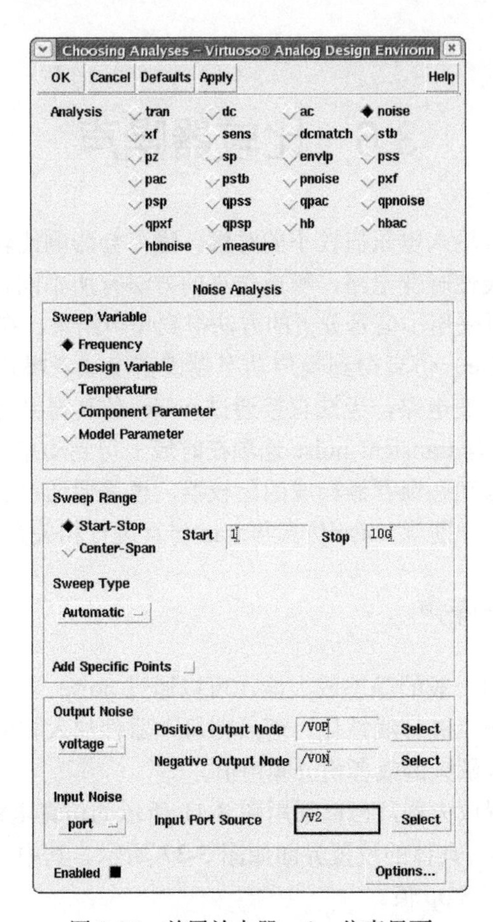

图 3-37　前置放大器.noise 仿真界面

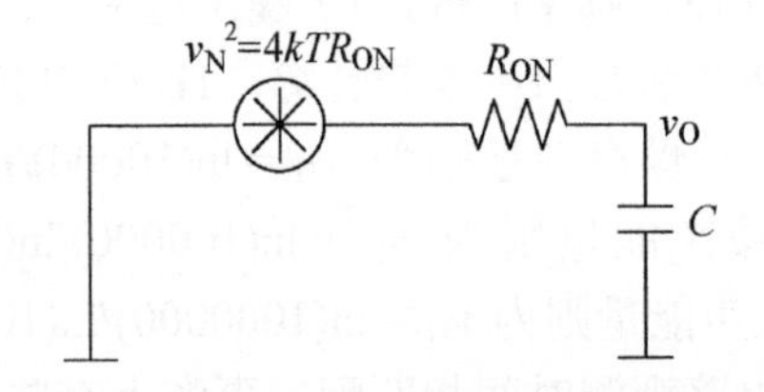

图 3-38　一阶 RC 电路图及其噪声模型

式中，$S_N(s)$、$S_O(s)$分别为电阻的噪声能量频率密度与输出点能量频率密度。输入噪声能量源自电阻的热噪声，其噪声能量密度为 $4kTR$，其中：k 为玻尔兹曼常数，T 为热力学温度，R 为电阻值。在频率上从 0 积分到 f_0，输出点噪声能量为

$$\left|v_O\left(f_0\right)\right|^2=\int_0^{f_0}\left|\frac{v_N\left(f\right)}{RC\mathrm{j}2\pi f+1}\right|^2\mathrm{d}f=\frac{2}{\pi}\cdot\frac{kT}{C}\cdot\arctan\left(\frac{f_0}{1/\left(2\pi RC\right)}\right) \quad (3\text{-}15)$$

式中，f_0 为积分上限频率，对应 Stop 值；$1/(2\pi RC)$为电路的 -3dB 带宽频率 $f_{-3\text{dB}}$。当 f_0 趋向于∞时，积分结果趋向于 kT/C。在不同积分上限情况下，对应 kT/C 的占比见表 3-2。随着 $f_0/f_{-3\text{dB}}$ 增加，积分噪声与 kT/C 比值越来越接近 100%，但是其接近的速度逐渐减慢。为了更加有效地评估积分噪声，可以选择较小比值的$f_0/f_{-3\text{dB}}$设置为 Stop 值，并乘以一定的系数估计总体噪声值。

表 3-2　不同积分上限情况下，对应 kT/C 的占比

$f_0/f_{-3\text{dB}}$	1	2	3	4	5	6	7	8	9	10
kT/C (%)	50.0	70.5	79.5	84.4	87.4	89.5	90.7	92.1	93.0	93.7

由图 3-13 可知，第一级放大器的-3dB 带宽为 63.79MHz。设置 Start 值为 1kHz（对应观测时间为 1ms），Stop 值为 500MHz（对应 7.8 倍-3dB 带宽频率），.noise 仿真设置如图 3-39 所示，仿真得到输出噪声的频谱密度曲线如图 3-40 所示。

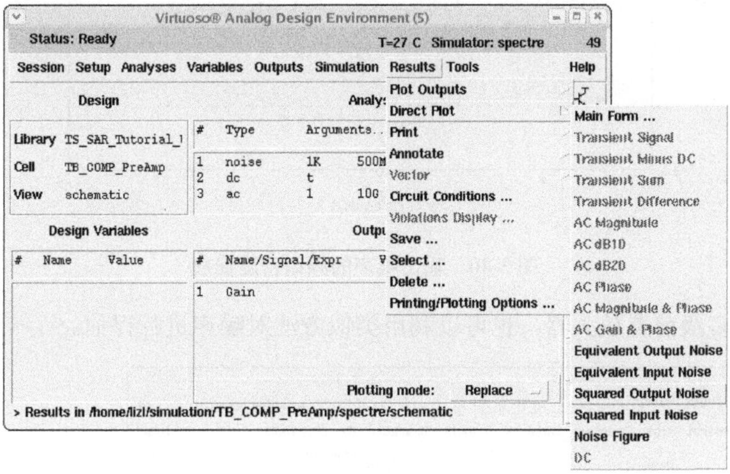

图 3-39　.noise 仿真设置（绘制输出噪声频谱密度曲线）

我们更加关心输出噪声能量，因此按图 3-41 所示进行设置，打印输出噪声能量，如图 3-42 所示。在打印设置界面中，Type 选项用于指定打印单个频率点的能量密度（spot noise）还是积分噪声能量（integrated noise）。在 integrated noise 模式下，选择积分范围 From（Hz）和 To（Hz）。Weighting 选项用于指定各频率成分的权重。FILTER 可以选择计算噪声的器件，通过 Include All Types 或者 Include None 按钮可以选择或者不选所有类型的器件。利用 Include instances 或者 exclude instance 可以选择或者排除某些器件。通过 TRUNCATE & SORT 可以设置在打印的结果中按照一定的规则显示器件噪声特性，图 3-42 所示设置可以显示噪声能量贡献前三的器件并以噪声能量贡献度为序进行显示。结果表明输出噪声能量为 1.19mV（rms 值），其中输入对管 M1 与 M2 分别贡献 37.65%。按照以上分析，该值基本可以代表整体输出噪声。为了对比，仿真了.noise 频率设置为 1Hz～10GHz、积分范围为 1Hz～10GHz 的输出噪声电压，其值为 1.30mV（rms 值），差异为 8.5%，可以接受。假设除以系数 $0.9^{0.5}$，那么输出噪声估计值为 1.25mV（rms 值）。除以第一级增益 14.77，等效输入噪声为 84.6μV（rms 值）。

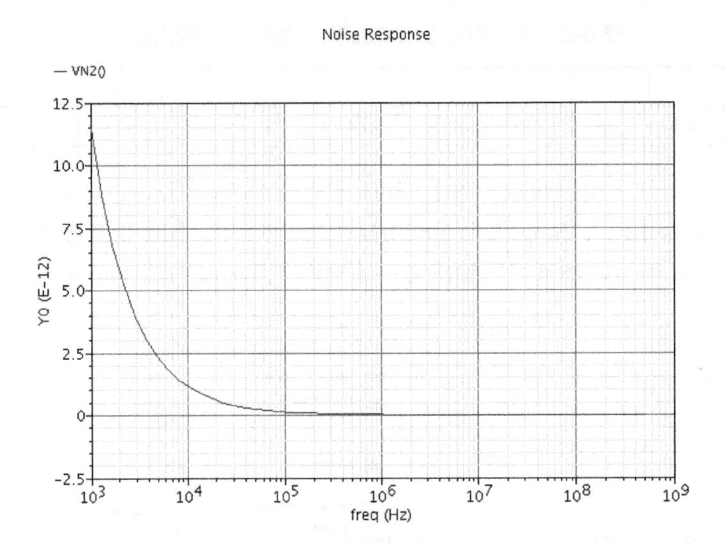

图 3-40　输出噪声的频谱密度曲线

对于多级前置放大器，也可以利用类似方法对噪声进行评估。

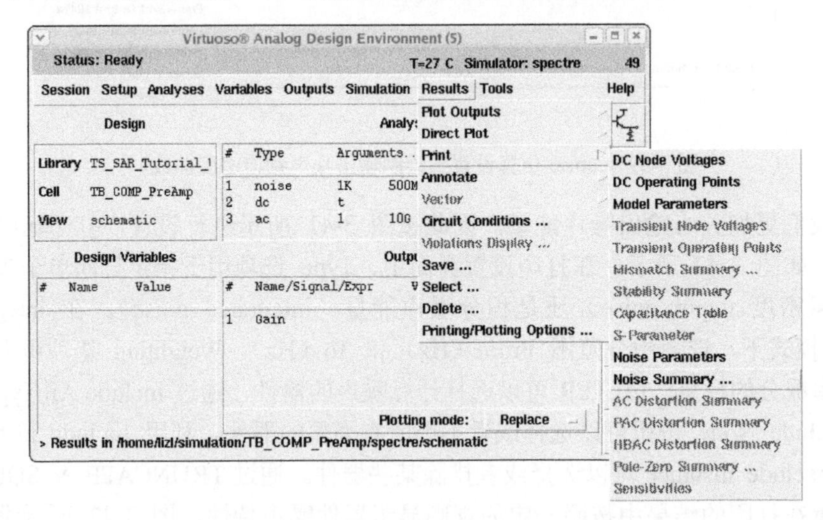

图 3-41　.noise 仿真设置（打印输出噪声能量）

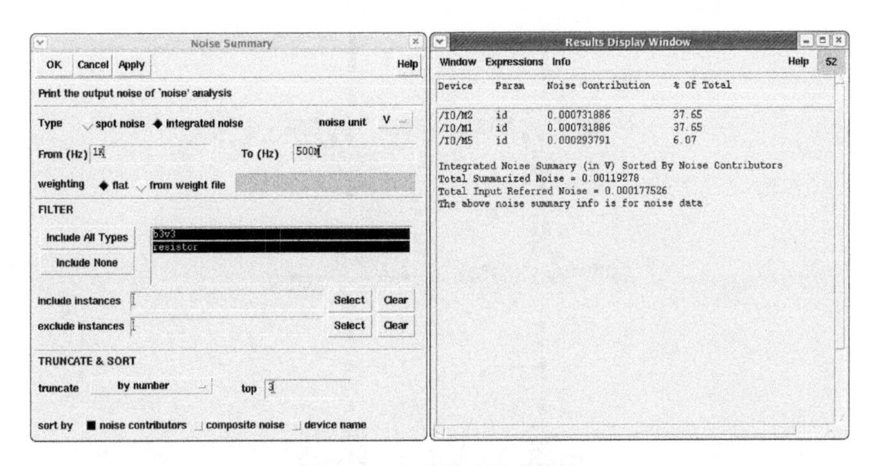

图 3-42　打印输出噪声能量

3.6.2　动态锁存器噪声

动态锁存器由于是动态电路，无法直接采用.noise 进行仿真。但是在一般情况下，噪声在时域上服从高斯分布（Gaussian Distribution）。在理想情况下，比较器没有输入失调且输入短路，瞬态噪声仿真比较器输出“0”和“1”结果的概率分别为 50%和 50%；此时若人为设置比较器输入直流电压为该比较器等效输入噪声有效值σ，那么瞬态噪声仿真比较器输出“0”和“1”结果的概率分别为 16%和 84%，如图 3-43 所示。因此，在仿真中将输入设置为参数，通过变异参数，寻找到输出“1”比率为 84%所对应的输入电压，可以认为该电压即为比较器等效输入噪声有效值。对应其余百分比值，可以通过查询正态分布表格得到噪声有效值σ。如果输入保持为短路，那么也可以根据输出“0”和“1”的分布比例推断出比较器的输入失调电压。

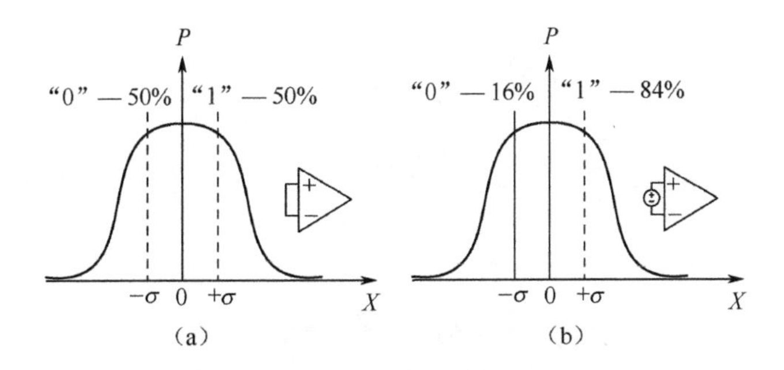

图 3-43　噪声仿真，比较器输出结果分布与输入电压的关系图

动态锁存器噪声的仿真电路图与输入失调电压仿真电路图类似，具体如图 3-44 所示。将直流电压源 V7 与 V8 输出差分电压作为输入电压，输入动态

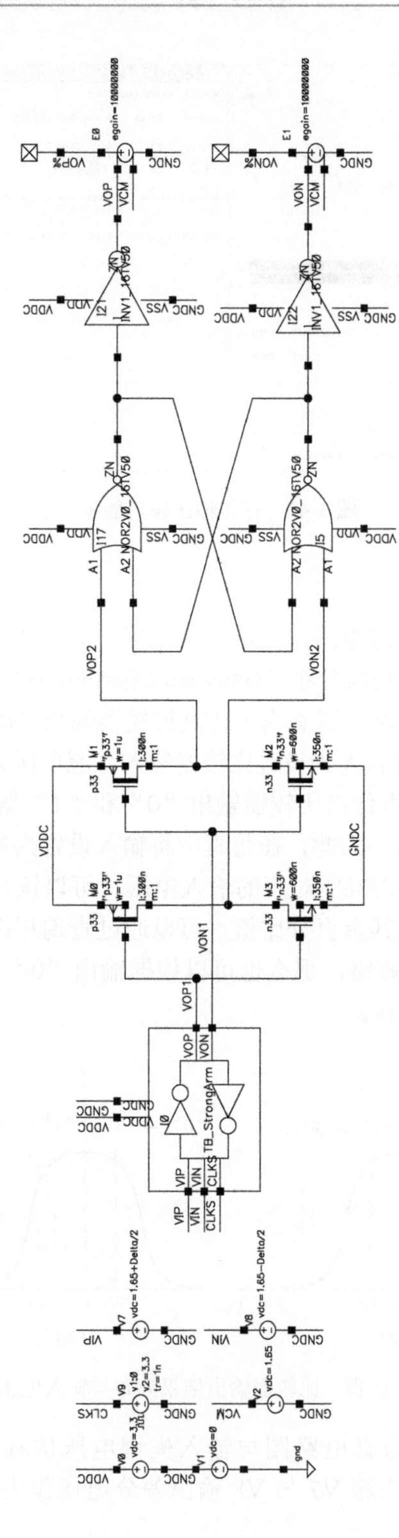

图3-44　动态锁存器输入噪声瞬态仿真电路图

锁存器其值可以通过参量 Delta 进行调整。锁存器输出结果经过 RS 触发器锁存可以屏蔽复位时的输出电压，因此 VOP 与 VON 即为锁存器的比较结果。在比较结果之后加入具有非常大增益、无延时的 VCVS，其作用是进行电压转换。可以认为 VCVS 是将 0～3.3V 转换成 0～1V 的电压转换器。因为 VCVS 输出电压为“0”或者“1”，所以通过计算 VCVS 输出电压的平均值就可以得到锁存器输出结果中“0”或者“1”的百分比，进而确定噪声。

瞬态噪声仿真设置界面如图 3-45 所示。与普通的瞬态仿真相比，其中需要选择 Transient Noise 选项。选择 Transient Noise 选项之后，会出现一些选项：

- Noise Fmax：表示噪声频率上限，其选择标准可以参考前置放大器。
- Noise Fmin：表示噪声频率下限，其选择标准可以参考前置放大器。
- Noise Seed：表示噪声随机种子。因为计算机产生随机数是一个确定的过程，可以通过相同的随机种子进行重复。
- Noise Scale：表示噪声的缩放，在某些情况下用于避免计算机精度误差。
- Noise Tmin：表示 Noise Fmax 的倒数。

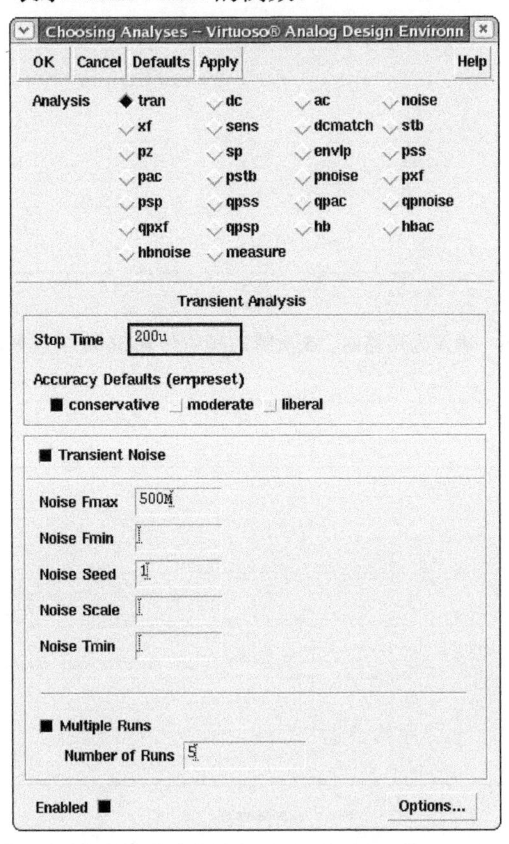

图 3-45 瞬态噪声仿真设置界面

一般情况下，不需要设置 Noise Seed、Noise Scale 与 Noise Tmin；Noise Fmin 默认设置为 0；主要设置 Noise Fmax，其设置原则已经介绍，可按照前置放大器最大带宽进行设置。在实际仿真过程中，可以通过从低到高重复设置仿真，直到输出噪声基本保持不变，即可认为 Noise Fmax 已经足够大。

图 3-46、图 3-47 与图 3-48 所示的分别是输入为短路、300μV 和 500μV 时，5 次瞬态噪声对应仿真 3600 个点平均结果。可以看到每种输入情况下的 5 次仿真，其结果分布有 1%～2%的差异，差异较小，说明取点数足够，可以较好地评估噪声性能。如果认为 300μV 时对应输出平均值为 81%，那么噪声的标准差应该为 300μV/0.81＝370.4μV。

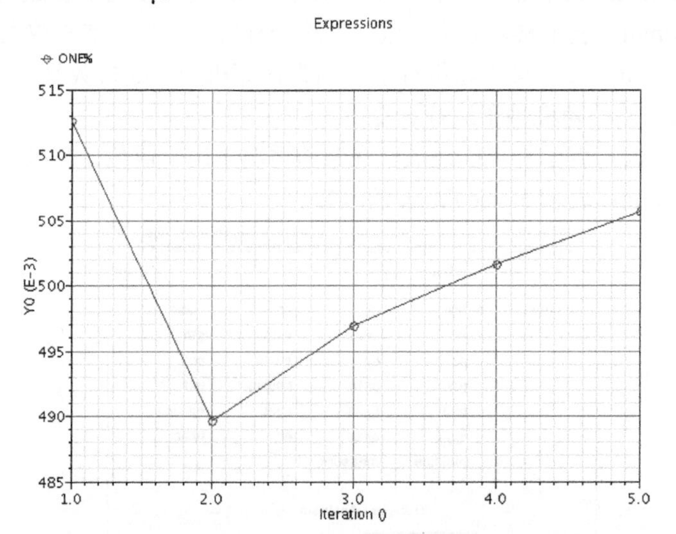

图 3-46　输入为短路时，5 次瞬态噪声仿真 3600 个点平均结果

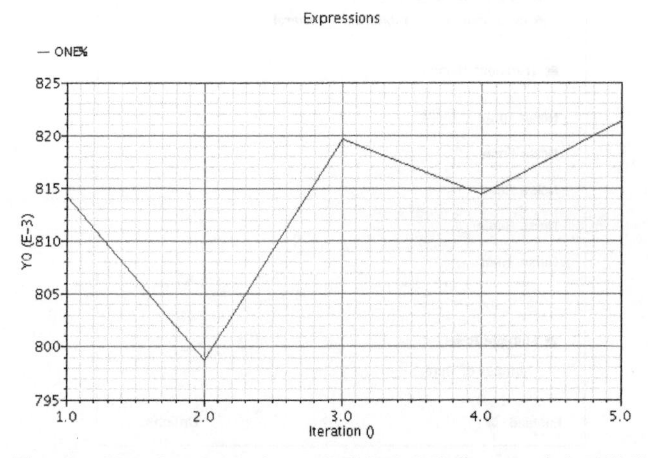

图 3-47　输入为 300μV 时，5 次瞬态噪声仿真 3600 个点平均结果

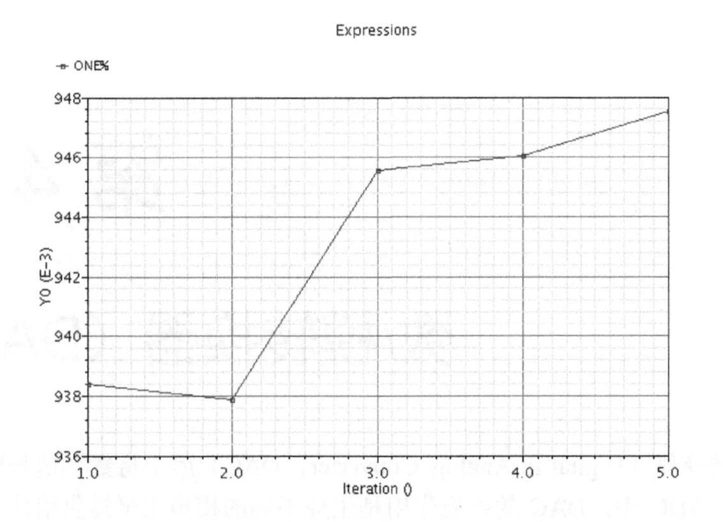

图3-48　输入为500μV时，5次瞬态噪声仿真3600个点平均结果

由前置放大器和动态锁存器所构成的比较器整体的噪声仿真方法与动态锁存器噪声仿真方法类似，但是考虑到动态锁存器的噪声会被前置放大器衰减，实际设计过程中可以以前置放大器的噪声作为整体噪声来估算。

3.7　比较器功耗

比较器的功耗分为静态功耗与动态功耗，前置放大器的功耗主要是静态功耗，动态锁存器的功耗主要是动态功耗。静态功耗可以通过直流仿真或者瞬态仿真来评估，而动态功耗只能通过动态仿真来评估。因此，要结合比较器在ADC中的时序情况，完整完成多个周期的瞬态仿真，然后对比较器的电源电流进行平均，这样才能得到比较器的平均功耗的仿真结果。

第 4 章

数/模转换器（DAC）

数/模转换器（Digital-to-Analog Converter，DAC）用于将数字信号转换成模拟信号。在 ADC 中，DAC 的主要作用是生成不同的模拟电平提供给比较器，将该值与输入的模拟信号进行比较，从而得到量化结果。

DAC 的电路模型如图 4-1 所示，输入为 D_{N-1}～D_0 的 N 位数字量，输出为相应大小的模拟电流或者电压。定义：N 为 DAC 的位数或者分辨率；V_{FS} 为输出满摆幅电压；Δ 为 DAC 的步长，也称 LSB，其值是 $V_{FS}/2^N$。

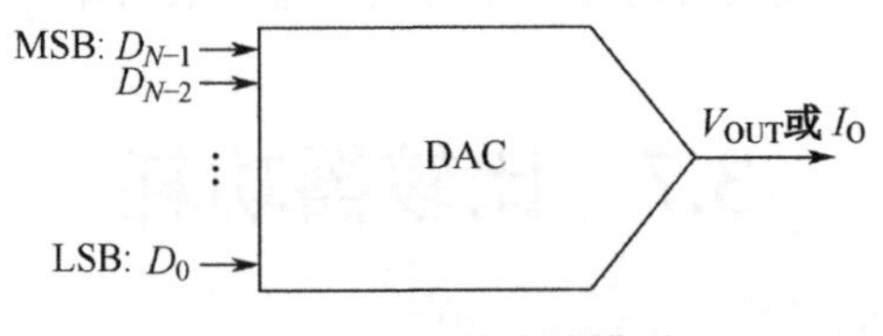

图 4-1　DAC 的电路模型

DAC 实现形式多样，依据实现的元件不同，可以分为电阻 DAC、电容 DAC 与电流源 DAC。电阻 DAC 用于比较电压大小，电容 DAC 用于比较电荷大小，电流源 DAC 用于比较电流大小。电阻 DAC 实现简单，但是需要消耗直流电流，速度较慢；电流源 DAC 速度较快，但功耗较大且匹配性较差。由于 ADC 自身需要采样电容，因此在 SAR ADC 中一般采用电容 DAC。该电容 DAC 既作为采样电容，也作为 DAC 使用。电容 DAC 只消耗动态功耗，功耗较小，但面积消耗较大。依据实现元件的比例不同，可以将 DAC 分为二进制权重编码 DAC 与温度计编码 DAC。

DAC 的主要指标有速度、精度、噪声、功耗等。电容 DAC 的速度主要取决于电容的容值；精度主要取决于电容的匹配程度以及开关方案；噪声可以分为采样噪声与 DAC 噪声，采样噪声主要与 DAC 容值相关，而 DAC 噪声主要与 DAC 开关的电阻以及 DAC 带宽相关；功耗主要与电容 DAC 的容值大小和开关方案相关。采用电容 DAC 结构是实现 SAR ADC 的主要形式。

本章介绍常见电容 DAC 基础架构、单位电容取值与电容失配、整体电容值取值与 kT/C 噪声、DAC 开关设计，以及 DAC 功耗等设计与仿真过程。

4.1 电容 DAC 基础架构

电容 DAC 基础架构可以分为传统二进制权重电容 DAC 架构、分段式桥接电容 DAC 架构与 C-2C 电容 DAC 架构。图 4-2、图 4-3 与图 4-4 分别是 4 位二进制权重电容 DAC 电路图、8 位分段式桥接电容 DAC 电路图与 8 位 C-2C 电容 DAC 电路图。

对于 N 位的二进制权重电容 DAC，需要 2^N 个单位电容（C_u），并且以 $[1, 1, 2, \cdots, 2^{N-2}, 2^{N-1}]$ 的权重进行排布。对于图 4-2 所示电路，假设一开始所有的下极板都连接到 GND，而后依据输入数字码 D_i（$i = 0, 1, 2, 3$）选择相应电容的下极板是连接到 GND 还是 V_{REF}。当 $D_i = 0$ 时，对应电容下极板保持连接到 GND；当 $D_i = 1$ 时，对应电容下极板连接到 V_{REF}。对应电容上极板电压 V_{DAC} 的变化量 ΔV_{DAC} 为

$$\begin{aligned}\Delta V_{DAC} &= \left(D_0 \cdot \frac{C_u}{16C_u} + D_1 \cdot \frac{2C_u}{16C_u} + D_2 \cdot \frac{4C_u}{16C_u} + D_3 \cdot \frac{8C_u}{16C_u}\right)V_{REF} \\ &= \left(\frac{D_0}{16} + \frac{D_1}{8} + \frac{D_2}{4} + \frac{D_3}{2}\right)V_{REF} = V_{REF}\sum_{i=0}^{3}\frac{D_i}{2^{4-i}}\end{aligned} \tag{4-1}$$

ΔV_{DAC} 是与输入的数字量成比例关系的值，利用二进制权重电容 DAC 架构可以实现 DAC 功能，电路实现简单，并且对于寄生电容不敏感。在 SAR ADC 使用的 DAC 中，电容下极板的对地寄生电容被低阻直流源驱动，不会影响 DAC 的精度；电容上极板对地寄生电容会导致 DAC 总电容值增加，相对于式（4-1）而言，其分母会变大，并不会造成线性误差。该架构的主要问题是随着 DAC 精度的增加，所需要的电容数量呈指数增加，会造成 DAC 面积与电路功耗呈指数增加。

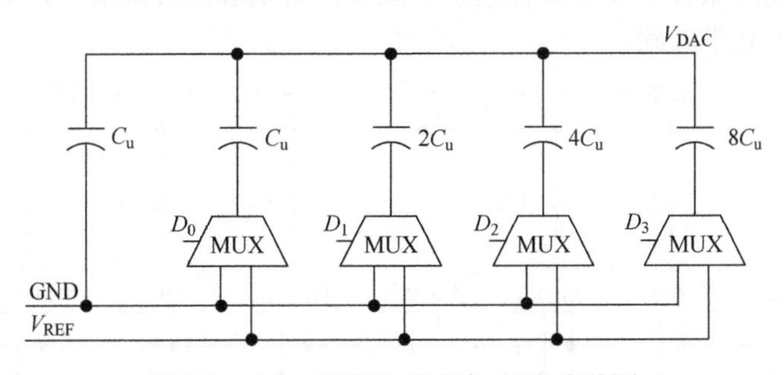

图 4-2　4 位二进制权重电容 DAC 电路图

为了解决电容数量随着精度急剧增加的问题，可以采用分段式桥接电容DAC架构。图4-3所示的分段式桥接电容DAC可以分成3部分：4位LSB部分DAC、桥电容以及4位MSB部分DAC。通过桥接电容可以衰减LSB部分电容的权重，因此总体电容数量可以减少。在MSB部分看来，桥电容与LSB部分电容的串联值需要等于 C_u。LSB部分电容依据二进制权重进行设计。计算得到桥电容 C_B 为

$$C_B = \frac{1}{1/C_u - 16/C_u} = \frac{16C_u}{15} \tag{4-2}$$

此时，对于MSB部分而言，相当于图4-2所示的4位二进制权重电容DAC。对于高4位数字码输入，对应输出电压变化量 $\Delta V_{DAC,U1}$ 为

$$\Delta V_{DAC,U1} = V_{REF} \cdot \sum_{i=4}^{7} \frac{D_i}{2^{8-i}} \tag{4-3}$$

对于LSB部分而言，可以将MSB部分以左进行戴维南等效。对应低4位数字码输入，该戴维南等效电路的短路阻抗为 C_u、开路电压为 $\Delta V_{DAC,L}$：

$$\Delta V_{DAC,L} = V_{REF} \cdot \sum_{i=0}^{3} \frac{D_i}{2^{4-i}} \tag{4-4}$$

$\Delta V_{DAC,L}$ 电压在MSB部分上极板的电压变化量 $\Delta V_{DAC,U2}$ 为

$$\Delta V_{DAC,U2} = V_{REF} \cdot \frac{C_u}{16C_u} \cdot \sum_{i=0}^{3} \frac{D_i}{2^{4-i}} = V_{REF} \cdot \sum_{i=0}^{3} \frac{D_i}{2^{8-i}} \tag{4-5}$$

高4位数字码与低4位数字码输入共同作用，对MSB部分上极板产生的电压变化量为

$$\Delta V_{DAC,U} = \Delta V_{DAC,U1} + \Delta V_{DAC,U2} = V_{REF} \cdot \sum_{i=4}^{7} \frac{D_i}{2^{8-i}} + V_{REF} \cdot \sum_{i=0}^{3} \frac{D_i}{2^{8-i}} = V_{REF} \cdot \sum_{i=0}^{7} \frac{D_i}{2^{8-i}} \tag{4-6}$$

式（4-6）的结果与8位传统二进制权重电容DAC表达式一样，因此在电容数量较少的条件下实现了高精度。但是，其主要问题是容易受到桥电容寄生电容影响，在高精度条件下需要进行校正。此外，桥电容为分数值，在版图设计上不容易实现，不利于匹配。

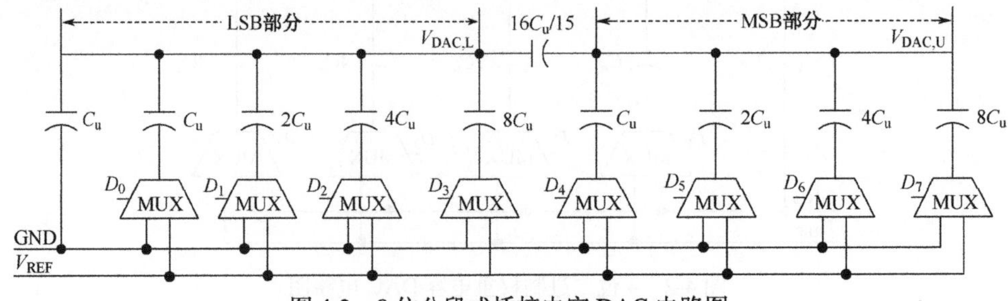

图4-3　8位分段式桥接电容DAC电路图

图 4-3 所示为两个分段的分段式电容 DAC。也可以进一步分段，以更少电容数量的代价，实现更高的分辨率。极端的情况是如图 4-4 所示的 C-2C 电容 DAC。对于相同分辨率的 DAC，该结构采用电容数量较少，但是易受到寄生电容干扰导致精度降低。此外，该电容 DAC 具有众多的高阻节点，需要分别进行复位。

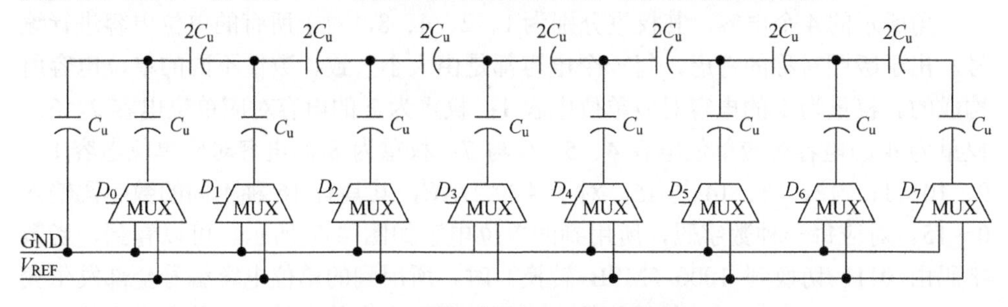

图 4-4 8 位 C-2C 电容 DAC 电路图

对于应用到 SAR ADC 的电容 DAC，主要需考虑电容的数量、面积及精度。对于低精度的 SAR ADC，一般可以直接采用二进制权重电容 DAC；而对于高精度的 SAR ADC，一般需要采用如分段式桥接电容 DAC 等电容数量较少的 DAC，并采用一定的校正方法来校正精度。

4.2 单位电容值——失配

电容失配会导致 DAC 的非线性误差，该误差会直接影响 SAR ADC 的精度。电容的失配与电容的面积相关。以下分别介绍电容失配与面积的关系，以及二进制权重编码 DAC 和温度计编码 DAC 的 DNL 与 INL 的关系。

MIM 电容的失配情况符合 Pelgrom 失配模型[6]。Pelgrom 失配模型不单独考虑引起元件失配的诸多物理因素，而是从最终失配的结果考虑，根据统计的结果引入少量的变量，对元件参数的失配模型进行建模。对于元件某参数 X，两个相同设计的元件的 X 参数分别是 X_1 和 X_2，那么其失配可以定义为

$$X_{\mathrm{MAT}}=\frac{X_1-X_2}{\left(X_1+X_2\right)/2}=\frac{\Delta X}{\overline{X}} \tag{4-7}$$

失配的 X_{MAT} 的方差为

$$\sigma^2\left(X_{\mathrm{MAT}}\right)=\frac{A^2}{W\cdot L}+B^2 \tag{4-8}$$

A^2 与 B^2 的值可以通过拟合测试数据得到，在实际设计中，可以利用工艺厂商提供的元件测试数据文件查询得到。Pelgrom 失配模型针对的是两个一样设计

的元件。A^2 是指随机性的短距离失配，而 B^2 是指系统性的长距离失配。在遵循质心对称设计要求的版图中，可以忽略 B^2 的影响。

DAC 的编码方式可分为二进制权重编码与温度计编码。图 4-5 所示为二进制权重编码方式。我们将 4 位 DAC 所需要的单位电容元件进行分类，得到如图中左上角所示的 4 个电容，其权重分别为 1、2、4、8，对于所有的单位电容进行编号。出于版图对称的考虑，每一个电容都是由大小一致、数量不同的单位电容所构成的。权重为 1 的电容对应单位电容 1；权重为 2 的电容对应单位电容 2、3；权重为 4 的电容对应单位电容 4、5、6 与 7；权重为 8 的电容对应单位电容 8、9、10、11、12、13、14 与 15。对于 4 位 DAC，其具有 16 种不同的数字码输入 0～15。对应每一种数字码，所用到的单位电容如图 4-5 所示。可以看到，当数字码由 0111 切换到 1000（MSB 转换）时，所用到的单位电容编号全部发生变化。此时，也对应 $V_{FS}/2$ 的模拟输出。假设所有电容的容值都是独立分布的，此时对应的 DNL 误差最大。

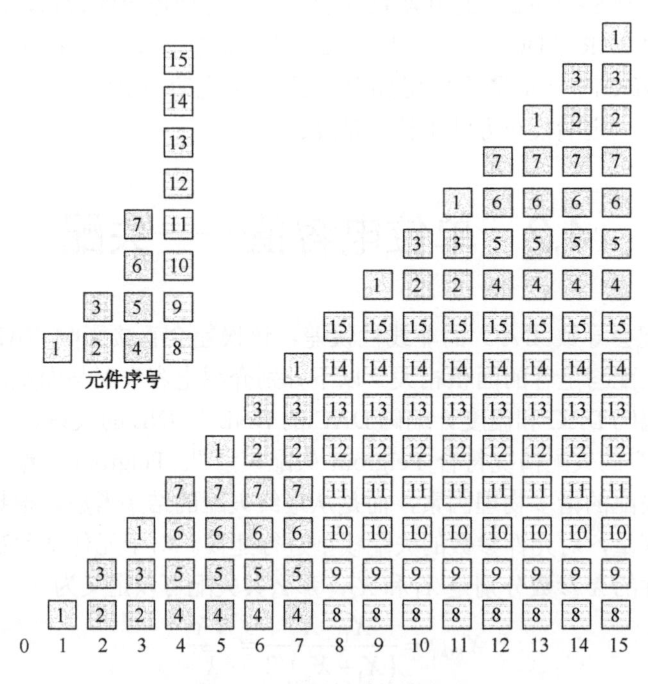

图 4-5　二进制权重编码方式

图 4-6 所示为温度计编码方式，可以看到随着输入数字量增大，单位电容数量增大。同时，后一个数字码所对应的单位电容是在前一个数字码所对应的单位电容基础之上加一。所有相邻数字码所采用的电容均存在相关性。采用温度计编码，可以保证随着数字码的增加，DAC 输出单调增大，并且不存在如二进制权

重编码 DAC 所存在的 MSB 转换时 DNL 较大的问题。

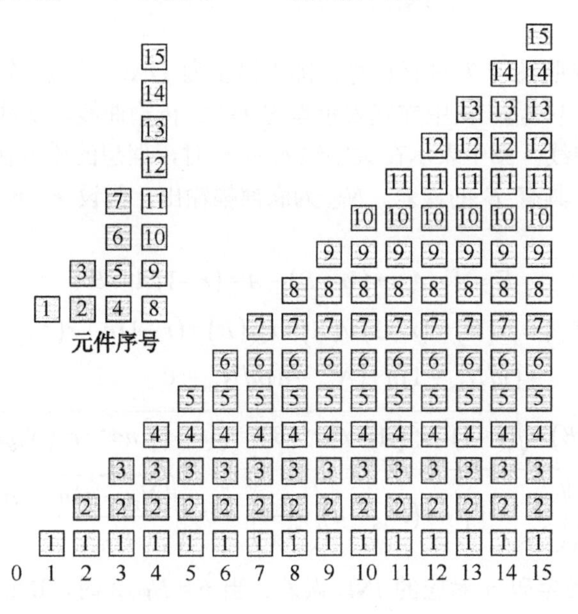

图 4-6　温度计编码方式

对于 N 位 DAC，第 i 位电容为 C_i，所有电容总和为 C_t，DAC 的步长（LSB）权重为 C_{Med}，可以得到以下算式：

$$C_{\text{Med}}=\frac{C_t}{2^N}=\sum_{i=0}^{N-1}C_i\Big/2^N \tag{4-9}$$

以下分别计算二进制权重编码 DAC 和温度计编码 DAC 的 DNL 与 INL 误差。

1. 二进制权重编码的 DNL 与 INL 误差

从二进制权重编码 DAC 的元件排序图上可以看到，MSB 转换时，切换的独立单位电容数量最多，对应 DNL 值最大。对应 N 位 DAC，总的单位电容数量为 2^N 个。MSB 转换时，整个电容阵列中用到的电容从 $2^{N-1}-1$ 个单位电容（对应于 MSB−1 个逻辑电容 $C_{\text{MSB-1}}\sim C_1$）切换到另外 2^{N-1} 个单位电容（对应于 1 个逻辑电容 C_{MSB}）。对应 MSB 转换的 DNL 为

$$\begin{aligned}\text{DNL}_{\text{MSB}}&=\frac{C_{\text{MSB}}-C_{\text{MSB-1}}-C_{\text{Med}}}{C_{\text{Med}}}=\frac{\left(C_{\text{MSB}}-2^{N-1}C_{\text{Med}}\right)-\left(C_{\text{MSB-1}}-\left(2^{N-1}-1\right)C_{\text{Med}}\right)}{C_{\text{Med}}}\\&\approx\sum_{i=2^{N-1}}^{2^N}\left(\frac{\Delta C_u}{C_u}\right)_i-\sum_{i=1}^{2^{N-1}-1}\left(\frac{\Delta C_u}{C_u}\right)_i\end{aligned} \tag{4-10}$$

$$\sigma\left(\mathrm{DNL_{MSB}}\right) \approx \sqrt{2^N-1} \cdot \sigma\left(\frac{\Delta C_\mathrm{u}}{C_\mathrm{u}}\right) \tag{4-11}$$

INL 需要参照图 4-7 进行计算，图中横轴为 DAC 的数字输入 N_dig，纵轴为 DAC 的模拟输出 N_alg，其中虚线表示理想 DAC 传输曲线，实线为具有失配误差的 DAC 传输曲线。图中表示在数字输入为 n 时，理想的模拟输出为 n，但是实际的输出为 A，具有 E 的误差。N_FS 为满摆幅输出，假设 $r=n/N_\mathrm{FS}$，可以得到以下式子：

$$E=n-A=r(A+B)-A=(r-1)A+rB \tag{4-12}$$

$$\begin{aligned}\mu(\mathrm{INL}_n)&=\mu(E)=(r-1)\mu(A)+r\mu(B)=(r-1)n+r(N_\mathrm{FS}-n)\\&=(n/N_\mathrm{FS}-1)n+(N_\mathrm{FS}-n)n/N_\mathrm{FS}=0\end{aligned} \tag{4-13}$$

$$\begin{aligned}\sigma(\mathrm{INL}_n)&=\sigma(E)=\sqrt{(r-1)^2\sigma^2(A)+r^2\sigma^2(B)}=\sqrt{(r-1)^2 n\sigma_\varepsilon^2+r^2(N_\mathrm{FS}-n)\sigma_\varepsilon^2}\\&=\sigma_\varepsilon\sqrt{\left(\frac{n}{N_\mathrm{FS}}-1\right)^2 n+(N_\mathrm{FS}-n)\left(\frac{n}{N_\mathrm{FS}}\right)^2}=\sigma_\varepsilon\sqrt{\frac{(N_\mathrm{FS}-n)n}{N_\mathrm{FS}}}\leqslant\frac{\sigma_\varepsilon}{2}\sqrt{N_\mathrm{FS}}\end{aligned} \tag{4-14}$$

误差 E 即数字码 n 对应的 INL 误差。当 $n=N_\mathrm{FS}/2$ 时，INL 的标准差最大，为$\sigma_\varepsilon/2$，其中σ_ε为单位电容的标准差。对于 N 位的 DAC，$N_\mathrm{FS}=2^N-1$，那么对应 INL 的标准差为

$$\sigma\left(\mathrm{INL_{MSB}}\right)=\frac{1}{2}\cdot\sqrt{2^N-1}\cdot\sigma\left(\frac{\Delta C_\mathrm{u}}{C_\mathrm{u}}\right) \tag{4-15}$$

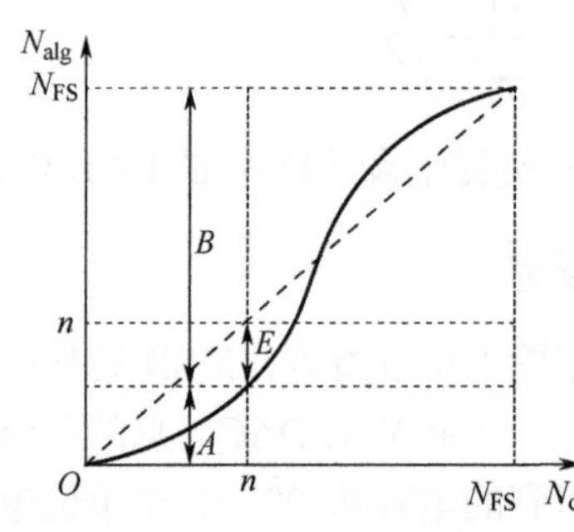

	理想值	方差
$A=n-E$	n	$n\sigma_\varepsilon^2$
$B=N_\mathrm{FS}-n+E$	$N_\mathrm{FS}-n$	$(N_\mathrm{FS}-n)\sigma_\varepsilon$

图 4-7　INL 计算图

2. 温度计编码的 DNL 与 INL 误差

对应第 i 个数字码，其电容假设为 C_i；对应第 $i+1$ 个数字码，其电容为 C_i+C_u，那么对应的 DNL_i 为

$$\mathrm{DNL}_i=\frac{C_{i+1}-C_i-C_\mathrm{Med}}{C_\mathrm{Med}}=\frac{C_i+C_\mathrm{u}-C_i-C_\mathrm{Med}}{C_\mathrm{Med}}=\frac{C_\mathrm{u}-C_\mathrm{Med}}{C_\mathrm{Med}}\approx\frac{\Delta C_\mathrm{u}}{C_\mathrm{u}} \tag{4-16}$$

$$\sigma\left(\mathrm{DNL}_i\right)=\sigma\left(\frac{\Delta C_{\mathrm{u}}}{C_{\mathrm{u}}}\right) \tag{4-17}$$

对于所有的码，其 DNL 标准差值都是一样的。温度计编码的 INL 与二进制权重编码的 INL 是一样的。本质而言，二者 DNL 差异是由于温度计编码的元件排布具有更强的相关性。

二进制权重编码与温度计编码 DAC 的 INL、DNL 标准差极值见表 4-1。

表 4-1　二进制权重编码与温度计编码 DAC 的 INL、DNL 标准差极值

	二进制权重编码 DAC	温度计编码 DAC
DNL 标准差极值	$\sqrt{2^N-1}\cdot\sigma\left(\frac{\Delta C_{\mathrm{u}}}{C_{\mathrm{u}}}\right)$	$\sigma\left(\frac{\Delta C_{\mathrm{u}}}{C_{\mathrm{u}}}\right)$
INL 标准差极值	$\frac{1}{2}\cdot\sqrt{2^N-1}\cdot\sigma\left(\frac{\Delta C_{\mathrm{u}}}{C_{\mathrm{u}}}\right)$	$\frac{1}{2}\cdot\sqrt{2^N-1}\cdot\sigma\left(\frac{\Delta C_{\mathrm{u}}}{C_{\mathrm{u}}}\right)$

具体的 DAC 元件排布与选择方案就决定了单位电容匹配的要求。根据单位电容匹配的要求可以计算得到单位电容面积要求，进而确定单位电容的容值。

对于最传统的二进制权重编码电容 DAC，其 DNL 标准差极值与 INL 标准差极值如二进制权重编码 DAC 计算一样。图 4-8 所示为最高位为温度计编码而其余位为二进制权重编码的电容 DAC。由于最高位是温度计编码，大大降低了 DNL 误差，而其余位采用二进制权重编码，则降低了开关设计的复杂度。

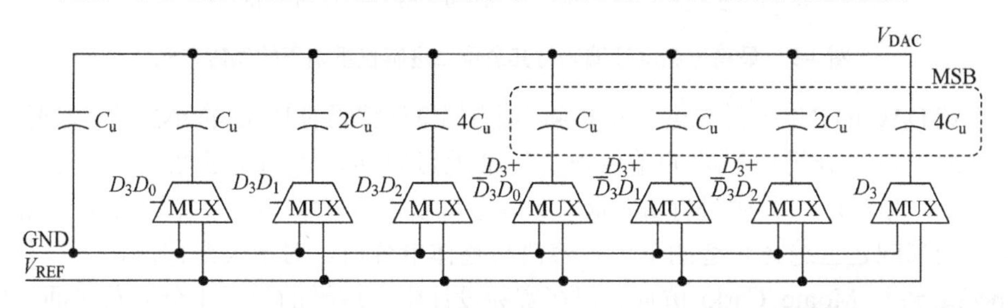

图 4-8　最高位为温度计编码而其余位为二进制权重编码的电容 DAC

对应于图 4-8 所示的 DAC，最高位温度计编码与其余位二进制权重编码的编码方式如图 4-9 所示。其中，最高位为温度计编码，因此相邻数字码之间具有一定的相关性。MSB 转换（7→8）时，元件 8、9、10、11 是相关的，而 1、2、3 与 12、13、14、15 是不相关的。在计算 MSB 所对应的 DNL 误差标准差时，相关元件没有贡献。因此，对 DNL 误差标准差有贡献的 7 个单位元件，对应标准差应该为

$$\sigma\left(\mathrm{DNL}_{\mathrm{MSB}}\right) \approx \sqrt{7} \cdot \sigma\left(\frac{\Delta C_{\mathrm{u}}}{C_{\mathrm{u}}}\right) \tag{4-18}$$

如果采用二进制权重编码 DAC，那么对应的标准差为

$$\sigma\left(\mathrm{DNL}_{\mathrm{MSB}}\right) \approx \sqrt{15} \cdot \sigma\left(\frac{\Delta C_{\mathrm{u}}}{C_{\mathrm{u}}}\right) \tag{4-19}$$

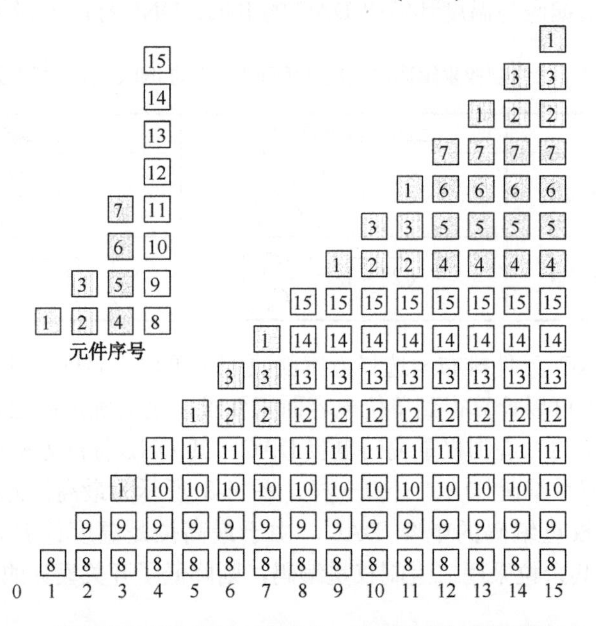

图 4-9　最高位温度计编码与其余位二进制权重编码的编码方式

该 DAC 的 INL 与纯二进制权重编码或者温度计编码的 DAC 的 INL 没有差别。

对于以上分析所需要的单位电容标准差可以通过查阅工艺数据手册或者在 Cadence Spectre 工具中进行 Monte Carlo 分析获得。DAC 设计过程主要是在确定架构的基础之上选择合适的单位电容值与整体电容值。对于失配问题，可以利用 Spectre 进行 Monte Carlo 仿真。但在实际设计中，这样的仿真十分耗费时间，以至于难以充分验证。在实验室设计时，可以根据具体的架构，利用 MATLAB 等软件进行模型化，而后分析失配在模型输出会造成多少的影响。在实际设计中提供一定的设计余量，可以较好地在设计时间与实际性能上取得折中。

4.3　整体电容值——*kT*/*C* 噪声

采样电路具有一个基本的限制，即 *kT*/*C* 噪声。ADC 电路必定具有量化噪

声，对于1 LSB为Δ的ADC，其量化噪声的能量为

$$V_{\mathrm{N,Q}}^2 = \Delta^2/12 \tag{4-20}$$

对应于采样电容值为 C 的电路，其具有采样噪声 kT/C。理想状况下，希望ADC 的噪声只有量化噪声，因此需要采样噪声远小于量化噪声。但当采样噪声小于量化噪声时，进一步减小采样噪声对于减小整体噪声贡献不大。为减小采样噪声需要增大采样电容总容值，会导致 ADC 的面积与功耗上升。一般情况下，采样噪声只需略小于量化噪声即可。

在一般的设计中，当电容 DAC 用作采样电容时，必须满足采样噪声要求。对于依赖于电容面积匹配程度保证精度的 ADC，匹配性对于电容值的要求大于 kT/C 噪声对于电容值的要求。

4.4 DAC 噪声

DAC 噪声是指在 DAC 数字码已经设置完成的条件下，电容 DAC 输出到 V_{DAC} 端口的噪声对比较器的影响。如图 4-2 所示，连接电容的开关 MUX 的电阻是 DAC 噪声的来源，具体的 DAC 噪声模型如图 4-10 所示。

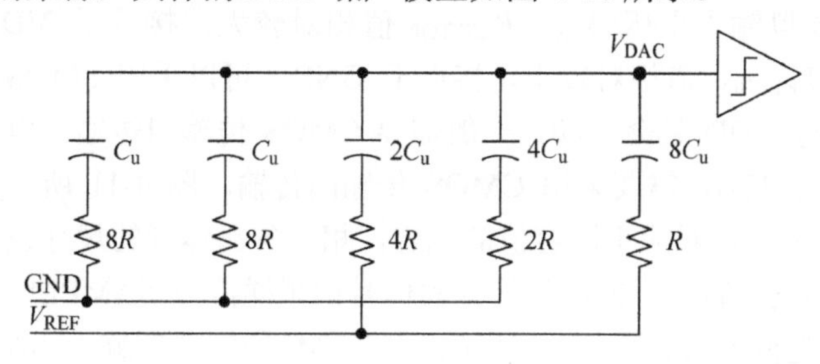

图4-10 DAC噪声模型

为了缩短每一位 DAC 数字码切换时，V_{DAC} 电压的稳定时间，对应不同电容值，需要设计相应选通器 MUX 电阻值。如果电阻、电容的值如图 4-10 所示，以最高位电阻值对应的热噪声 $4kTR$ 为例进行计算，该热噪声至 V_{DAC} 的传递函数为

$$H(s)=\frac{R+\dfrac{1}{s(8C_{\mathrm{u}})}}{R+\dfrac{1}{s(8C_{\mathrm{u}})}+R+\dfrac{1}{s(8C_{\mathrm{u}})}}=\frac{1}{2} \tag{4-21}$$

对应 V_{DAC} 的输出噪声能量密度为 kTR，且为宽带噪声。但是比较器具有一定的带宽ω_{p}，所以表现在比较器输出经过ω_{p} 滤波器的噪声。在具体设计中，比较

器的带宽一般先行设计完毕，那么可以通过增大 MUX 中的晶体管尺寸减小导通电阻 R，以降低 DAC 噪声的影响。可以利用如第 3 章所述的噪声仿真方法仿真 DAC 噪声。此时需要注意的是，进行相应选择只选中 DAC 的噪声选项而不选中比较器的噪声选项，以使得仿真结果仅包含 DAC 噪声。

4.5 DAC 开关设计

DAC 的开关设计分为两个部分，一个是 DAC 的开关方案，另一个是 DAC 具体的开关实现。DAC 开关方案是指对于不同的输入或者输出 DAC 电容的开关切换顺序与连接方法。如 4.2 节中所介绍的二进制权重编码 DAC 与温度计编码 DAC，从电容阵列本质上无差别，但是其开关方案不同。除此之外，还有诸多不同的开关方案，通过这些开关方案可以减小 DAC 的开关功耗、电容数量，以及提高匹配程度，可以根据具体的需求与实现难度进行选择。另一个问题是如何利用晶体管实现所需要的开关。

首先介绍下极板采样的二进制权重编码 DAC 开关设计。对于下极板采样的 DAC，电容下极板根据具体的时序以及输入电压需要接入基准电压 V_{REFTOP}、V_{REFBOT} 或者模拟输入电压 V_{IN}。V_{REFTOP} 值相对较大，接近于 VDD，可以采用 pMOS 传输；V_{REFBOT} 值相对较小，接近于 GND，可以采用 nMOS 传输；V_{IN} 电压介于 GND 与 VDD 且会变动，一般需要 CMOS 传输门传输。电容上极板需要连接至中间电位 V_{CM}，需要采用 CMOS 传输门传输。图 4-11 所示为下极板采样 DAC 的 MUX 电路，对应不同容值的电容，相应各晶体管的尺寸也有变化。图中连接至 V_{REFTOP} 与 V_{REFBOT} 的晶体管开关信号由采样信号 SAMPLE 与该位数字码共同控制，其逻辑关系如图 4-11 所示。但是具体的实现依赖于 SAR 逻辑，连接至 V_{IN} 晶体管开关受控于采样信号。

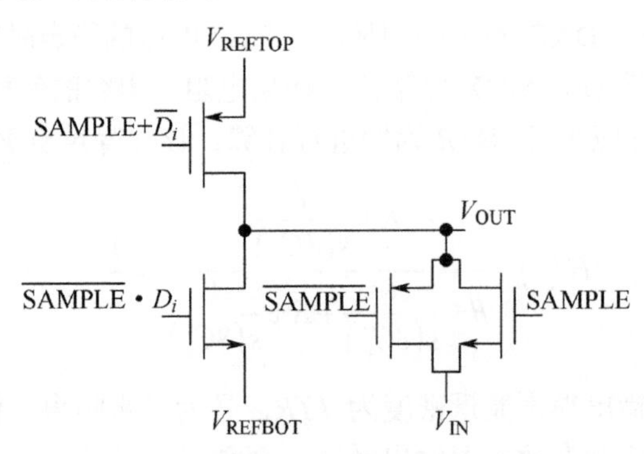

图 4-11　下极板采样 DAC 的 MUX 电路图

对于 DAC 开关，需要解决的主要问题是在某一位电容下极板电压进行跳变的时候，减小 V_{DAC} 电压的稳定时间。首先介绍如图 4-12 所示的 DAC 上极板电压瞬态过程电路模型。当 C_1 电容下极板进行 V_{S} 电压跳变时，对应 V_{DAC} 电压也会发生跳变。该电路 C_1 与 C_2 电容串联，仅有一个自由度，且该自由度对应的时间常数 τ 为$[(R_1+R_2)\cdot C_1\|C_2]$。$V_{\mathrm{DAC}}$ 在 V_{S} 跳变之后的初值为 $V_{\mathrm{S}}\cdot R_2/(R_1+R_2)$，终值为 $V_{\mathrm{S}}\cdot C_1/(C_1+C_2)$，对应于一阶瞬态过程，$V_{\mathrm{DAC}}(t)$为

$$V_{\mathrm{DAC}}(t)=\frac{R_2}{R_1+R_2}\cdot V_{\mathrm{S}}\cdot \mathrm{e}^{-\frac{t}{\tau}}+\frac{C_1}{C_1+C_2}\cdot V_{\mathrm{S}}\cdot\left(1-\mathrm{e}^{-\frac{t}{\tau}}\right) \tag{4-22}$$

当 $R_2/(R_1+R_2)=C_1/(C_1+C_2)$ 时，V_{DAC} 的初值与终值相等，无过渡过程。因此，对于二进制权重编码 DAC，设计如图 4-10 所示的电阻值可以避免过渡过程。但是由于制造偏差、电压变化等原因导致 V_{DAC} 的初值与终值不能匹配，在实际设计中，需要相应减小时间常数。最高位的电容下极板电压跳变导致 V_{DAC} 跳变最大，对于相同的 LSB 精度，MSB 的瞬态响应最难以满足。因此在实际仿真中，针对不同的 Corner 条件，须查看最高位跳变时 V_{DAC} 能否在要求时间内稳定。

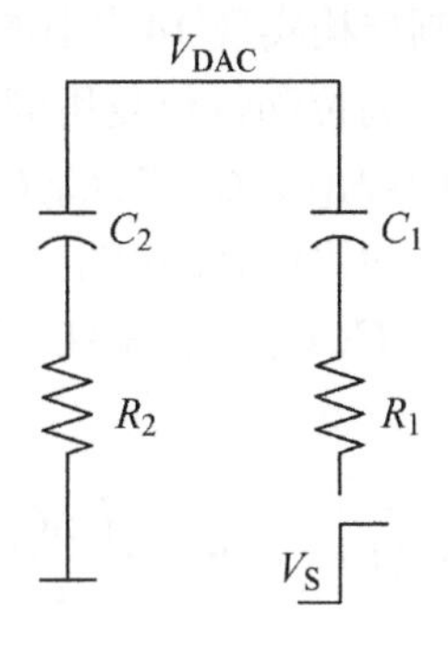

图 4-12　DAC 上极板电压瞬态过程电路模型

4.6　DAC 功耗

DAC 的功耗主要为动态功耗，对应于不同的输入值或者输出值，它具有不同的功耗。因此，在实际仿真 DAC 功耗时，应采用一定频率与接近满幅度的正弦输入信号进行动态仿真，存储 DAC 供电电源的电流值，再对该电流进行平均，从而得到 DAC 的功耗。

4.7 比例基准二步式 DAC 设计实例

4.7.1 DAC 架构

根据比例基准二步式 SAR ADC 的工作原理，实现 14 位 ADC 只需要 7 位电容 DAC。本例采用 7 位传统二进制权重编码 DAC，但对应电容下极板为 4 选 1 的多路选择器。具体的电路实现如图 4-13 所示。虽然为了实现 14 位比较分辨率，该 DAC 与传统 7 位 DAC 相比有所差异，但是对于失配、噪声、速度等限制 DAC 性能的主要指标与计算、仿真方法都是类似的。在性能上，可以采用传统 7 位 DAC 设计方法，但是要以 14 位精度为要求判断。

4.7.2 失配与 kT/C 噪声

本设计采用传统 7 位二进制架构实现 14 位比较分辨率，最大的 DNL 与 INL 也发生在 MSB 转换。但是由于高位和低位复用同一个电容阵列，高低位对应电容具有相关性。高 7 位对应电容为$[C_6, C_5, C_4, C_3, C_2, C_1, C_0]$；低 7 位对应电容为$k[C_6, C_5, C_4, C_3, C_2, C_1, C_0]$，其中 k 为比例基准产生的比例（理想值为 1/128）。MSB 转换对应的 DNL 电容从$[C_5, C_4, C_3, C_2, C_1, C_0, kC_6, kC_5, kC_4, kC_3, kC_2, kC_1, kC_0]$变为 C_6：

$$\text{DNL}=\sqrt{(1-k)^2\cdot 64+(1+k)^2\cdot 63}\cdot\sigma\left(\frac{\Delta C_{\text{u}}}{C_{\text{u}}}\right)\approx 11.27\sigma\left(\frac{\Delta C_{\text{u}}}{C_{\text{u}}}\right) \qquad (4\text{-}23)$$

该计算值与式（4-11）基本一致，INL 也可以类似计算到约为 $5.64\sigma(\Delta C_{\text{u}}/C_{\text{u}})$。在本设计中，单位电容的面积为 8μm×9μm。查阅工艺数据手册，获得 Pelgrom 模型参数 $A^2=1.91\times10^{-4}\mu\text{m}^2$，$B^2=2.1\times10^{-6}$，$\sigma(\Delta C_{\text{u}}/C_{\text{u}})\approx A^2/(WL)=0.00265‰$。那么对应的 DNL 为 0.0299‰，INL 为 0.015‰。对应 14 位精度，$\text{DNL}_{3\sigma}$为 1.47 LSB，$\text{INL}_{3\sigma}$为 0.74 LSB。

单位电容的容值为 69.9fF，单端电容值为 128×0.0699 = 8.947pF。对应的差分电容阵列的采样 kT/C 噪声为 0.493nV^2。对于±2.4V 正弦信号输入的 14 位 ADC，满幅输入信号的能量为 2.88V^2。不同采样电容值与 ADC 有效位数（ENOB）的关系见表 4-2。可以看到，采样电容约为 2pF 时，ENOB 已经接近 14 位。进一步增加电容对 ENOB 基本没有用。一般情况下，匹配对于电容值的要求比 kT/C 噪声对应电容值要求更加严格。

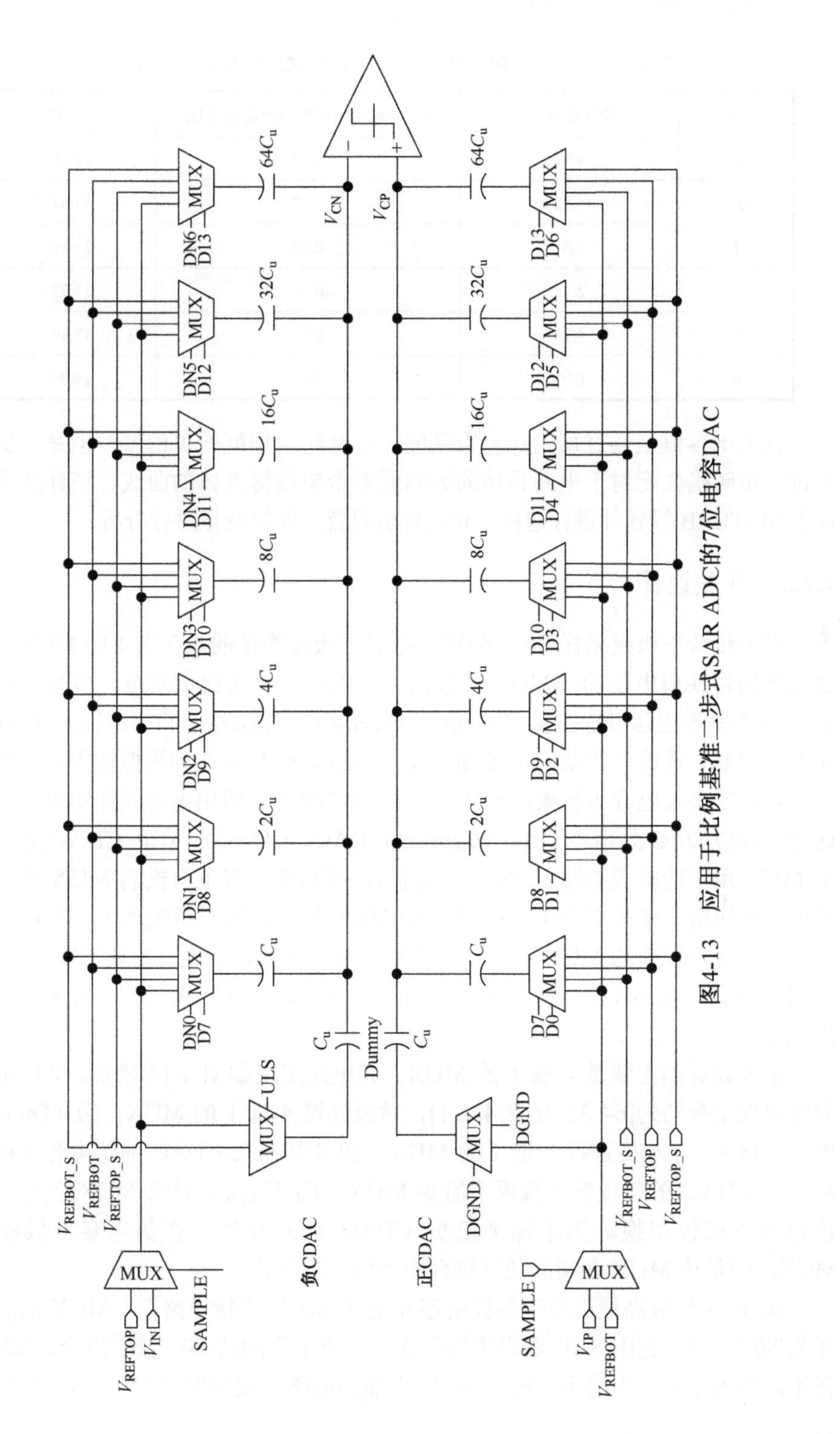

图4-13 应用于比例基准二步式SAR ADC的7位电容DAC

表 4-2　不同采样电容值与 ADC 有效位数（ENOB）的关系

C（pF）	*kT*/*C* 噪声能量（nV^2）	*kT*/*C* 噪声与量化噪声能量之比	ENOB
0.1	44.1	6.17	12.68
0.5	8.82	1.23	13.67
1	4.41	0.62	13.89
2	2.21	0.31	13.99
4	1.10	0.15	13.99
8	0.05	0.08	14.00

以上电容值是通过理论计算得到的，具有相当程度的可信度。但是，如果希望进一步明确失配对于电路具体的影响或者希望获得具体的曲线、统计结果，应使用 MATLAB 等软件进行建模，将电容值设置为随机变量进行分析。

4.7.3　开关设计

对于传统下极板采样 SAR ADC，电容下极板连接的是 3 选 1 的 MUX，上极板连接的是共模电压的 CMOS 传输门。本例由于使用比例基准，电容下极板需要在 4 个基准电压 V_{REFTOP}、V_{REFBOT}、V_{REFTOP_S}、V_{REFBOT_S} 和模拟输入 V_{IP}/V_{IN} 之间进行切换。理论上需要采用 5 选 1 的 MUX，但是考虑到模拟输入与基准电压不需要同时接入电容下极板，ADC 中的 DAC 模块一般用电容元件实现。通常称这种电容型 DAC 为电容 DAC（Capacitor DAC，CDAC）。在正 CDAC 外设置一个 MUX 用于选择模拟输入 V_{IP} 与 V_{REFBOT}，而后在电容下极板的 MUX 共享一个通道。相应地，在负 CDAC 外设置一个 MUX 用于选择模拟输入 V_{IN} 与 V_{REFTOP}，而后在电容下极板的 MUX 共享一个通道。对应高低位切换，需要 ULS 信号控制一个 2 选 1 的 MUX，将负 CDAC 的 Dummy 电容下极板从 V_{REFTOP} 切换到 V_{REFBOT_S}。

需要设计的主要是 4 选 1 的 MUX，其电路实现如图 4-14 所示。7 位电容阵列电容权重分别为[64, 32, 16, 8, 4, 2, 1]，对应连接 4 选 1 的 MUX；伪（Dummy）电容权重为 1，对应连接 2 选 1 的 MUX。ULS 切换负 CDAC 的伪电容下极板连接。正 CDAC 的伪电容下极板不需要 MUX，V_{IP}/V_{REFBOT} 对应 MUX 就可以实现该电容下极板切换。为了保证正负 CDAC 的对称性，在伪电容下极板连接 MUX，但是该 MUX 在实际使用过程中不做任何动作。

图 4-14 是最高位电容下极板所连 4 选 1 MUX 连接电路图。MUX 的选择信号为 S0 与 S1，它由 SAR 逻辑模块生成。对应于不同的 S0 与 S1 组合，MUX 选择不同的电压输入电容下极板。MUX 内部的电路实现如图 4-15 所示，可以分为

3 个部分：左边的解码器（Decoder）将控制信号解码成实际控制传输门或者开关的信号；中间部分是不交叠控制电路，其作用是控制输出 VOUT 不同时连接到两个输入；右边是传输门或者开关，用于实现模拟信号的传输。理论上，对于电压值较高的 V_{REFTOP} 与 $V_{\mathrm{REFTOP\_S}}$，只要有 nMOS 管就可以传输；对于电压值较低的，只要有 pMOS 管就可以传输；而对于电压范围变化较大的模拟输入信号，则需要 CMOS 传输门进行传输。在本例中，为设计简单以及实际测试时候调整基准电压值，因此 4 个输入都选择 CMOS 传输门。根据电容容值比例，相应设计成比例的传输门。

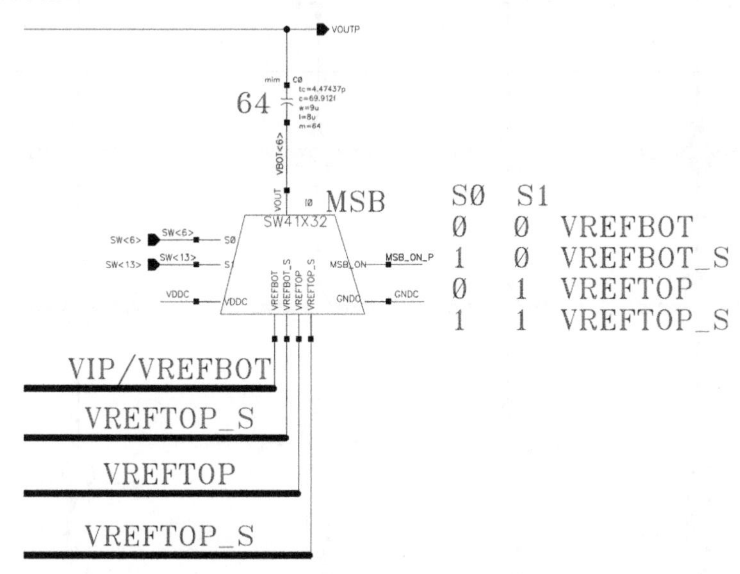

图 4-14　最高位电容下极板所连 4 选 1 的 MUX 连接电路图

连接直流输入开关需要考察的主要性能是电阻的大小，其值影响到基准切换时是否能够在指定时间内稳定。连接交流模拟输入开关除电阻大小外，还需要考察电阻线性度。正弦输入信号经过 CMOS 传输门之后进入电容，利用瞬态仿真得到输出信号的时域波形，而后再通过傅里叶变换可以分析线性度。图 4-16 是 DAC 采样与最高位、次高位仿真波形图，可以看到 VDACP/VDACN 在 SAMPLE 由高变低之前已经稳定到 VCM 电压。在 SAMPLE 信号之后，观察正负 CDAC 最高位电容下极板电压 VBOT<6>与 VBOT_N<6>在时钟信号前半个周期分别稳定到 V_{REFBOT} 和 V_{REFTOP}。根据仿真得到的波形，也可以判断其余信号是否满足设计要求。

如 4.4 节所述，DAC 的开关电阻还会在转换时引入噪声，但是由于该噪声受到比较器带宽影响，一般在系统层面进行仿真验证。

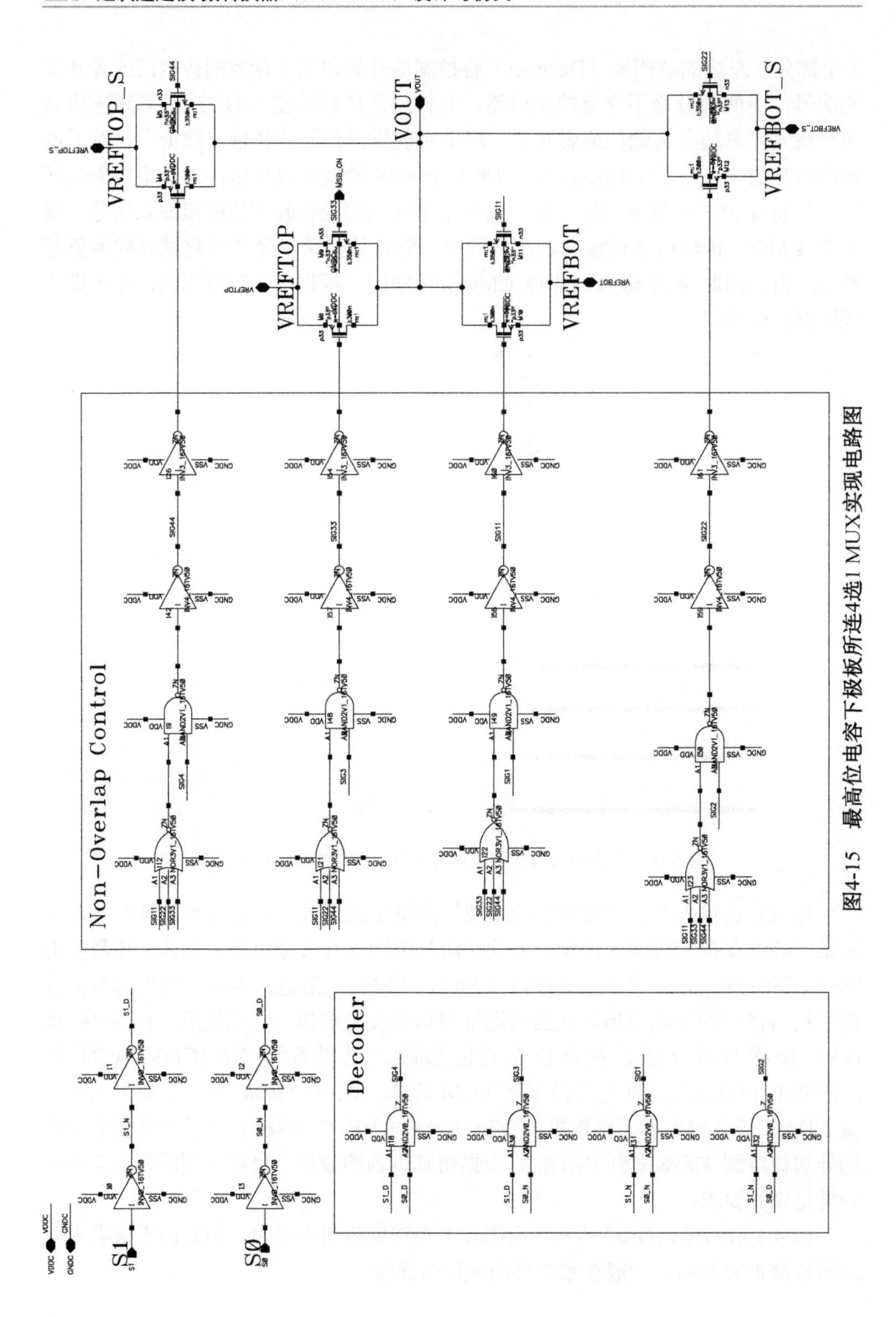

图4-15　最高位电容下极板所连4选1 MUX实现电路图

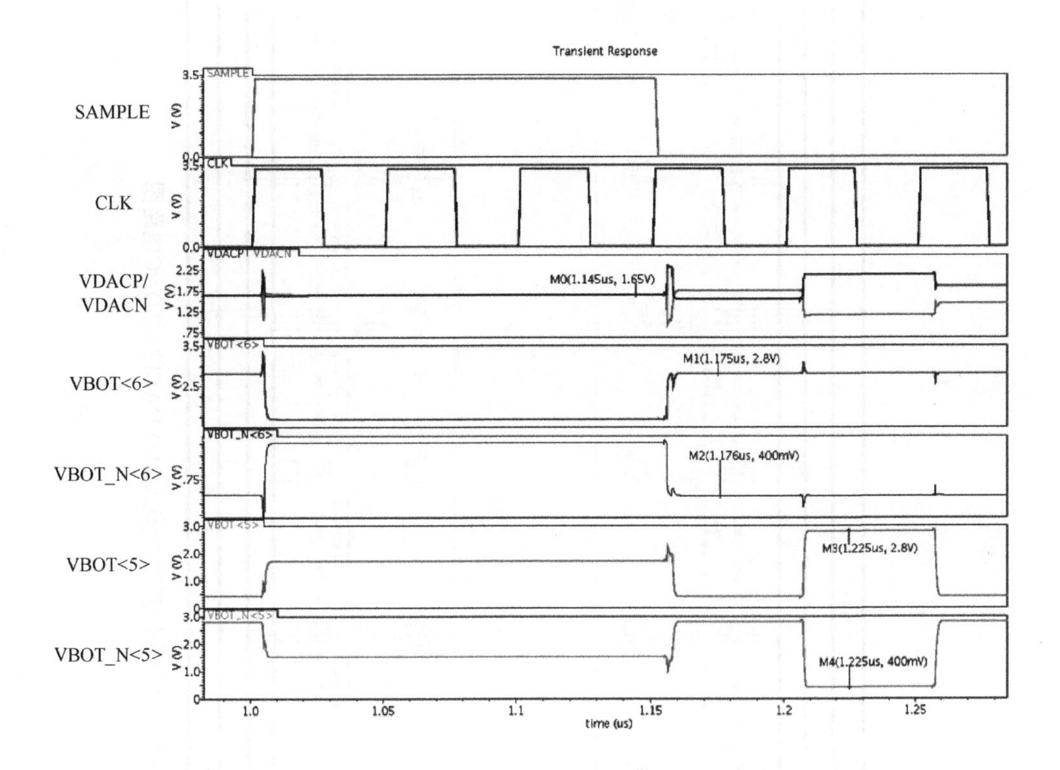

图 4-16 DAC 采样与最高位、次高位仿真波形图

4.7.4 整体实现

基于以上介绍，最终实现如图 4-17 所示的应用于 14 位比例基准二步式 SAR ADC 的 7 位 DAC。DAC 电路在模块设计时所能够单独进行的仿真验证相对较少，主要在整体设计时进行仿真验证。

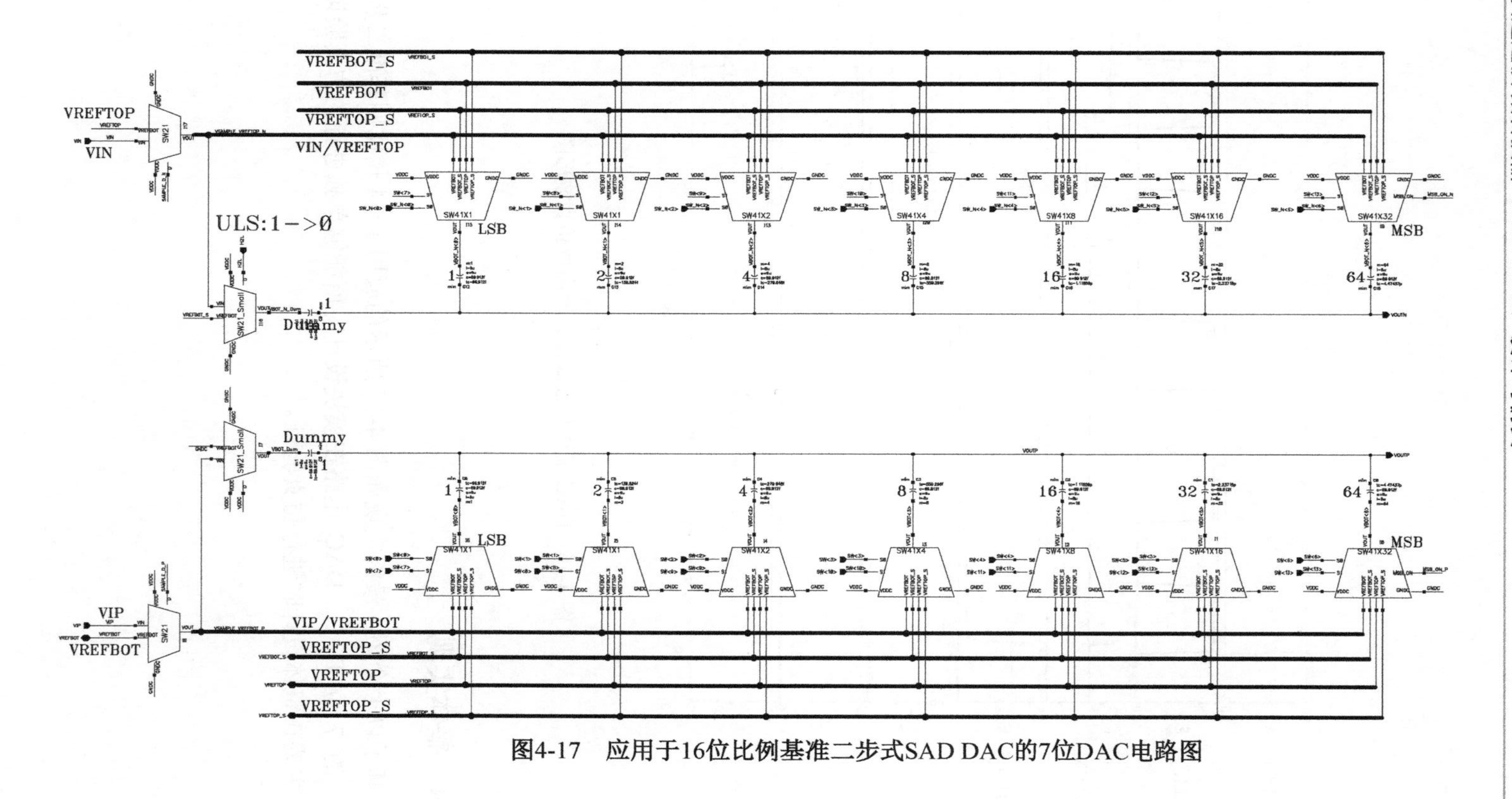

图4-17　应用于16位比例基准二步式SAD DAC的7位DAC电路图

第 5 章

逐次逼近寄存器（SAR）逻辑

逐次逼近寄存器（SAR）逻辑根据比较器的输出结果切换 DAC 中各位电容基准连接方式，实现比较器两端电压逐次逼近。根据逻辑实现形式的不同，可以将 SAR 逻辑分成静态 SAR 逻辑与动态 SAR 逻辑。静态 SAR 逻辑一般采用 CMOS 逻辑，逻辑输出均被连接到 VDD 或者 GND。动态 SAR 逻辑可以利用定制电路对高阻节点进行充/放电来实现。静态 SAR 逻辑可以利用标准逻辑单元实现，设计简单、十分稳定、不易出现错误，但是速度较慢、面积与功耗较大。动态 SAR 逻辑采用异步定制逻辑单元实现，设计较复杂、相对易出错，但是速度较快、面积与功耗较小。

SAR 逻辑的主要指标为功耗、速度与面积。在一定速度要求之下，需要验证的主要是逻辑的时序正确性。时序正确性可以通过瞬态仿真进行验证。更为直接的方式是在 SAR ADC 系统中对 SAR 逻辑时序进行验证。

针对 N 位 SAR ADC，首先设计 N 个 1 位逻辑单元，然后将 N 个 1 位逻辑单元级联，从而实现 N 位 SAR 逻辑。本章分别就常规的静态 SAR 逻辑与动态 SAR 逻辑的逻辑单元与整体逻辑进行简介，而后介绍一种用于二步式 SAR ADC 的 14 位静态 SAR 逻辑的设计与仿真。

5.1 同步 SAR 逻辑

同步 SAR 逻辑利用 D 触发器在时钟驱动下对 N 位电容进行基准电压切换。Anderson 提出如图 5-1 所示的传统 SAR 逻辑，其采用两组 D 触发器实现[7]。其中：comp 信号为比较器比较结果；clk 为 ADC 的时钟；reset 为复位信号，可以采用 ADC 的采样信号。图 5-1 中上一排 D 触发器用于产生 N 相置位信号，用于逐位复位下一排作为 SAR ADC 输出的 N 位 D 触发器。

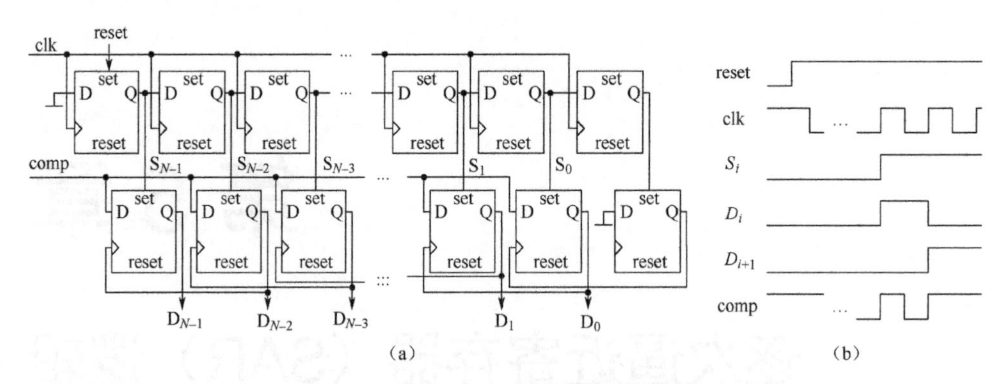

图 5-1　Anderson 提出的传统 SAR 逻辑

在开始转换之前，reset 信号将上一排第一个 D 触发器复位，S_{N-1} 为“1”。此时，D_{N-1} 输出为高，对应最高位电容的基准进行切换，而后根据切换后的值进行比较判断，输出结果 comp。当下一个时钟上升沿来临时，S_{N-2} 变为“1”，D_{N-2} 变为“1”，下一排第一个 D 触发器输入上跳变，将输出 D_{N-1} 变化为 comp，以完成最高位的判断与存储，并将次高位置位为“1”。而后，利用类似原理逐位进行判断与存储。

5.2　异步 SAR 逻辑

同步 SAR 逻辑稳定、不易出错，但是速度相对较慢，面积与功耗较大。利用定制逻辑可以实现异步 SAR 逻辑，其实现相对复杂，但是速度较快，面积与功耗较小。图 5-2（a）是用于异步 SAR 逻辑的逻辑单元电路图，其中：D 为前一级逻辑完成锁存的信号；VALID 为比较器完成该位比较的信号；CLK 为内部使能信号；R 为全局复位信号；OUTP/OUTN 为比较器输出信号；P/N 为该位逻辑单元的输出信号。将 N 个逻辑单元级联，得到如图 5-3 所示的异步 SAR 逻辑电路图，可以完成 N 位 SAR ADC 转换。

异步 SAR 逻辑在完成采样之后，采样信号 CLKS 由“1”变为“0”，对所有的逻辑单元完成复位。其中第 i 位的逻辑单元时序如图 5-2（b）所示，前一位逻辑单元完成锁存，对应该位输入 D 从“0”变为“1”。此时比较器未完成比较，VALID 信号仍为“1”，对应该逻辑单元内部信号 CLK 从“1”变为“0”。等到比较器完成比较，比较器输出 OUTP/OUTN 将 PX/NX 中一个输出充电到“1”。经过一定延时，VALID 信号由“1”变为“0”，输出 Q 由“0”变为“1”，将 PX/NX 节点与 OUTP/OUTN 节点进行隔离，完成该位的存储。除图 5-3 所示电路以外，仍需设计相应的延时单元与逻辑电路得到 VALID 信号。

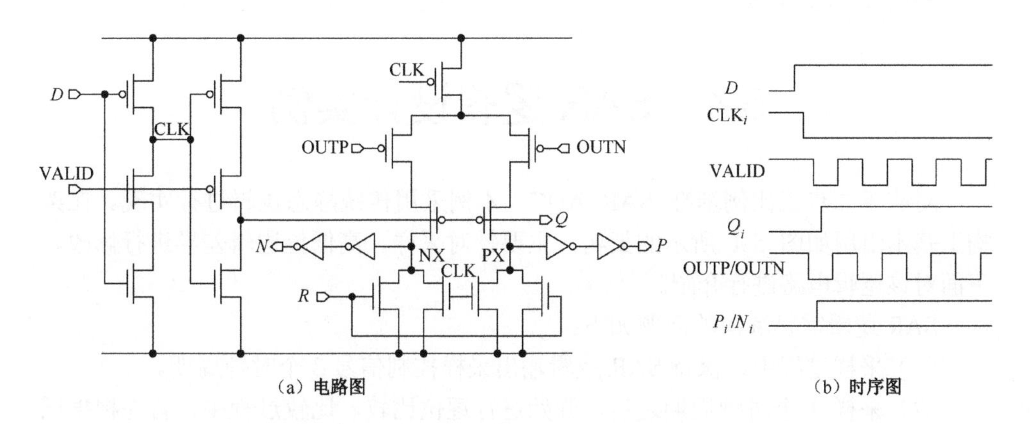

（a）电路图　　（b）时序图

图 5-2　异步 SAR 逻辑单元电路图和时序图

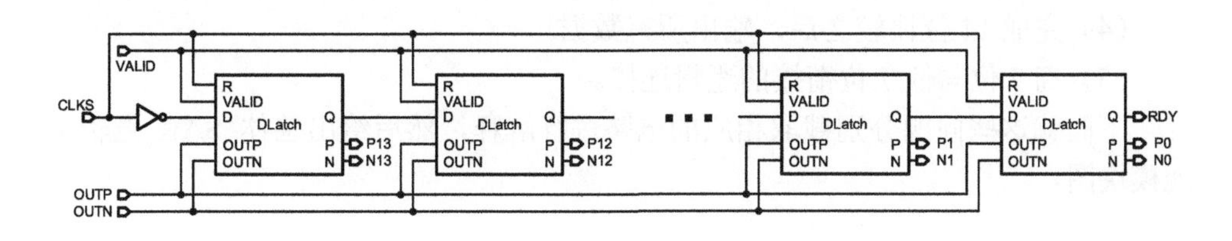

图 5-3　异步 SAR 逻辑电路图

以上介绍的是两种典型的逻辑电路，分别为同步逻辑与异步逻辑。除此之外，还有其余各种改进型的同步或异步 SAR 逻辑。

5.3　SAR 逻辑速度、面积与功耗

SAR 逻辑的主要设计指标为速度、面积与功耗。当然，首先须保证 SAR 逻辑的逻辑正确性。将 SAR 逻辑置于整个 SAR ADC 之中进行仿真，可以根据节点的瞬态仿真结果判断逻辑的正确性。

SAR 逻辑的速度受限于具体的逻辑电路实现，可以通过瞬态仿真得知速度性能。SAR 的逻辑面积主要取决于 SAR 逻辑所使用的逻辑门数量或者晶体管数量。由于 SAR 逻辑具有高度的重复性，所以可通过一个逻辑单元的面积估算整体面积。SAR ADC 的功耗主要为动态功耗，对不同的输入值或者输出值，其具有相似的功耗。因此，在实际仿真 DAC 功耗时，可以仿真几个完整周期，得到 SAR 逻辑供电电源的电流值，再对该电流进行平均，以得到 SAR 逻辑的功耗。

5.4 SAR 逻辑设计实例

对应于二步式比例基准 SAR ADC，本例采用传统静态逻辑进行实现。在架构上基本沿用如图 5-1 所示的架构，主要针对采样、高低位逻辑差异进行修改。下面对该逻辑电路进行介绍。

SAR 逻辑需要解决的问题如下：

（1）采样过程中，保持 SAR 逻辑输出采样控制信号 3 个时钟周期。

（2）采样 3 个时钟周期之后，开始进行逐位比较。比较过程中，首先根据试验切换 DAC 连接，而后根据比较器比较结果决定该位电容的 DAC 连接。

（3）最高位需要考虑比较器输入端超量程的问题。

（4）完成 14 位比较之后，输出所有数据。

（5）高 7 位与低 7 位衔接的逻辑连接。

下面就这些问题分别截取相应的电路进行解释，然后给出整体 SAR 逻辑实现模块图。

5.4.1 采样时序控制

与采样时序控制相关的 SAR 逻辑电路的输入为 SAMPLE 与 CLK。SAMPLE 为高的时间持续 3 个 CLK，在此期间 DAC 开关电容阵列保持采样。当 3 个 CLK 时间结束之后，最高位对应的 SAR 逻辑单元被置位。该置位信号为 RST_BIT<13>。

图 5-4 所示的是采样过程控制逻辑电路图，图 5-5 所示的是对应的时序仿真结果。当 SAMPLE 信号由低变高之后，等待第 1 个时钟 CLK 下降沿使得第 1 个 D 触发器输出 QQ1 由低变高；而后再等待时钟 CLK 下一个上升沿使得第 2 个 D 触发器输出 QQ2 由低变高；之后的 QQ3、QQ4、QQ5 也依次序由低变高。由 QQ4 与 QQ5 信号组合生成最高位 SAR 逻辑单元的复位信号 RST_BIT<13>。

5.4.2 SAR 逻辑单元电路

SAR 逻辑单元电路图如图 5-6 所示，对应的最高位 SAR 逻辑单元电路时序仿真结果如图 5-7 所示。该电路主要由两个 D 触发器（DFF1、DFF2）以及延时单元（BUF）等构成。DFF1 是作为 SAMPLE 信号延时单元使用的，其原理与图 5-4 中输出 QQ1～QQ5 的 D 触发器一致。这些 D 触发器共同构成图 5-1 中上一排 D 触发器链。DDF2 用作图 5-1 中下一排 D 触发器链，用于驱动 DAC 电容基准连接与数据输出。

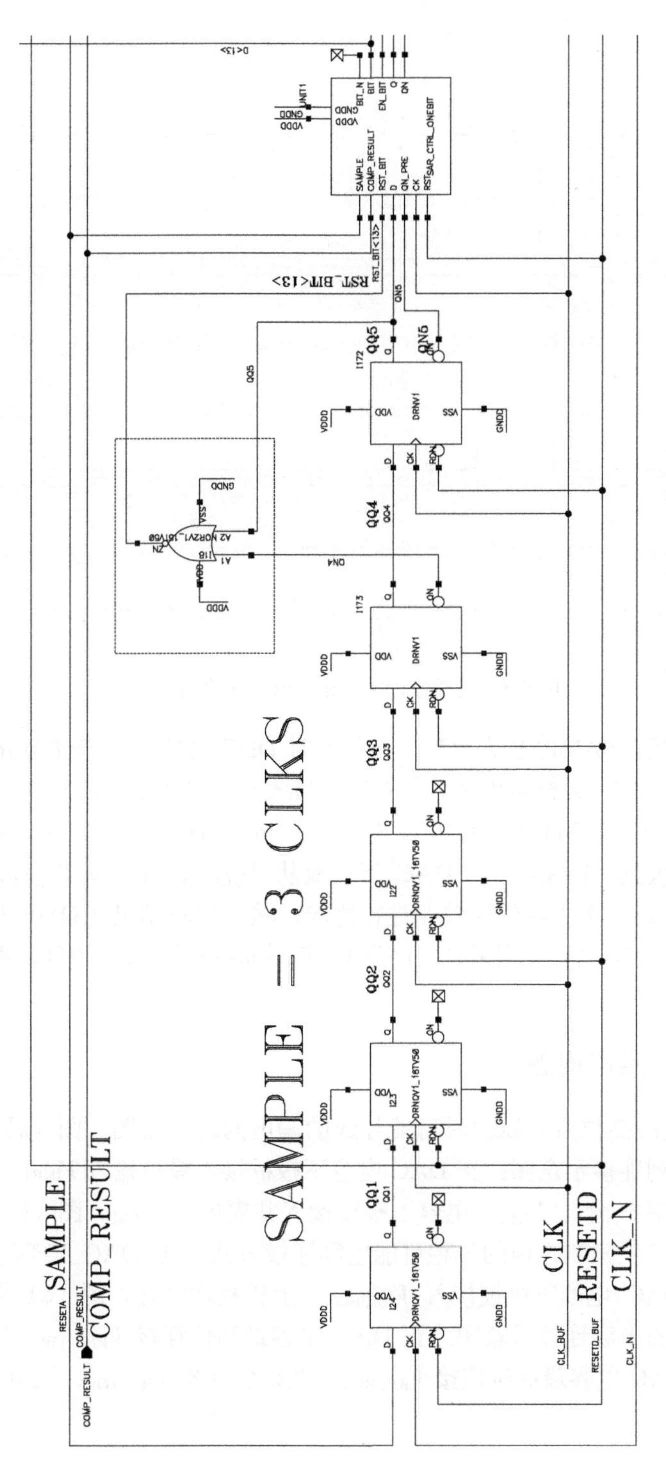

图5-4 采样过程控制逻辑电路图

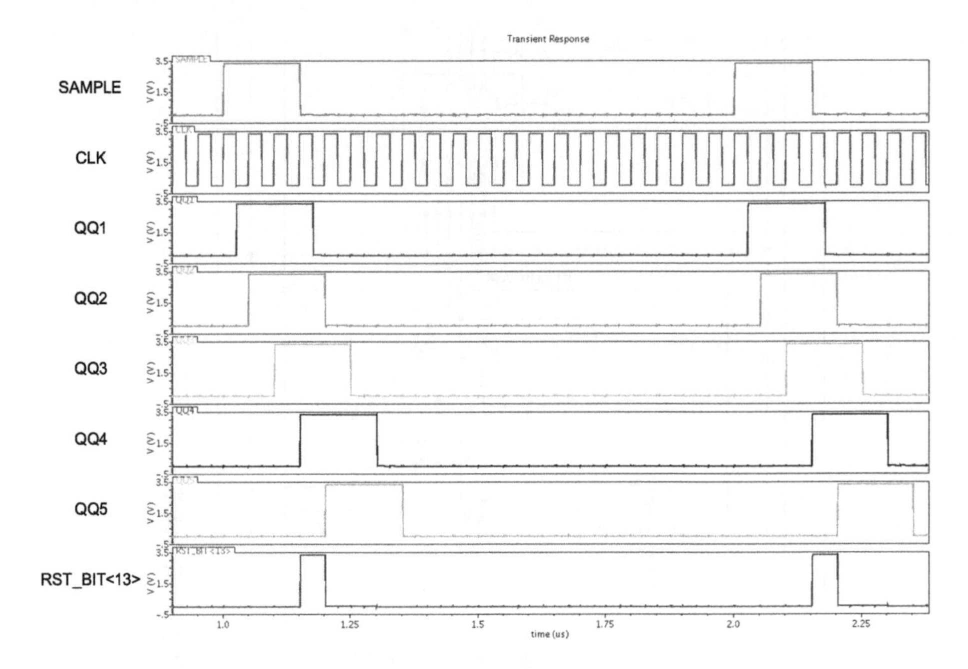

图 5-5　采样过程控制逻辑时序仿真结果

在采样阶段，SAMPLE 为“1”，使得此时 DDF2 被置位，BIT 输出为“0”，BIT_N 输出为“1”。采样结束之后，首先会接收到 DFF2 复位信号 RST_BIT，导致输出 BIT 为“1”，BIT_N 为“0”。对应于最高位的预测电压，正 DAC 下极板从 V_{REFBOT} 切换到 V_{REFTOP}，负 DAC 下极板从 V_{REFTOP} 切换到 V_{REFBOT}。而后在 SAMPLE 后的第一个下降沿比较器进行比较，输出比较结果 COMP_RESULT。当下一个时钟 CLK 上升沿到来时，产生 DDF2 的时钟信号 EN_BIT，将比较结果锁存到 DFF2。

5.4.3　最高位漏电问题

图 5-8 是最高位进行试验时可能导致的漏电问题示意图。图（a）是对应采样时的电容阵列连接示意图：正 DAC 电容下极板接入模拟输入 V_{INP}，负 DAC 电容下极板接入模拟输入 V_{INN}，电容上极板接入共模电压 V_{CM}。图（b）是对应采样结束后，最高位预测之前的一种可能电容连接方式，正 DAC 电容下极板接入 V_{REFTOP}，负 DAC 电容下极板接入 V_{REFBOT}，上极板均断开。图（c）是对应最高位进行预测时的电容连接示意图：正 DAC 电容最高位连接 V_{REFTOP}，其余位连接 V_{REFBOT}；负 DAC 电容最高位连接 V_{REFBOT}，其余位连接 V_{REFTOP}；正负 DAC 电容上极板均断开。

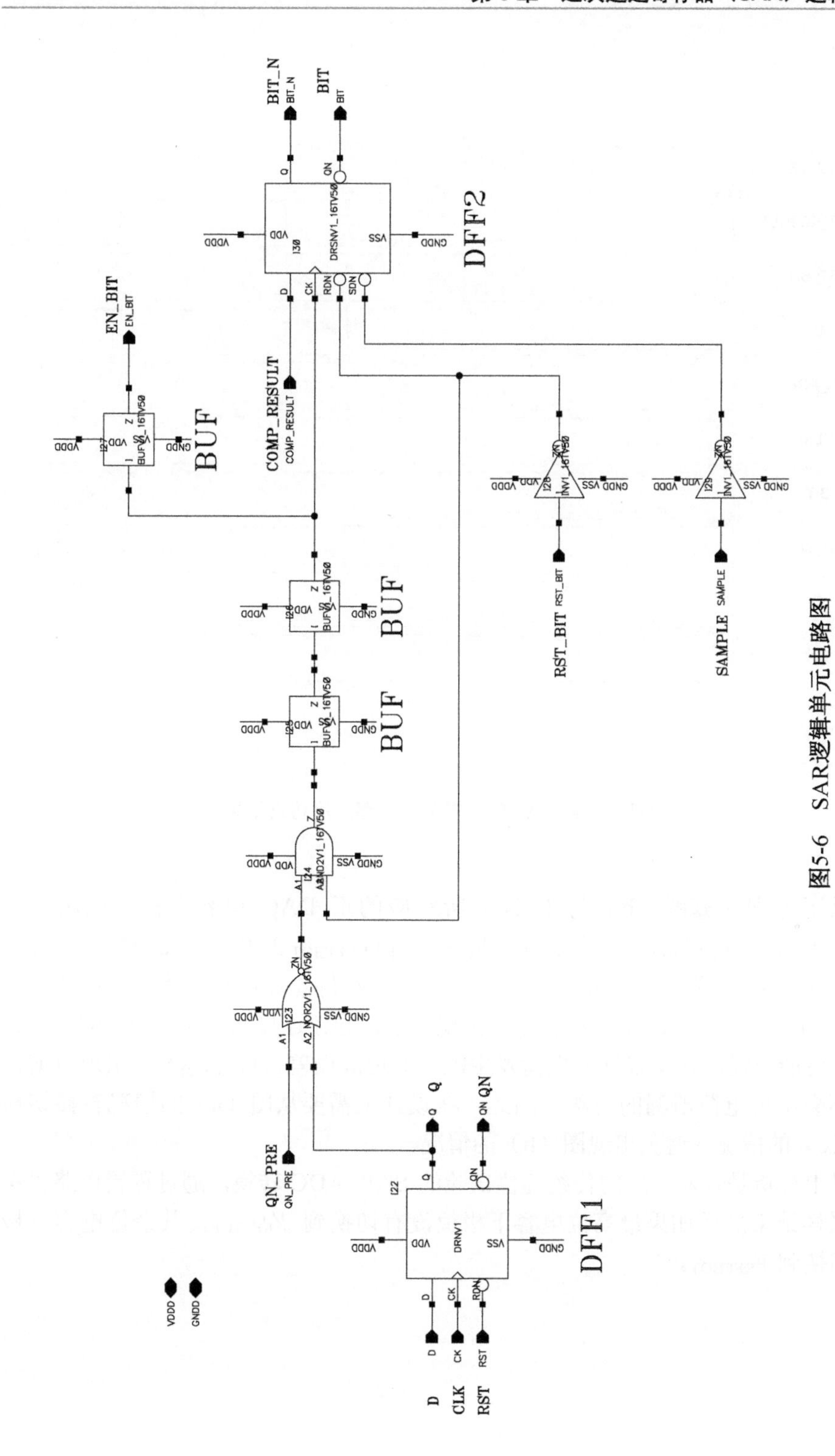

图5-6 SAR逻辑单元电路图

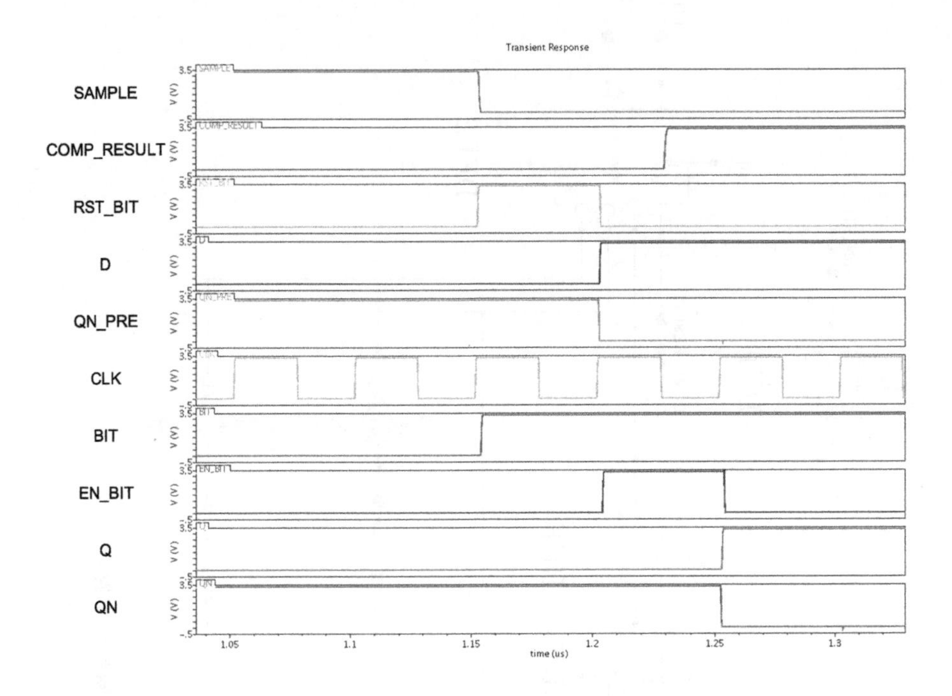

图 5-7　最高位 SAR 逻辑单元电路时序仿真结果

以下分别计算图（b）与图（c）所对应的正 DAC 电容上极板电压值：$V_{DACP(b)}=V_{CM}-V_{INP}+V_{REFBOT}$；$V_{DACP(c)}=V_{CM}-V_{INP}+V_{REFBOT}/2+V_{REFTOP}/2=2V_{CM}-V_{INP}$。模拟输入 V_{INP} 的范围为 $V_{REFBOT}\sim V_{REFTOP}$。对应 $V_{DACP(b)}$的范围为$-V_{CM}\sim V_{CM}$，$V_{DACP(b)}$的范围为 $0\sim 2V_{CM}$。$V_{DACP(b)}$会出现负值，导致连接到 V_{CM} 的 CMOS 开关的衬底可能导通，使得采样的电荷发生泄漏而造成误差。$V_{DACP(c)}$不会出现负值，也就不会出现电荷泄漏的问题。因此，在设计上需要从图（a）的情况直接切换到图（c）的情况，避免出现图（b）的情况。

以上分析是针对一般的传统逐位试验的 SAR ADC 转换，通过逻辑电路以保证在采样结束之后如果最高位电容下极板没有切换到 V_{REFTOP}，其余位电容下极板不切换到 V_{REFBOT}。

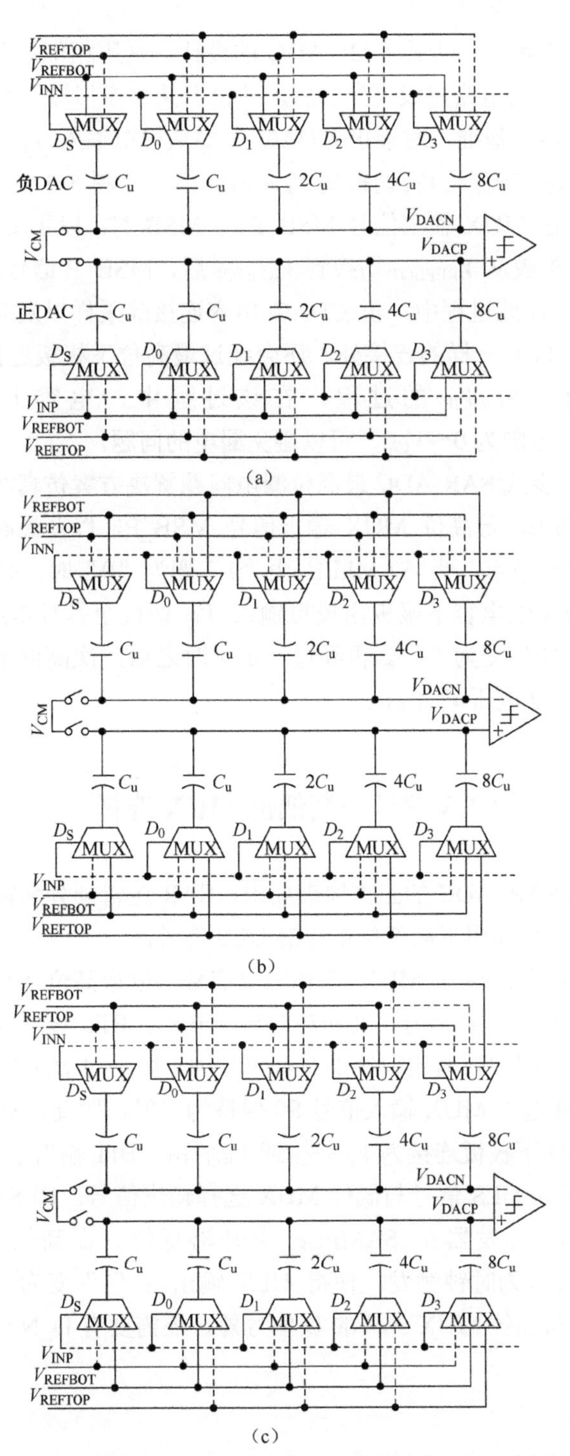

图 5-8　最高位进行试验时可能导致的漏电问题示意图

对应于本节讲解的二步式 SAR ADC 的设计，采用相似思路，具体的电路实现如图 5-9 所示。当电路完成采样之后，理论上共享模拟输入与基准的 MUX 需要从模拟输入切换到基准，对于正 CDAC 需要从模拟输入 V_{IP} 切换到 V_{REFBOT}，负 CDAC 需要从模拟输入 V_{IN} 切换到 V_{REFTOP}。但是在图 5-9 中，该 MUX 的切换受控于最高位电容 MUX 输出信号 MSB_P 与 MSB_N。以正 CDAC 为例，只有当最高位电容下极板从 V_{REFBOT} 切换到 V_{REFTOP} 后，MSB_P 信号输出控制 V_{IP} 才能切换到 V_{REFBOT}。在此过程中，正 CDAC 电容连接除采样以及对最高位进行预测时采用与图 5-8（c）一样的连接外，还会经过最高位下极板连接 V_{REFTOP}，其余位电容下极板连接 V_{IP} 的过程。在该过程中，电容上极板 $V_{CP}=V_{CM}-V_{IP}/2+V_{REFTOP}/2$，范围为 0～$V_{CM}$，可以避免漏电的问题。

图 5-10 是二步式 SAR ADC 最高位漏电问题解决方案仿真波形图。选取采样控制信号 SAMPLE、最高位 MUX 输出信号 MSB_P，以及最高位与次高位电容的下极板作为观察节点。当 SAMPLE 由“1”变为“0”时，采样结束。经过一定延时之后，最高位电容下极板由模拟输入 V_{IP} 切换至基准电压 V_{REFTOP}，并且 MSB_P 输出从“0”变为“1”。再经过一定延时之后，次高位电容下极板由模拟输入 V_{IP} 切换至基准电压 V_{REFBOT}。

5.4.4 高低位衔接 ULS 信号与高低位 MUX 选择

由于二步式 SAR ADC 的工作原理要求，SAR 逻辑须分别输出不同形式的高低位 MUX 选择信号和用于高低位衔接的 ULS 信号。

图 5-11 所示为最高位 MUX 选择输出信号，以最高位 SAR 逻辑单元对应 BIT 输出作为 MUX 选择信号。在对应时钟上升沿，BIT 设置为“1”，用于试验该位输出；而后依据比较器比较结果在对应时钟下降沿对 BIT 输出进行更新。在高位转换阶段，4 选 1 MUX 输入信号 S0 保持为“0”，因此，只需要 BIT 一位就可以切换高位电容下极板连接为 V_{REFTOP} 或 V_{REFBOT}。BIT 输出信号记为信号 D。

图 5-12 所示为 ULS 信号与低位 MUX 选择输出信号。ULS 信号由一个 D 触发器输出。该 D 触发器在 SAMPLE 上升沿复位。在高低位切换时，利用 RST_BIT<6>信号作为时钟触发，使得 ULS 输出由“1”变为“0”。低位 MUX 选择信号除需要与高位 MUX 一样的 D 信号外，还需要有 D_N 信号。

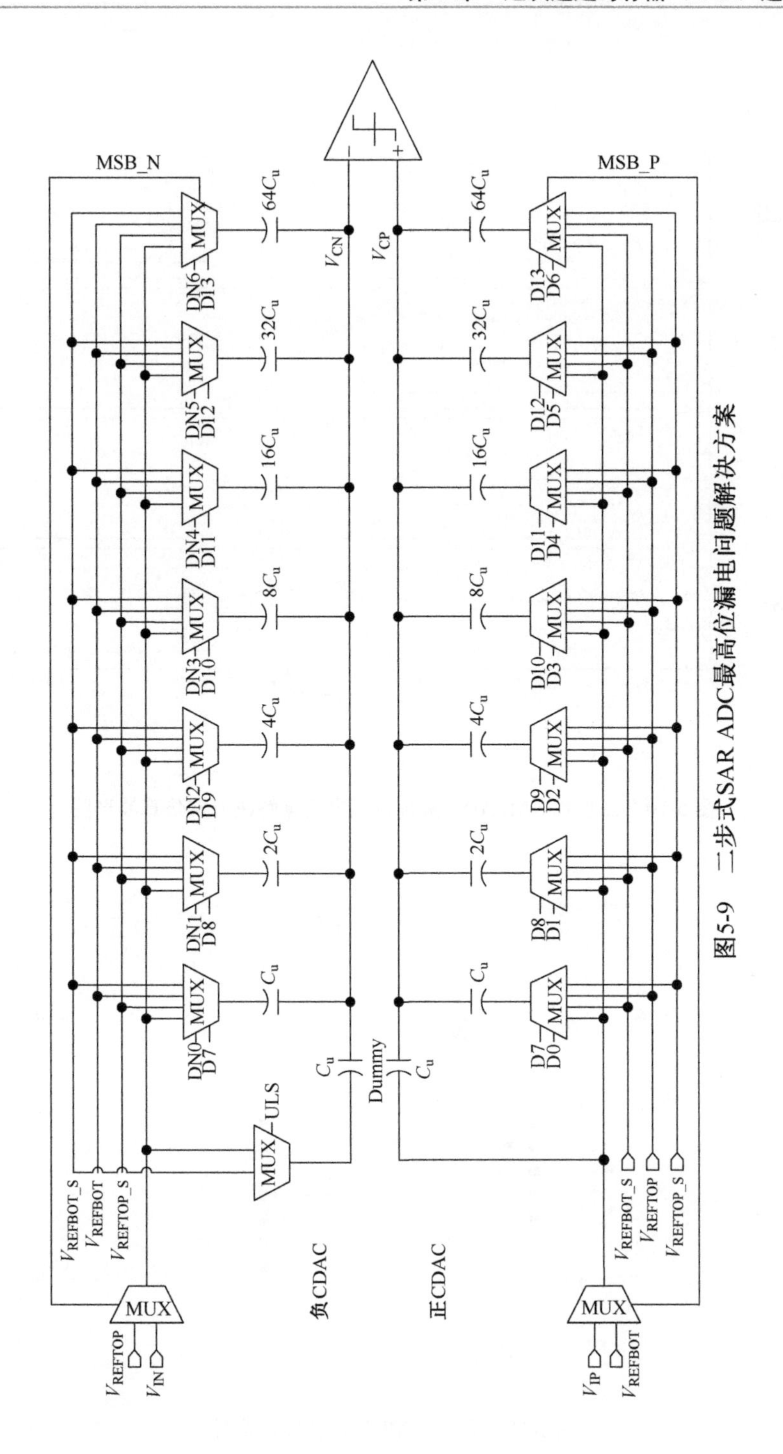

图5-9　二步式SAR ADC最高位漏电问题解决方案

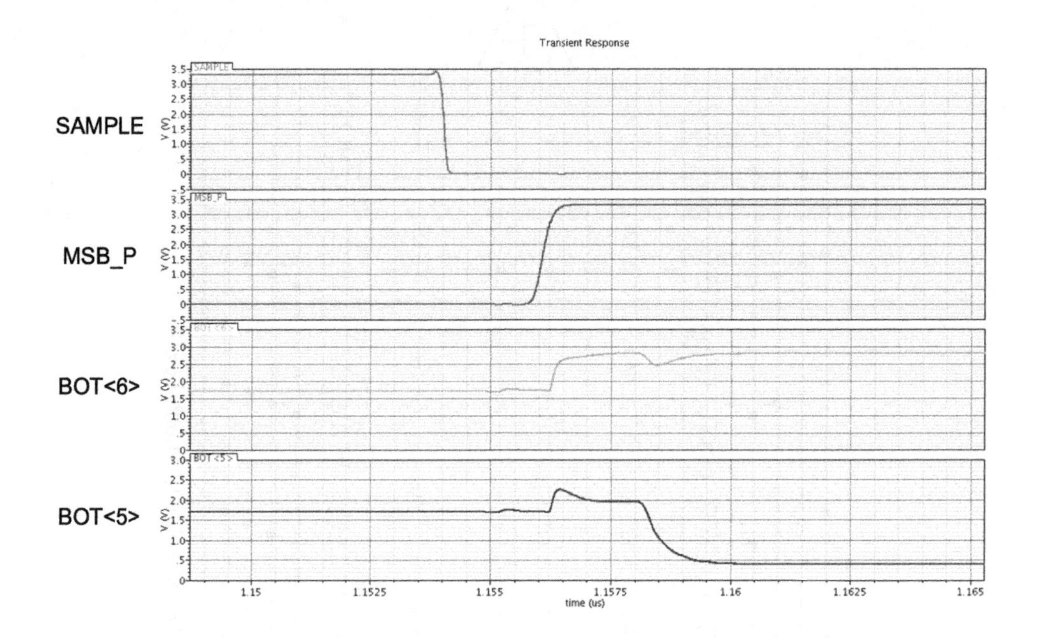

图 5-10　二步式 SAR ADC 最高位漏电问题解决方案仿真波形图

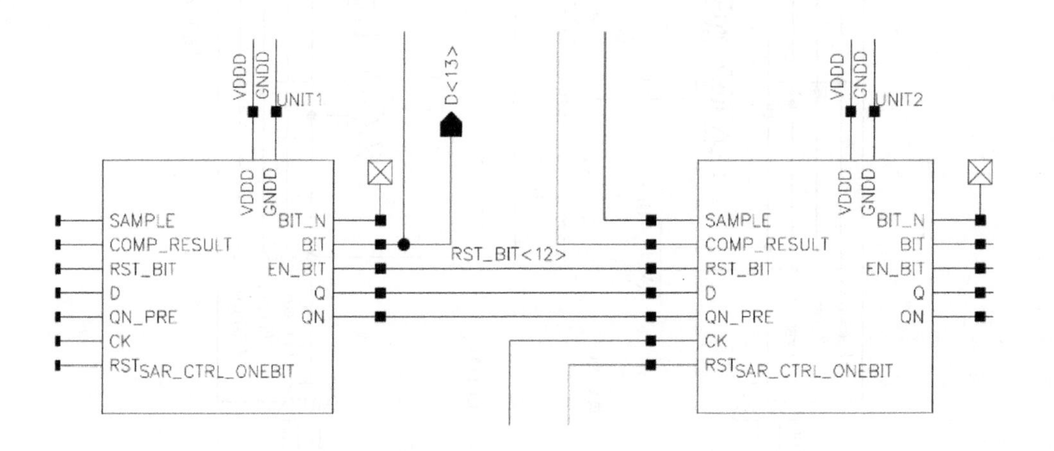

图 5-11　最高位 MUX 选择输出信号

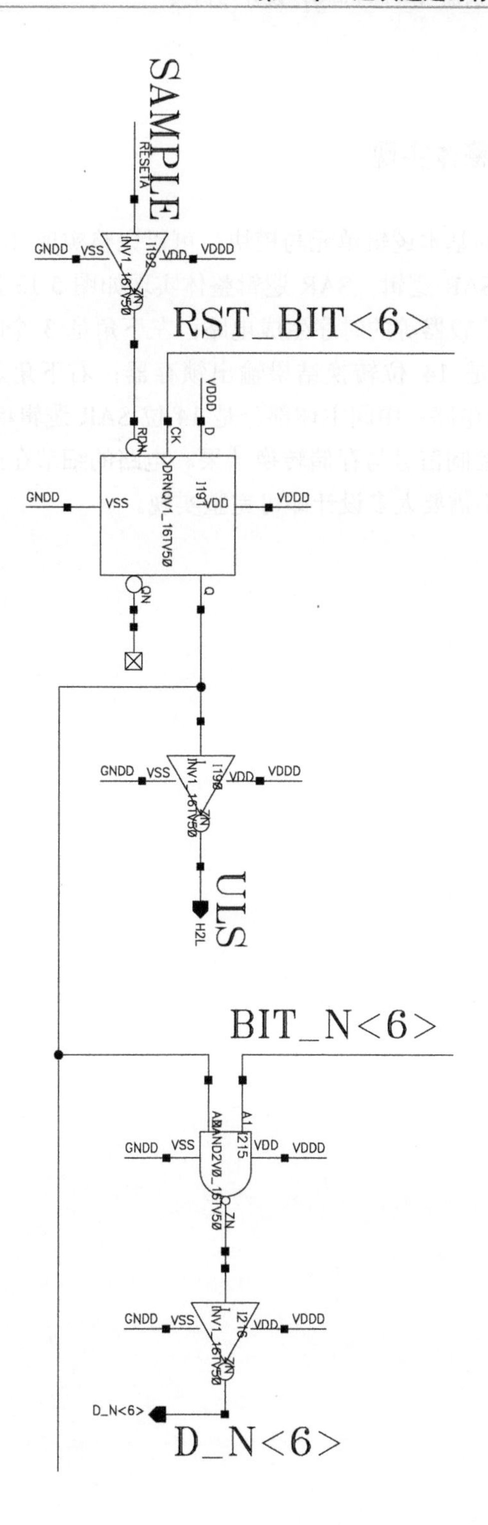

图 5-12　ULS 信号与低位 MUX 选择输出信号

5.4.5 SAR 逻辑整体实现

结合以上所述的基本逻辑单元与模块，可以完整实现 14 位比例基准二步式 SAR ADC 所需的 SAR 逻辑。SAR 逻辑整体实现如图 5-13 所示。从模块划分来看，左上角是关于比较器等的时序生成电路；左下角是 3 个时钟周期的采样信号产生电路；右上角是 14 位转换结果输出锁存器；右下角是 ULS 信号与低位 MUX 控制信号生成电路；中间主体部分是 14 位 SAR 逻辑单元，用于生成 DAC 所需要的基准切换控制信号与存储转换结果。电路的细节在此不再具体介绍，在以上介绍的基础上不需要太多设计即可完整实现。

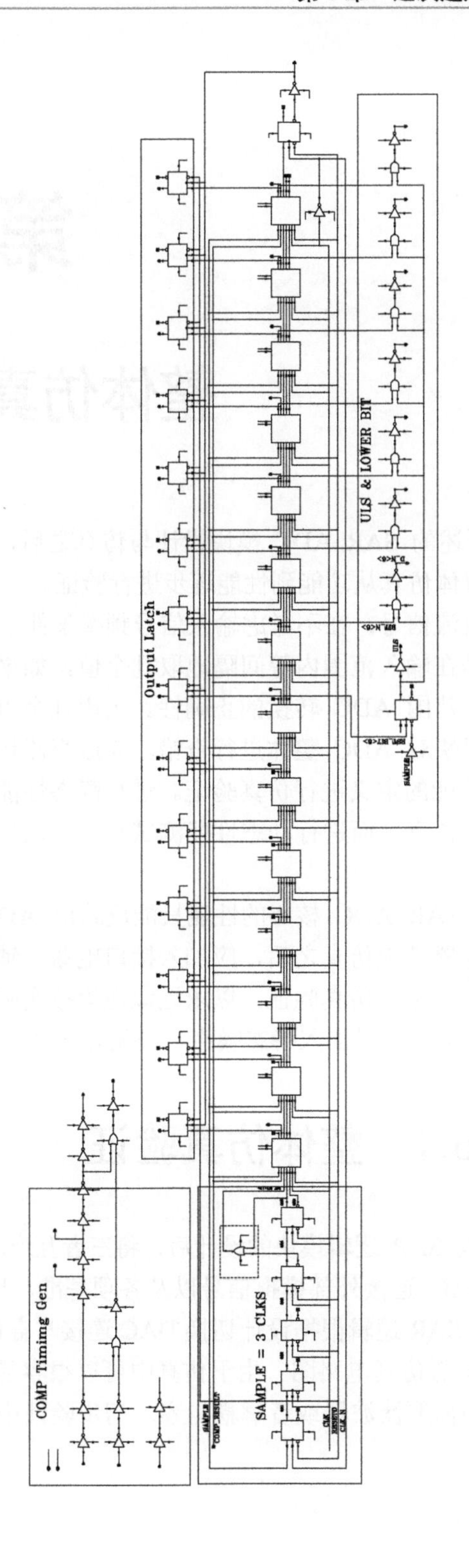

图5-13　SAR逻辑整体实现

第 6 章

整体仿真与设计

在完成第 3～5 章所述的 SAR ADC 模块设计与仿真之后，就可以将三者组成整体进行仿真设计。整体仿真从功能到性能逐步进行验证。

首先使用模拟输入直流信号，在不考虑输入信号频率条件下，仿真 ADC 转换的正确性。直流仿真是在输入范围内等间隔地取几个值，如最小值、中间值与最大值，以验证不同输入范围 ADC 转换的正确性。采用几个点的直流仿真的原因是在较短仿真时间内尽快对 ADC 整体进行查错。完成直流仿真之后，就可以依据 ADC 静态与动态性能的定义进行仿真验证。进行静态性能测试时，可以直接输入理想斜坡信号进行仿真；而进行动态性能测试时，可以加入理想正弦信号进行仿真。

由 3 个模块组成的 SAR ADC 核心的性能只能反映出 ADC 性能最好的情况。在完成 ADC 核心电路性能仿真之后，应加入接口电路、辅助电路及整体布局的考虑，再对 ADC 进行整体仿真验证，以求近似地模拟实际情况。为充分验证实际的芯片性能，在仿真时可以加入瞬态噪声、失配等非理想因素。

6.1 整体仿真验证

完成比较器、DAC 与 SAR 逻辑模块的设计后，将三者互连起来形成如图 6-1 所示的电路图。其中，DAC 连接外部模拟信号以及各项基准，比较器连接 DAC 上极板并输出比较结果，SAR 逻辑根据设计切换 DAC 连接与存储比较器输出。

图 6-2 所示为整体核心仿真电路图。由于仿真中可以很容易获得理想的信号源与时钟源，因此可以不需要滤波器或者解耦电容。初步验证中采用直流信号，而后采用正弦信号。

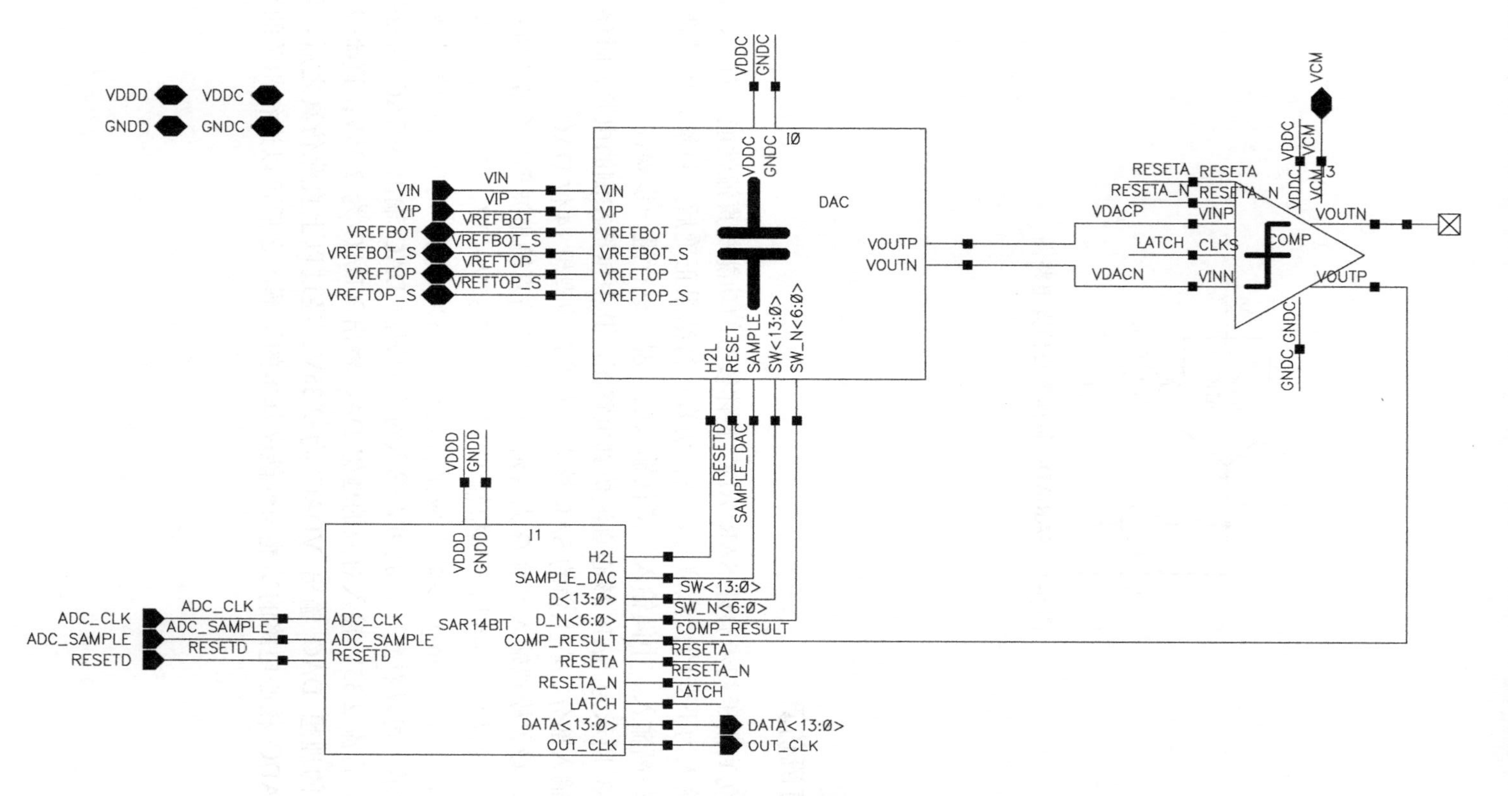

图6-1　SAR ADC核心模块互连电路图

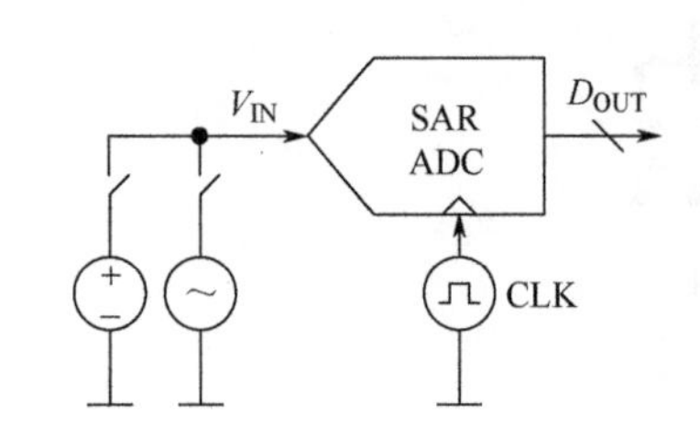

图 6-2　SAR ADC 整体核心仿真电路图

6.1.1　直流仿真

直流仿真用于初步验证 SAR ADC 整体核心的功能与直流性能。首先，设置 ADC 的输入为不变的直流信号，进行仿真；待结果正确后，将输入信号调整为连续变化最高输入、中间输入与最低输入的情况，进行进一步验证。

图 6-3 所示为 SAR 核心直流仿真电路图，其中包括左侧的电源、时序、基准和模拟输入部分、右上角的 SAR 核心与右下角的理想 14 位 DAC。

首先，设置模拟输入 VALG 为直流 0V，对应仿真输出波形如图 6-4 所示。

而后，设置如图 6-5 所示模拟输入 VALG 为 2.35V、0V、−2.35V 连续变化的直流输入，其中 Tsamp 参数对应采样周期 1/(600kHz)，对应仿真输出波形如图 6-6 所示。可以看到，直流 0V 输入对应的理想 DAC 输出 VDAC 为−293μV（−1LSB）；直流 2.35V 输入对应的理想 DAC 输出 VDAC 为 2.35V；直流−2.35V 输入对应的理想 DAC 输出 VDAC 为−2.35V。经过以上直流仿真之后，可以对 SAR ADC 核心电路的功能与性能做基本的了解，之后可以进行相关的性能仿真。

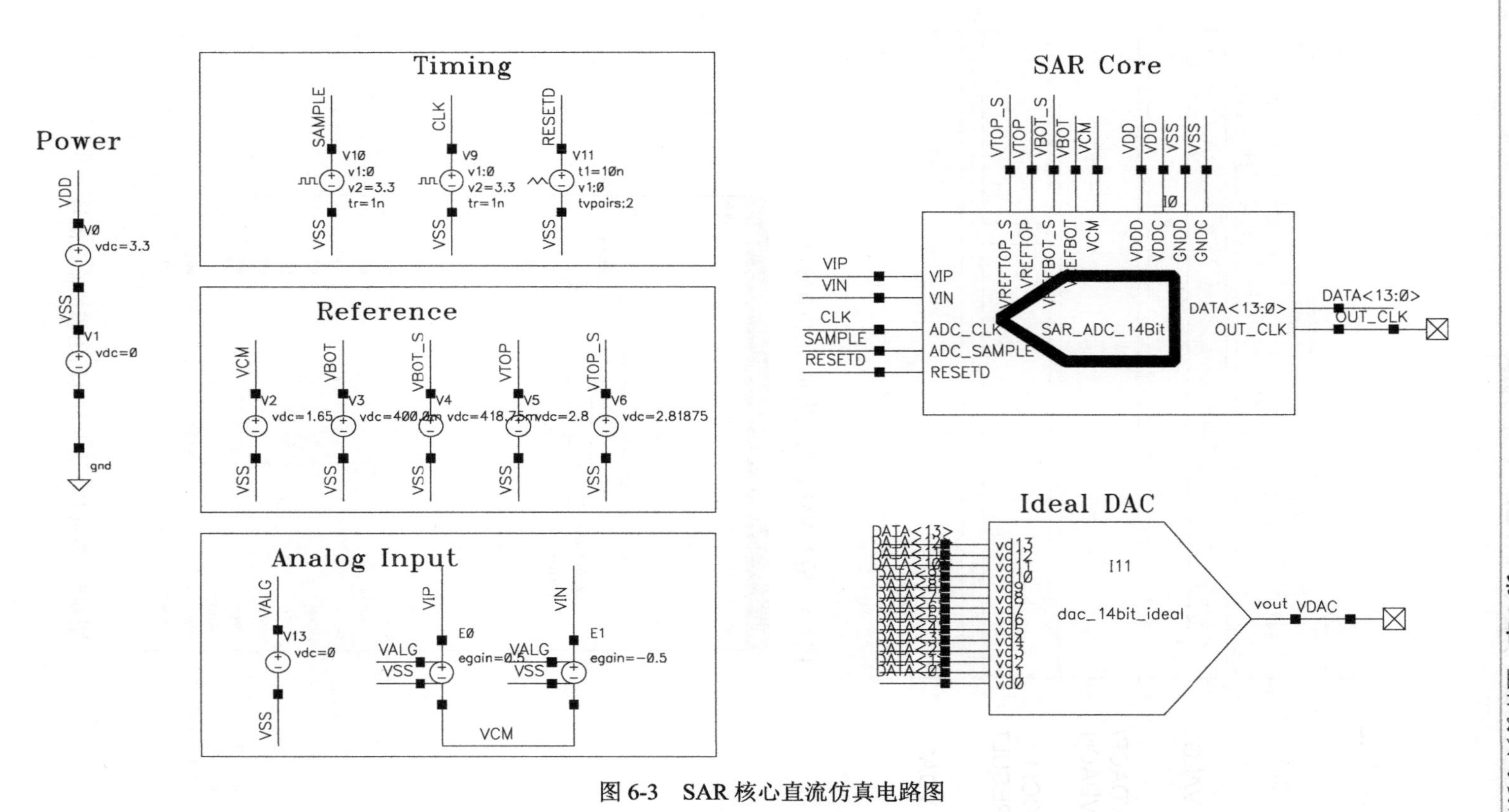

图 6-3　SAR 核心直流仿真电路图

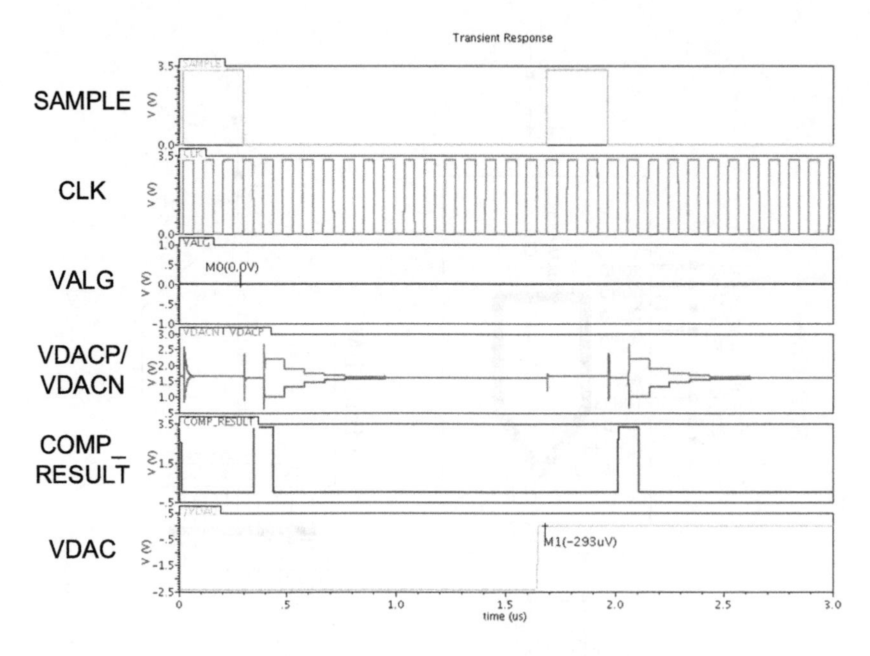

图 6-4　输入 VALG 为直流 0V 的仿真输出波形图

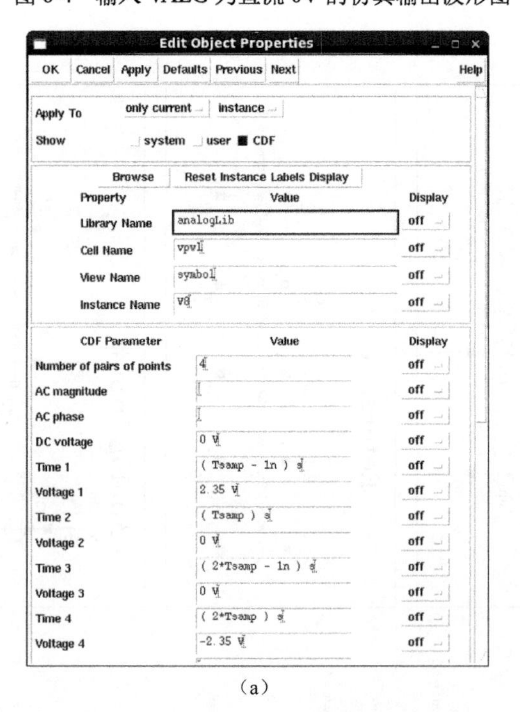

（a）

图 6-5　多点 DC 输入仿真所用模拟输入信号

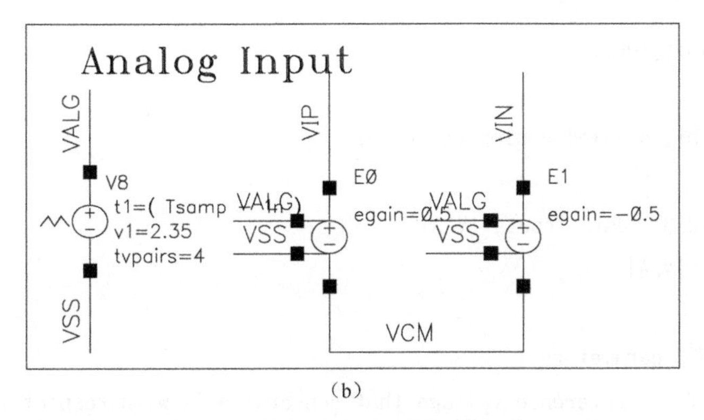

(b)

图 6-5 多点 DC 输入仿真所用模拟输入信号（续）

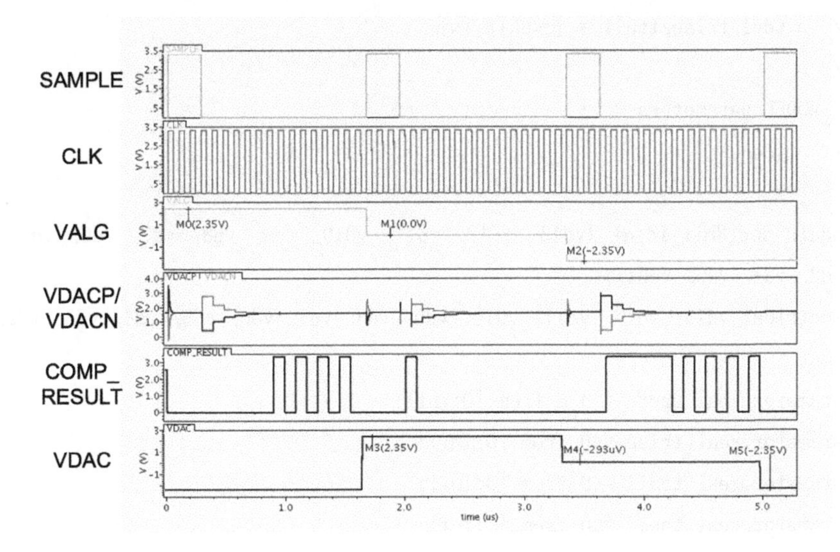

图 6-6 输入 VALG 为直流 2.35V、0V、−2.35V 的仿真输出波形图

在实际的仿真验证中，可以不需要理想 DAC，而是将 ADC 转换获得的数字码直接存储下来，而后利用 ADE 中的 Calculator，或者存储成文件之后，利用其他软件将其转换成对应十进制数据进行分析。但是为了存储更少的节点、方便观察等考虑，可以采用理想 DAC。本例所用 14 位理想 DAC 是用 Verilog-A 语言实现的，具体的程序文件内容如下：

```
`include "discipline.h"
`include "constants.h"

//-------------------
```

```
// dac_14bit_ideal
//
// -  14 bit digital analog converter
//
// vd0..vd13:  data inputs [V,A]
// vout:  [V,A]
//
// INSTANCE parameters
//    vref   = reference voltage that conversion is with respect to [V]
//    vtrans = transition voltage between logic high and low [V]
//    tdel,trise,tfall = {usual} [s]
//
// MODEL parameters
//    {none}

module dac_8bit_ideal (vd13, vd12, vd11, vd10, vd9, vd8, vd7, vd6, vd5, vd4, 
vd3, vd2, vd1, vd0, vout);
electrical vd13, vd12, vd11, vd10, vd9, vd8, vd7, vd6, vd5, vd4, vd3, vd2, vd1, 
vd0, vout;
parameter real vref  = 4.8 from [0:inf);
parameter real trise = 0 from [0:inf);
parameter real tfall = 0 from [0:inf);
parameter real tdel  = 0 from [0:inf);
parameter real vtrans = 1.65;

    real out_scaled; // output scaled as fraction of 256

    analog begin
     out_scaled = 0;

     out_scaled = out_scaled + ((V(vd13) > vtrans) ? 8192 : 0);
     out_scaled = out_scaled + ((V(vd12) > vtrans) ? 4096 : 0);
     out_scaled = out_scaled + ((V(vd11) > vtrans) ? 2048 : 0);
     out_scaled = out_scaled + ((V(vd10) > vtrans) ? 1024 : 0);
     out_scaled = out_scaled + ((V(vd9) > vtrans) ? 512 : 0);
```

```
        out_scaled = out_scaled + ((V(vd8) > vtrans) ? 256 : 0);
        out_scaled = out_scaled + ((V(vd7) > vtrans) ? 128 : 0);
        out_scaled = out_scaled + ((V(vd6) > vtrans) ? 64 : 0);
        out_scaled = out_scaled + ((V(vd5) > vtrans) ? 32 : 0);
        out_scaled = out_scaled + ((V(vd4) > vtrans) ? 16 : 0);
        out_scaled = out_scaled + ((V(vd3) > vtrans) ? 8 : 0);
        out_scaled = out_scaled + ((V(vd2) > vtrans) ? 4 : 0);
        out_scaled = out_scaled + ((V(vd1) > vtrans) ? 2 : 0);
        out_scaled = out_scaled + ((V(vd0) > vtrans) ? 1 : 0);
        out_scaled = out_scaled - 8192;
        V(vout) <+ transition( vref*out_scaled/16384, tdel, trise, tfall );
    end
endmodule
```

6.1.2 交流仿真

交流仿真是指输入为交流信号时，ADC 对应的如 SNR、SNDR、THD 等交流指标的仿真。交流仿真与测试的相关理论，以及对交流仿真结果与测试结果一致性的验证参见 7.3 节。在仿真环境中，可以产生极高线性度的信号，因此直接使用理想正弦信号作为模拟输入进行仿真。如果设计的输入频率满足相干采样，那么得到的仿真结果不需要经过窗函数就可以直接利用傅里叶变换进行分析。

交流输入仿真时所用模拟输入信号如图 6-7 所示，其余仿真设置与图 6-3 中一致，具体设置采样时间 Tsamp=1/(600kHz)，输入模拟信号频率 fin= 13×600 kHz/128。采样点数为 128 点，对应模拟信号为 13 个周期。低频交流输入仿真波形图如图 6-8 所示。其中 SAMPLE 为采样信号，VALG 为模拟输入信号，VDAC 为理想 DAC 输出信号。

根据 VDAC 信号可以计算输出信号的交流指标，但是首先需要将仿真结果从 Spectre 仿真器导出至 MATLAB 等软件进行计算。ADE 中的 Calculator（见图 6-9）可以用于导出波形。首先选择需要导出的波形，而后选择如图 6-9 所示的表格（Table）按钮，填入开始时间/结束时间（Start/End）与时间间隔（Step）数据。之后可以获得如图 6-10 所示的表格。表格中的数据精度默认是小数点后 4 位，对于高精度 ADC，需要根据实际的要求进行调整。右击数据后，在弹出的菜单中选择格式（Format）选项，可以对有效位数进行修改。

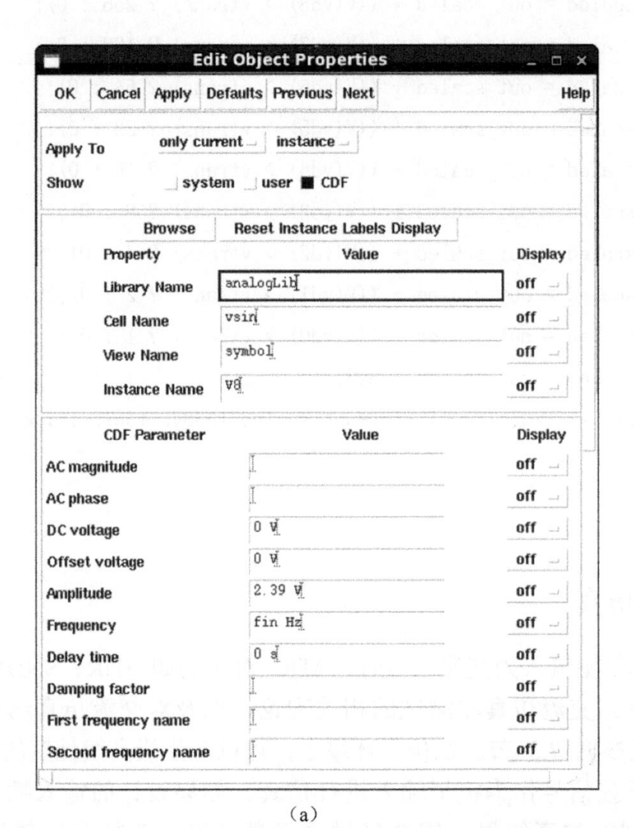

(a)

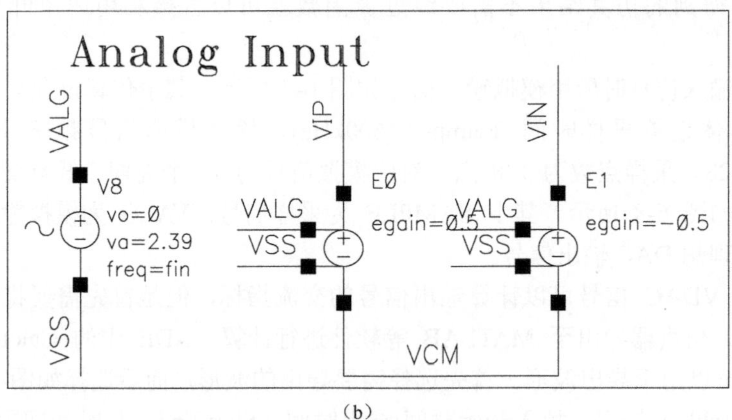

(b)

图 6-7　交流输入仿真时所用模拟输入信号

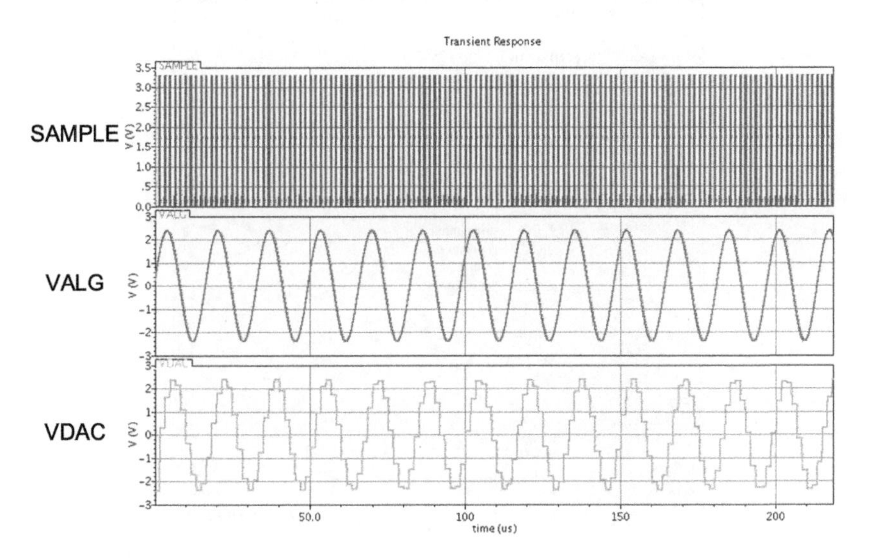

图 6-8　低频交流输入仿真波形图

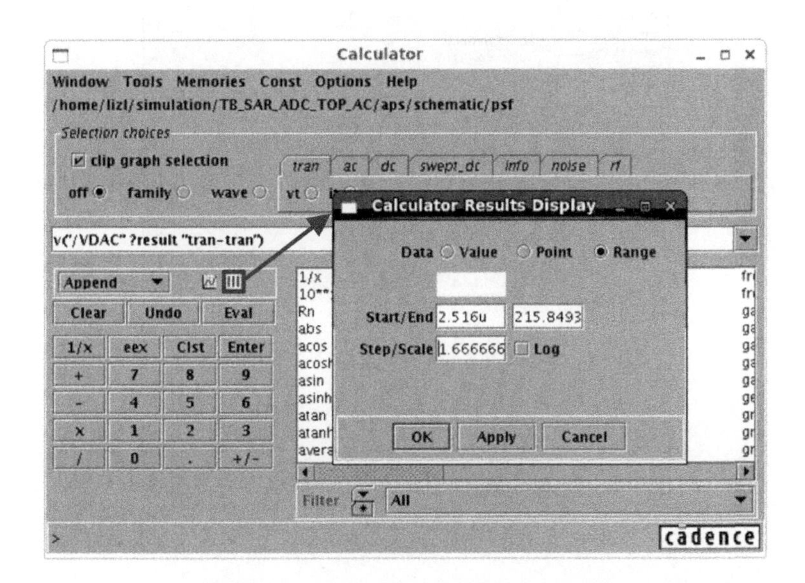

图 6-9　仿真波形数据 Calculator 导出

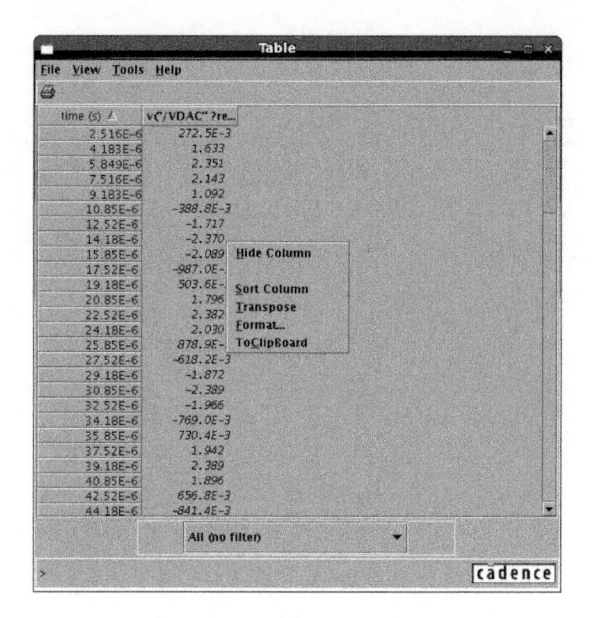

（a）

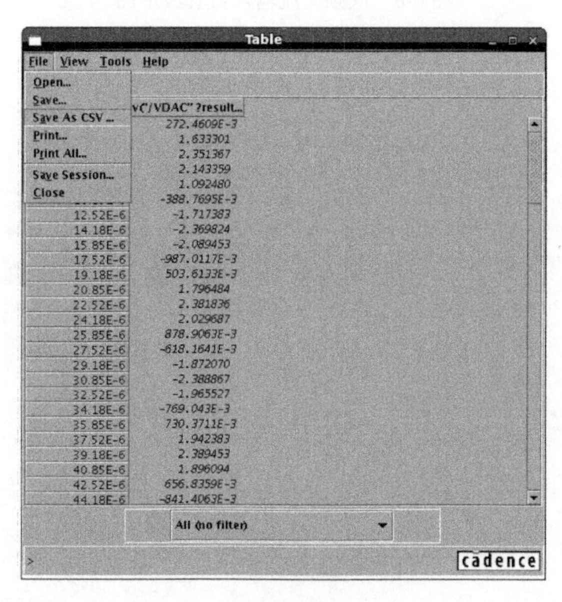

（b）

图 6-10　仿真波形导出表格

本例中设置以 600kSPS 的采样频率转换 128 个点，获得的数据经过 MATLAB 计算之后，得到如图 6-11 所示的频谱图。对应于−0.03dBFS 的输入，输出信号的 SNDR 为 81.74dB。可以通过调整输入信号的频率评估 ADC 在不同频率下的性能差异。由于是 128 点的 FFT，频谱图的频率分辨率较差。

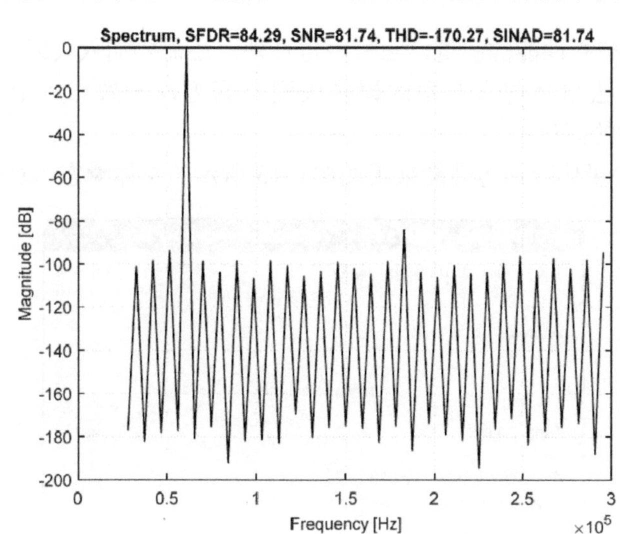

图 6-11　128 点交流输入仿真结果频谱图

图 6-12 是 256 点的频谱图，频率分辨率得到提升，仿真结果更加符合真实情况。

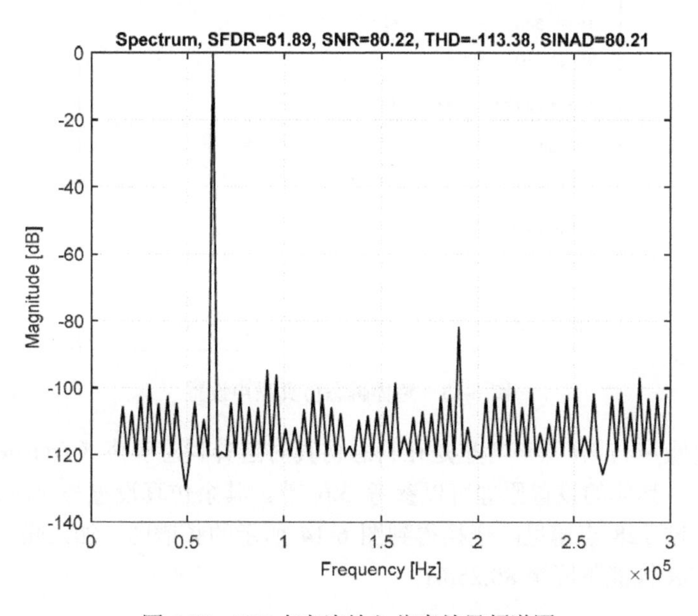

图 6-12　256 点交流输入仿真结果频谱图

6.1.3 噪声仿真

对 ADC 核心性能的衡量，除瞬态仿真外，还需要加入失配与噪声的影响。失配的仿真方法与之前章节中的模块失配仿真方法一致。本节介绍噪声对于 ADC 性能影响的评估。

评估 ADC 量化噪声等性能采用如图 6-13 所示的整体瞬态仿真噪声设置。

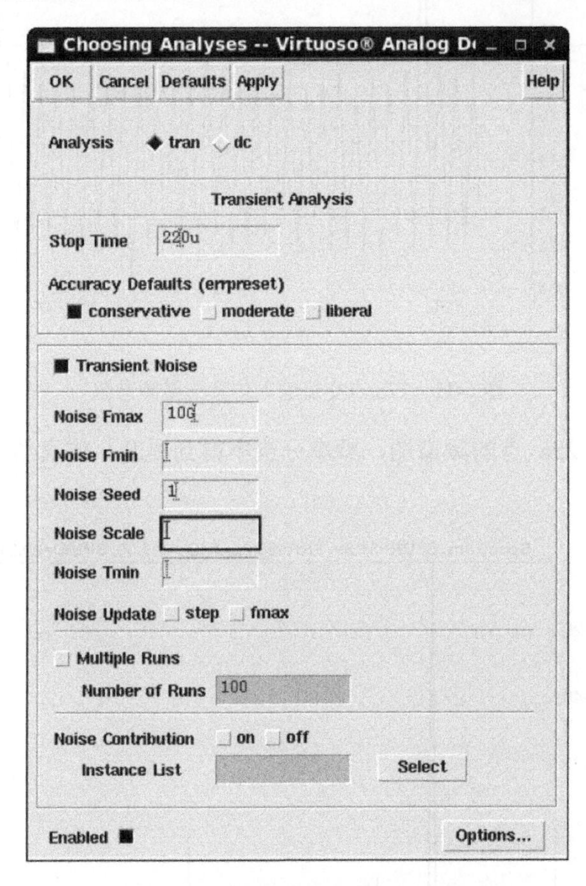

图 6-13 整体瞬态仿真噪声设置

器件热噪声与 $1/f$ 噪声等也是在瞬态仿真时选择瞬态噪声（Transient Noise）选项实现的，具体的设置原理可以参考 3.6 节。其余仿真设置与交流仿真一样，输出结果经过 128 点傅里叶变换得到图 6-14 所示的频谱图。加入噪声使得 ADC 对应的 SNDR 性能下降至 80.25dB。

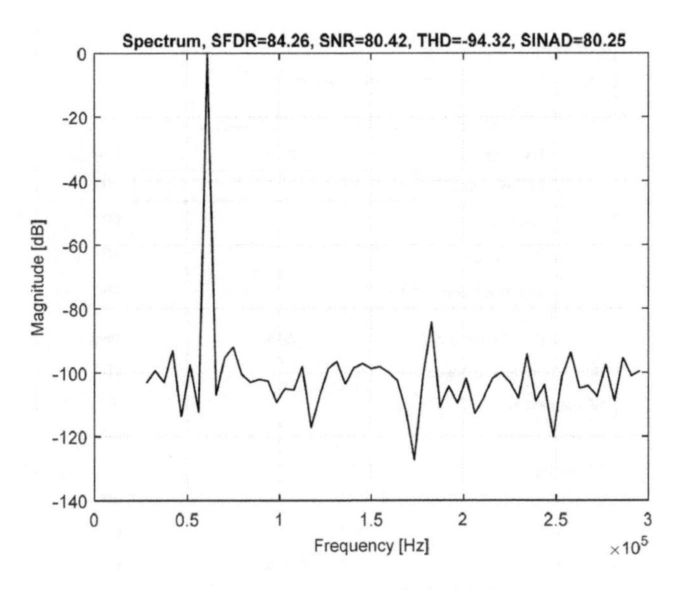

图 6-14 交流输入噪声仿真结果频谱图

6.1.4 DNL/INL 仿真

根据 DNL/INL 的定义，其值与 ADC 数字码对应的模拟宽度相关。仿真或者测试的主要过程就是获得模拟宽度，该过程相关的理论分析可以参考 7.2 节。在仿真环境中，可以产生极高线性度的信号，因此可以以斜坡信号作为输入进行仿真。但是对于高精度 ADC 而言，完成一次完整的 DNL/INL 仿真所需要的时间与资源非常大。对于一个 14 位的 ADC，总共有 2^{14}（16384）个数字码。假如仿真的精度为 0.1LSB，意味着每个数字码对应的模拟输入范围至少要被采样 10 次，总共至少需要转换 16384×10=163840 次。因此，是否需要完整验证 DNL/INL，应根据实际的需求进行判断。

图 6-15 所示为 DNL/INL 仿真所用模拟激励斜坡信号。斜坡信号在 256 个采样周期时间内刚好覆盖整个输入范围，意味着对应 8 位精度 ADC，每个 LSB 只能被采样到一次。对于本例 14 位 ADC，这样的仿真设置是不足以充分验证 DNL 与 INL 的，只能用来说明仿真的步骤与方法。

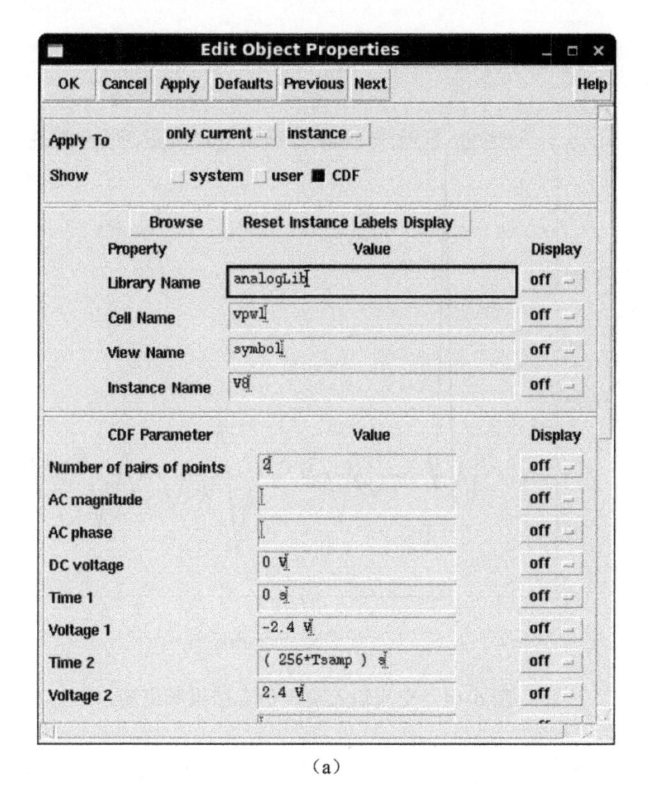

（a）

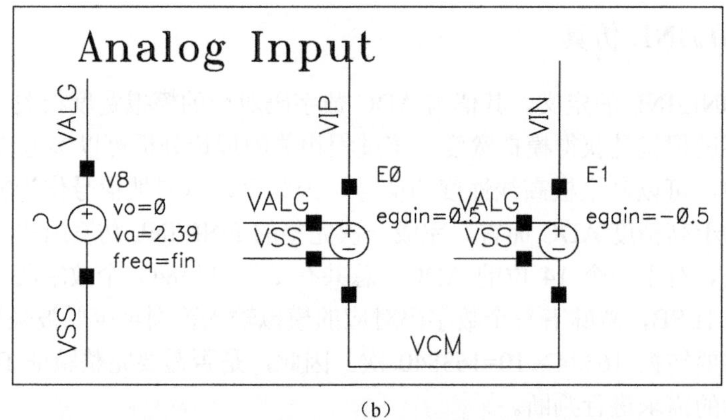

（b）

图 6-15　DNL/INL 仿真所用模拟激励斜坡信号

DNL/INL 仿真波形结果如图 6-16 所示，其中 SAMPLE 为采样信号，VALG 为斜坡模拟输入信号，VADC 为 ADC 转换结果对应的理想 DAC 转换输出。

图 6-16 分为图（a）全局与图（b）局部两部分，根据 VADC 的值可以统计对应同一个模块输入宽度范围内输出的数字码分布。

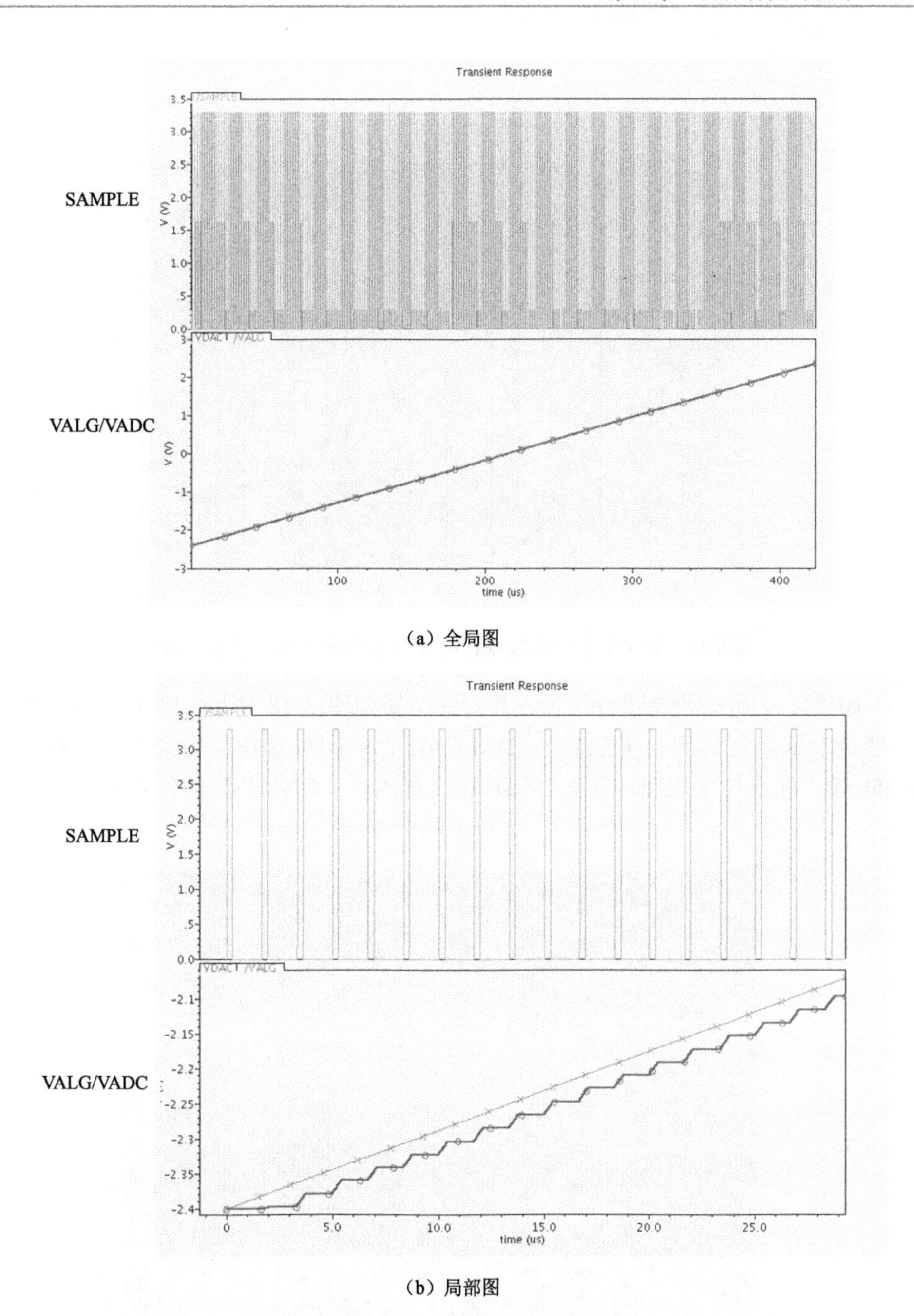

（a）全局图

（b）局部图

图 6-16　DNL/INL 仿真波形结果

由于只有 256 个输出码，如果以 14 位分辨率进行统计，必定有很多码是空缺的，其对应结果如图 6-17 所示。

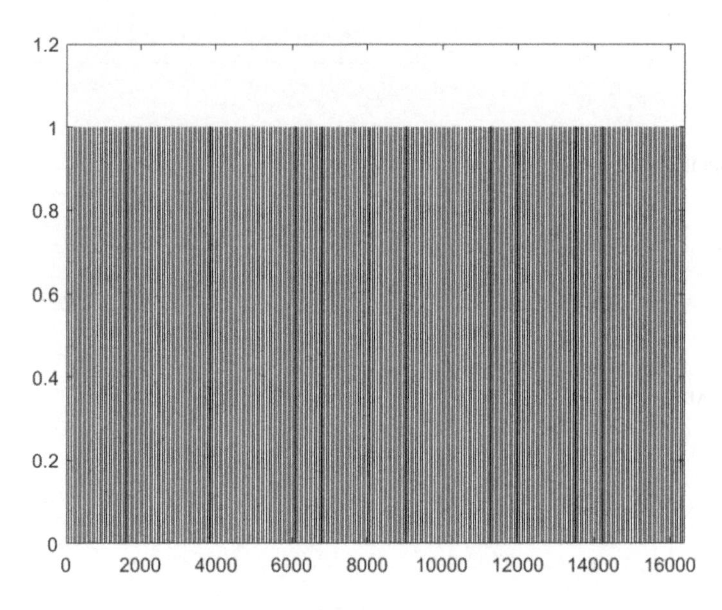

图 6-17　输出数字码频次统计图（14 位分辨率），有很多失码

如果以 7 位分辨率进行统计，其对应结果如图 6-18 所示。对于图 6-17，由于理论上就存在失码，无法判断 DNL/INL。对于图 6-18，理论上仿真精度为 0.25LSB。仿真结果表明，在 0.25LSB 精度范围内，DNL/INL 的值为 0。

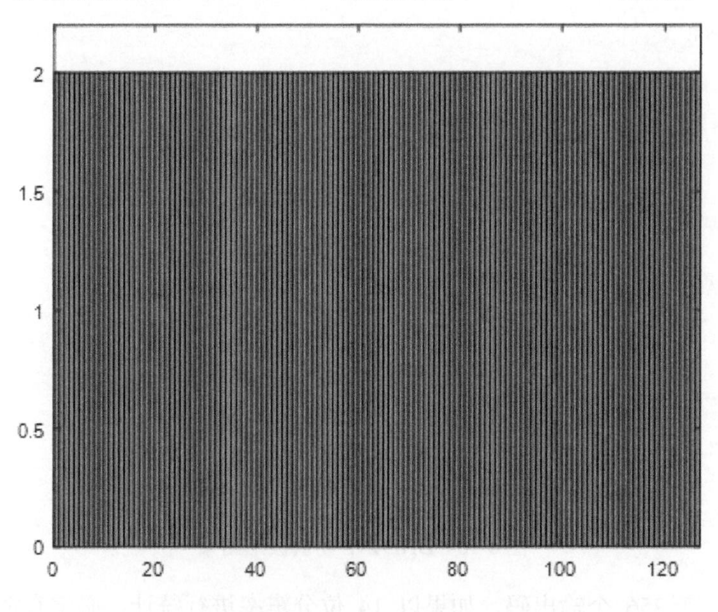

图 6-18　输出数字码频次统计图（7 位分辨率），无失码

6.2　接口电路与整体布局

加入接口电路之后的 SAR ADC 整体布局如图 6-19 所示。图中除 SAR ADC 核心模块（CDAC、开关、比较器与 SAR 逻辑）之外，还有时钟产生模块与数据输出模块。时钟产生模块由差分转单端放大器与反相器链构成。数据输出模块利用触发器进行数据同步，利用驱动电路驱动片外负载。

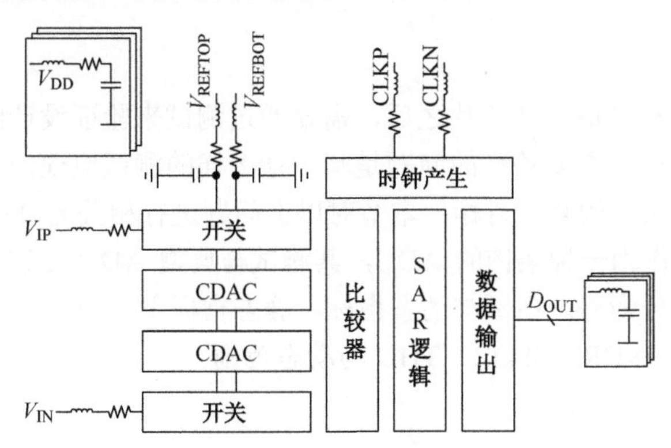

图 6-19　加入接口电路之后的 SAR ADC 整体布局

在实际设计中，需要考虑封装引线寄生电感的影响，因此在所有的端口均串联电感。电感的具体值需要根据实际封装情况来确定。一般情况下，引线的电感可以采用经验值 1nH/mm。对于模拟输入信号 V_{IP}/V_{IN} 与时钟输入信号 CLKP/CLKN 等交流信号，在引线之后可以串联较小阻值的电阻（一般为欧姆量级）用于增大阻尼系数，减小振荡。对于基准信号与电源、电压等直流信号，除加入电阻之外，还可以在核心电路附近放置解耦电容（一般为 pF 量级），用于稳定直流电压。数据输出模块需要驱动引线电感与负载电容，加入相应值进行仿真评估。此外，芯片的供电也会显著影响 ADC 最终的性能。对于敏感的电路模块，需要单独供电。多个模块如果共用一组电源，需要采取星形连接以防止不同模块的电流流过同一引线电阻而引起串扰。

第 7 章 SAR ADC 测试

SAR ADC 在完成设计流片之后，需要通过测试来验证设计的正确性与最终的性能。对于测试，主要关注的问题是基于什么样的测试原理，利用什么样的测试环境，实现什么样的测试目标。本节对以上问题进行相关的讨论。

SAR ADC 作为一种架构的 ADC，其测试与典型 ADC 测试一致。主要测试的性能指标可以分为静态指标与动态指标。静态指标主要为 DNL、INL。动态指标主要为 SNR、SNDR、SFDR、THD 与动态范围。

7.1 测试系统

电路设计完成流片之后，首先需要考虑的是封装。高速、高精度 ADC 对于封装的引脚排布、引线长短都十分敏感。在进行版图设计时，就需要考虑到芯片的引脚排布。引脚排布的设计原则以电压域进行划分。主要的电压域可以分为：模拟电压域——模拟输入驱动器等模拟电路的供电电压；数字电压域——逻辑模块等数字电路的供电电压；比较器电压域——比较器、DAC 的供电电压（比较器与 DAC 工作时间不重叠，可以采用一个电压域）；I/O 电压域——数据接口的供电电压。在这些电压域中，模拟电压域与比较器电压域比较敏感，封装的引线相对要求较短，可以将芯片上分布有相关引脚的一侧更加靠近框架边缘，使得封装引线更短；而数字电压域、I/O 电压域等较不敏感的一侧可以相对远离框架边缘。以上所采用的封装方式为非中心对称封装。此外，变化比较剧烈的数字信号应该与比较敏感的模拟信号排布距离较远，并利用一定的电源/地引脚进行隔离。

典型的 ADC 测试系统如图 7-1 所示。信号发生器输出优于待测试 ADC 性能的信号 V_{IN} 给 SAR ADC。在时钟发生器输出的时钟 CLK 驱动下，SAR ADC 将 V_{IN} 进行转换，得到数字信号 D_{OUT}。数据采集卡采集数字输出信号后，可以进行进一步分析，得到 ADC 的性能指标。对于该测试系统，需要解决的主要问题是信号发生器、时钟发生器、数据采集卡的性能指标以及 SAR ADC 测试电路板设计。笼统地说，各项测试设备的性能指标应优于待测试 ADC 的性能指标。

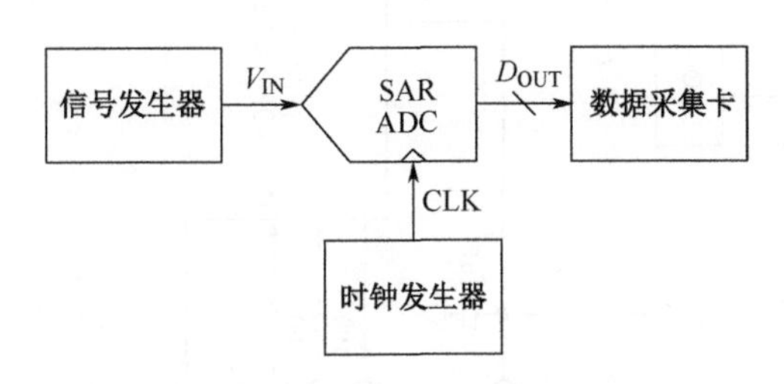

图 7-1　典型的 ADC 测试系统

信号发生器需要输出高线性度、低噪声的正弦信号。一般较低成本的信号发生器的线性度较差，输出信号频率范围较低。当输入信号频率大于 1MHz 时，谐波失真可能大于−40dBc，导致能够测试的 ADC 性能低于 6.5 位。采用较高成本的信号发生器可以输出较大频率范围的信号，但是其线性度仍较差。因此，需要通过一定手段提高信号发生器输出信号的线性度。可以采用带通滤波器滤除所需频率分量以外的其他频率信号以提高线性度，也可以通过购买定制的高端带通滤波器。滤波器自身也有性能限制，需要根据实际测试要求进行选择。时钟发生器需要输出驱动 ADC 的时钟信号。ADC 时钟信号的主要关注点是抖动噪声。时钟信号的抖动会导致 ADC 采样的时刻不确定，形成采样噪声。数据采集卡依据 ADC 的接口特点与频率进行选择：在低频情况下，采用 CMOS 接口数据采集卡即可；在高频情况下，可能需要考虑 LVDS 接口数据采集卡。

典型 ADC 测试电路（AD7380/7381）如图 7-2 所示。差分模拟输入信号经过缓冲器驱动后，再经过低通滤波器滤波输入 SAR ADC 芯片。基准信号通过缓冲器驱动输入芯片，同时在输入口附近连接解耦电容。外部电源经过 LDO 稳压，再输入测试芯片。在各个电源、基准端口都放置解耦电容，以稳定直流输入电源与信号。ADC 转换得到的数据通过 SPI 串行端口进行输出。

ADC 测试电路板需要考虑的主要问题是各个电压域信号的隔离。电源电压、基准电压等直流输入通过解耦电容进行稳定。模拟输入通过滤波器提高性能。各个 LDO、缓冲器等需要依据测试芯片的性能进行具体选择。

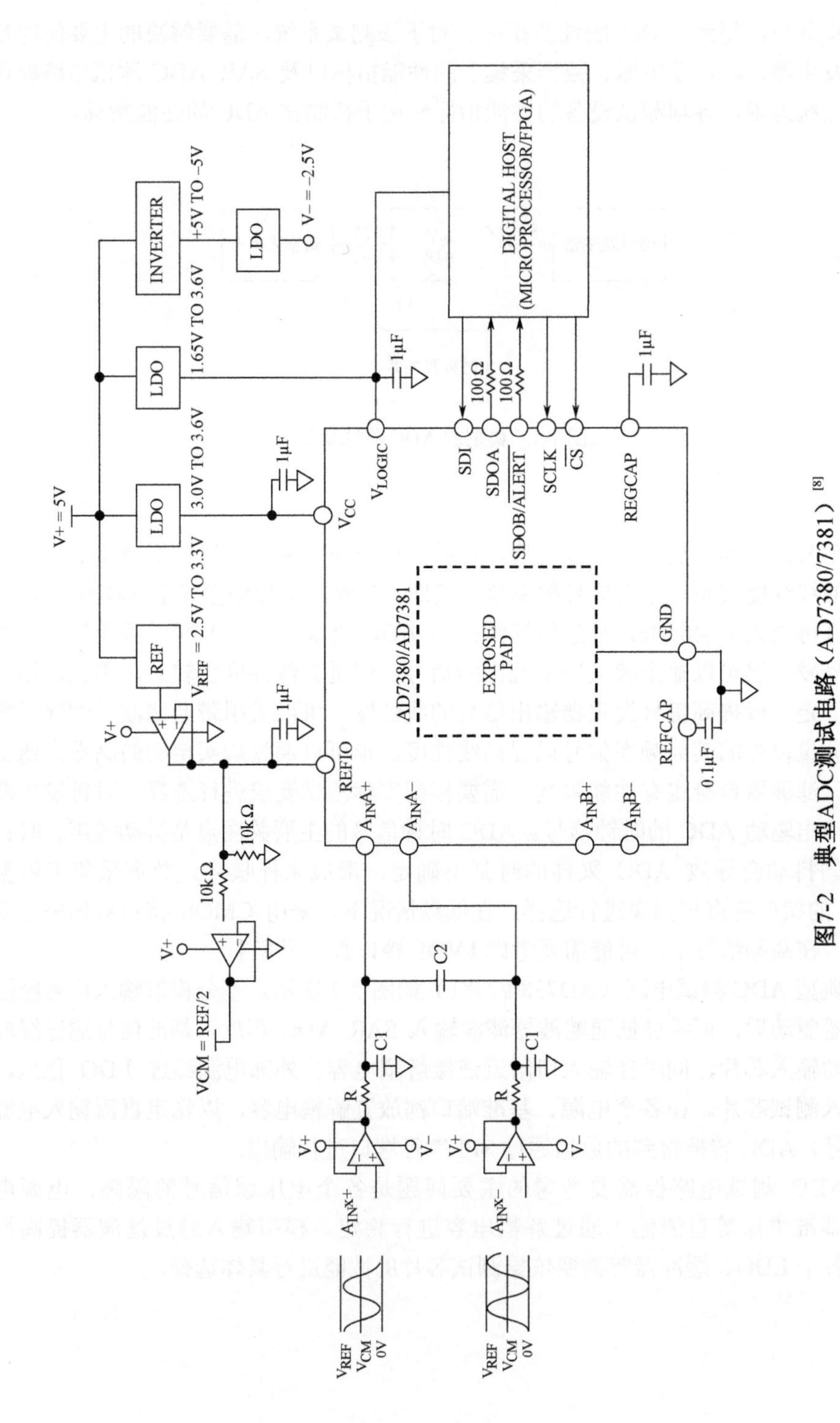

图7-2 典型ADC测试电路（AD7380/7381）[8]

7.2　静态测试

ADC 静态测试的目的是获得 INL 与 DNL 性能指标。根据 INL 与 DNL 的定义，INL 与 DNL 需要通过测量每一个数字码对应的模拟输入宽度获得。利用测试数字码的密度图可以计算 INL 与 DNL。

最简单的情况为斜坡信号输入。当图 7-1 中信号发生器产生的信号为理想斜坡信号时，对应无 INL 与 DNL 误差的理想 ADC 转换得到的数字码密度图如图 7-3（a）所示，对应有 INL 与 DNL 误差的实际 ADC 转换得到的数字码密度图如图 7-3（b）所示。除最小与最大数字码由于饱和导致对应的码密度较多以外，其余数字码对应的码密度可以用于推算出每一个数字码对应的 DNL 与 INL。理想情况下，每一个数字对应模拟输入宽度一致。对应输入概率一致的理想斜坡输入，输出数字码的密度也应该一致。如果某一个数字码对应的密度增大，意味着该码对应的模拟输入宽度较宽，具有正的 DNL 误差。累加之前各数字码的 DNL，可以得到该位数字码对应的 INL。例如，图 7-3（b）码“001”的 DNL = 0，码“010”的 DNL = 0.5LSB，码“011”的 DNL=1LSB，以此类推。

结合斜坡信号与码密度图可以推算出 DNL 与 INL，但是要求斜坡信号具有优于被测试 ADC 自身的线性度。理想斜坡信号及其密度函数图如图 7-4 所示。实际测试中，满摆幅、高线性度的斜坡信号难以产生，也不具有滤波器等类似电路可以可靠、有效地提高线性度的方法。但是以上测试方法本质上是以一个已知幅度密度的信号作为输入信号，将该输入信号输入未知 DNL 与 INL 误差的 ADC 中，根据输出结果转换数字码密度，推算该 ADC 的 DNL 与 INL 误差。因此，可以采用正弦波信号进行测试。

如图 7-5 所示，正弦波输入信号的密度不再均匀，类似于“澡盆”形状。正弦信号可以利用滤波器进行滤波，提高其线性度。相较于斜坡信号，正弦信号更容易用于测试。并且理论分析表明，只需要正弦信号的摆幅大于 ADC 输入范围，并不需要关心正弦信号的具体摆幅与直流偏差（Offset）。测试时需要注意的是，ADC 采样的正弦信号需要是完整周期的，也就是数据的头和尾后面一个数据是重复的；但是在数据内部，采样模拟信号是不能重复的。为了保证 ADC 的动态误差不影响静态测试，一般选择较低频率的输入正弦信号，并且需要选择足够多的点，以保证每一个数字码所对应的模拟区间都能够被充分采样到。具体的理论分析可以参考文献[2]。具体的测试代码可以参考附录 B。

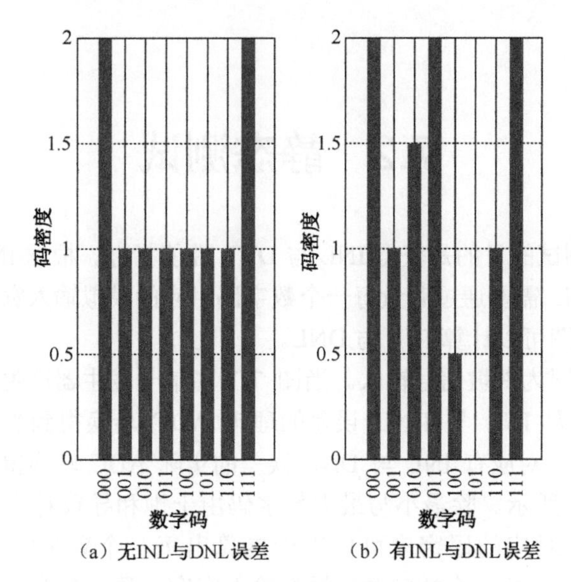

图 7-3　SAR ADC 转换数字码密度图

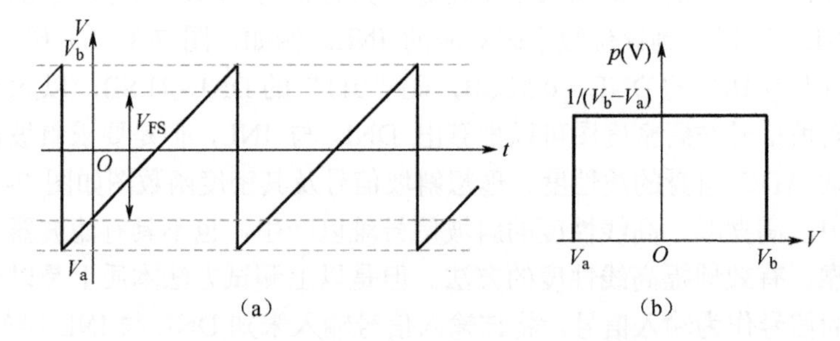

图 7-4　理想斜坡信号及其密度函数图

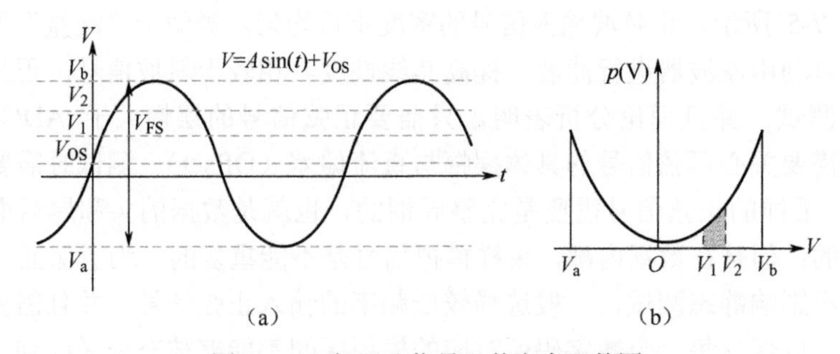

图 7-5　理想正弦信号及其密度函数图

7.3　动态测试

静态测试时，输入模拟信号的频率较低，主要用于测试 DNL 与 INL，无法表现出 ADC 性能随着输入信号频率变化而变化的特征。动态测试用于评估 ADC 在不同频率条件下 SNR、SNDR、SFDR、THD、动态范围等指标。在采样频率为 f_S、输入信号频率为 f_{in} 的条件下，对 ADC 输出数字码进行频谱分析。利用图 7-1 所示的测试系统，先在模拟输入端加入经过带通滤波器处理的正弦信号，将 ADC 转换获得的数字码通过数据采集卡进行采集，然后在 PC 端进行数字傅里叶变换（Digital Fourier Transform），得到输出数字的频谱图。根据数字频谱图就可以计算出该频率条件下的各项动态指标。

动态测试需要关注的问题是如何设置模拟输入信号的频率 f_{in} 以及采样点数 N。为使数字傅里叶变换计算方便，采样点数 N 取值为 2^k，其中 k 为整数。该数字傅里叶变换也被称为快速傅里叶变换（Fast Fourier Transform，FFT）。根据数字傅里叶变换原理，对以采样频率 f_S 采样得到的 N 个点进行数字傅里叶变换，变换到数字频谱图上也为 N 个点。从 0～f_S 对应 N 个频率点数据，意味着该频谱的频率分辨率为 f_S/N。不同采样点 FFT 对应的数字频谱如图 7-6 所示。对于相同的 ADC，随着采样点数 N 的增加，频谱的噪声基底随之降低，相应信号与谐波分量就更加明显。1024 点 FFT 可以较清晰地分辨 5 次谐波以内的分量，4096 点 FFT 可以基本分辨 7 次谐波以内的分量，16384 点 FFT 可以清晰地分辨所有谐波分量。因此，采样点数的选择是基于待测试的 ADC 性能本身的。理论上，每增加 1 倍的采样点数，就可以将噪声基底降低 $10\lg(N/2)$dB。

在确定采样点数 N 之后，需要确定模拟输入信号的频率 f_{in}。根据 FFT 算法的要求，N 个采样点不能重复采样，也就是 N 个采样点需要满足相干采样（Coherent Sampling）的要求。如果不满足相干采样条件，采样点数 N 中有效的点数将会下降。相干采样要求 $f_{in}/f_S=M/N$，其中 M 与 N 为互质（除 1 之外没有公约数）自然数。图 7-7（a）与（b）均有 N+1 个采样点。图 7-7（a）中采样点 0～$(N/2-1)$与采样点 $N/2$～$(N-1)$重复，不满足相干采样，有效采样点数仅为 $N/2$；图 7-7（b）中采样点 0～$(N-1)$均不重复，满足相干采样，有效采样点数为 N。

确定采样点数 N 与模拟输入频率 f_{in} 之后，需要考虑采样信号的非周期性。虽然理论上采用相干采样可以保证采样信号的周期性，但是在实际测试中，准确地输出某个频率的信号 f_{in} 比较困难。如果直接分析采集得到的数字量，可能由于首尾不连续而导致发生频谱泄漏的问题。因此，实际测试的时候可以采用窗函数进行分析。例如 128 点的 Hamming 窗函数的时域波形图与频谱图如图 7-8 所示。时域上，窗函数在首尾接近于 0。通过将窗函数与采样数据时域相乘可以保证输出数据首尾一致，形成周期采样。

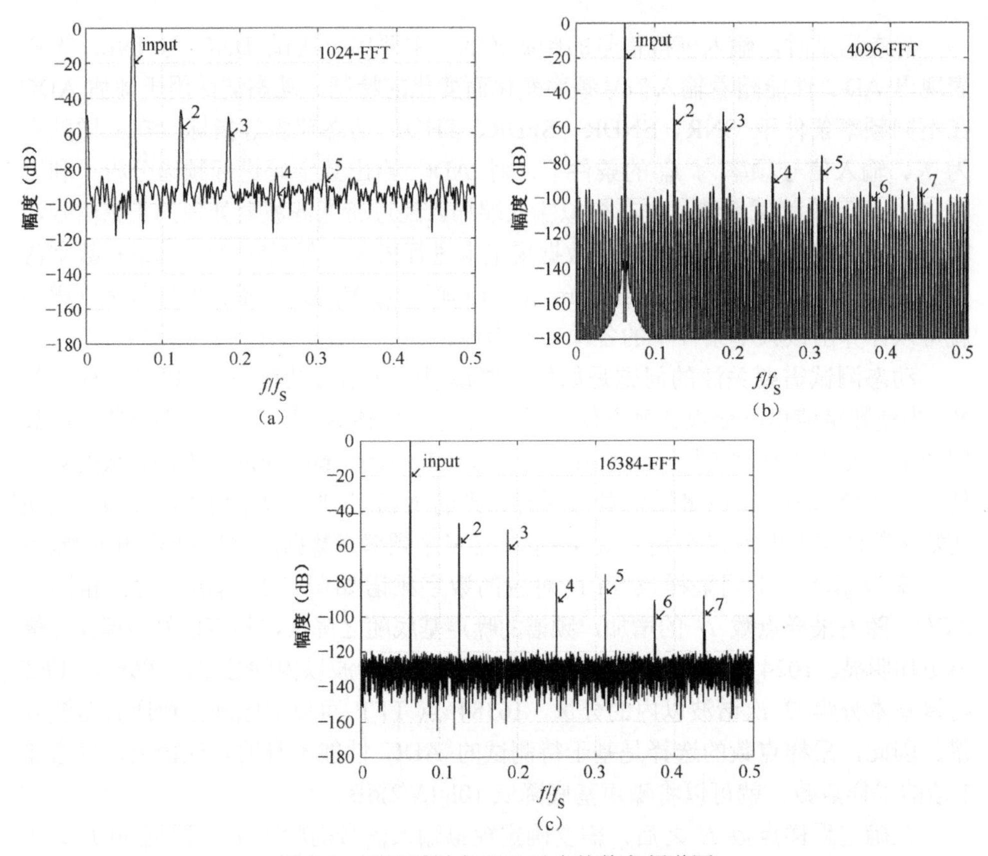

图 7-6 不同采样点 FFT 对应的数字频谱图

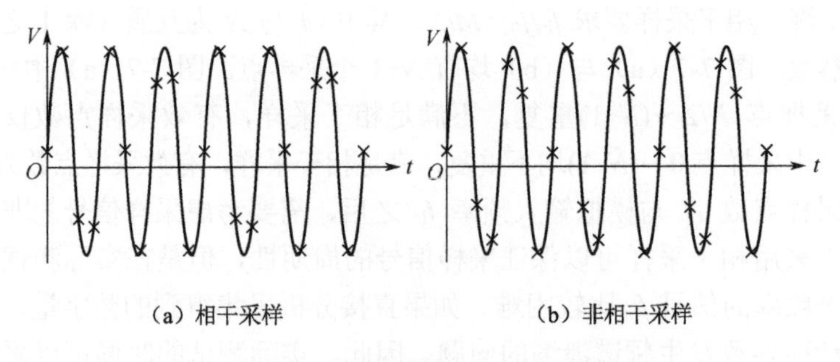

图 7-7 相干采样与非相干采样

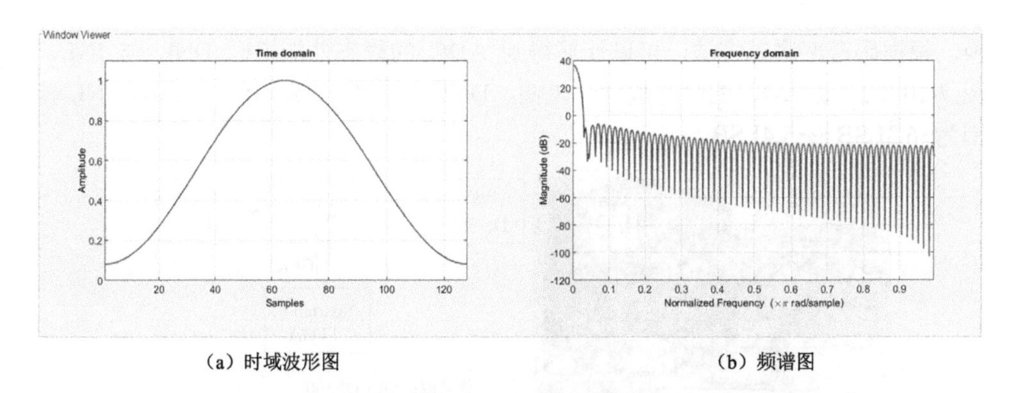

（a）时域波形图　　　　（b）频谱图

图 7-8　128 点的 Hamming 窗函数的时域波形图与频谱图

不同的窗函数在时域上都必须保证首尾接近于 0，而中间函数形状有所不同。在频域上，不同窗函数主瓣宽度与旁瓣高度不一样。主瓣越宽，会导致信号分散点越多，降低频率分辨率；而旁瓣越高，会导致频谱越容易泄漏。对于不同信号，需要采用不同的窗函数，具体可以参考信号分析相关教材。

完成以上设置之后，可以获得类似于图 7-6 所示的频谱图，获得输入信号 input 分量能量 P_S、各谐波分量能量 P_H（图中的数字表示谐波次数）、噪声分量能量 P_N（图中黑色部分为噪声）。可以计算得到 $SNDR=10lg[P_S/(P_H+P_N)]$、$SNR=10lg[P_S/P_N]$、$THD=-10lg[P_S/P_H]$等。ADC 动态范围是通过扫描输入信号的摆幅，寻找 SNDR 为最大值对应的输入摆幅与 SNDR 为 0dB 对应的摆幅，根据找到的摆幅进行计算得到的。

7.4　二步式 SAR ADC 测试结果

二步式 SAR ADC 测试环境如图 7-9 所示，包括测试印制电路板（Printed Circuits Board，PCB）、现场可编程逻辑门阵列（Field Programmable Gate Array，FPGA）与逻辑分析仪。测试 PCB 接收外部模拟输入信号、电源与基准信号。ADC 数字输出传输到逻辑分析仪再转移到电脑进行数据分析；FPGA 用于产生芯片在测试模式下所需要的控制信号。由于该 ADC 采样频率相对较低，因此时钟信号通过 FPGA 开发板直接提供。

对 SAR ADC 分别进行静态性能测试与动态性能测试。

1. ADC 的静态性能测试

采样频率为 600kSPS 条件下，ADC 对超量程低频差分正弦信号进行模/数转换。根据码密度测试方法，可以计算得到 ADC 的静态性能指标 DNL 与 INL。图 7-10（a）是 ADC 的静态线性误差图，DNL 范围为+1.5LSB～-1LSB，INL 范围为+6.3LSB～-5.4LSB。

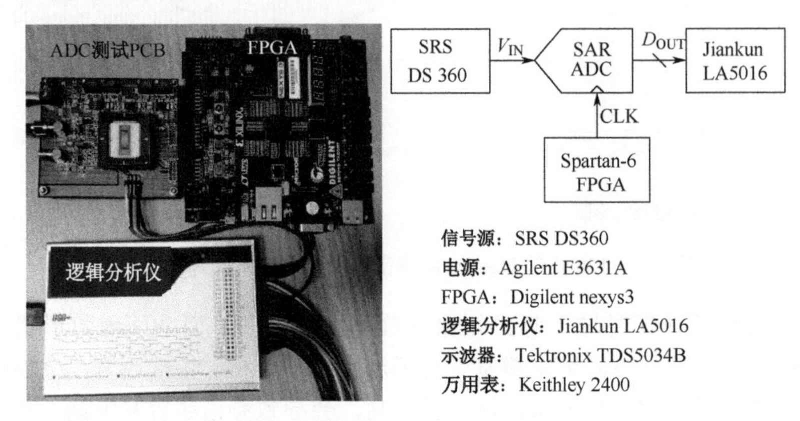

图 7-9　二步式 SAR ADC 测试环境

2. ADC 的动态性能测试

采样频率为 600kSPS 条件下，ADC 对交流输入信号进行模/数转换。根据输出信号的频谱图[见图 7-10（b）]计算得到 ADC 的动态性能指标（见表 7-1），ADC 的 SFDR 为 80.81dB、SNR 为 73.90dB、THD 为-80.33dB、SNDR 为 73.01dB。

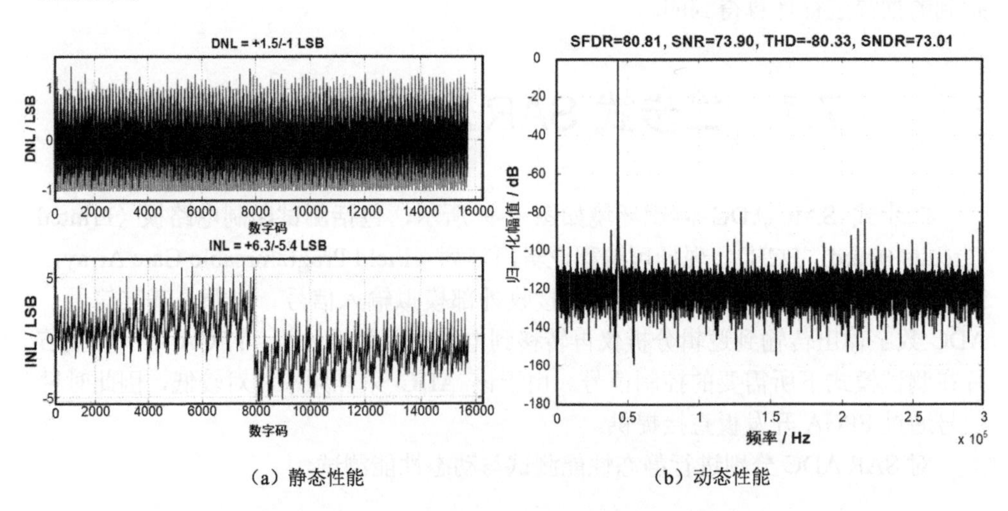

（a）静态性能　　（b）动态性能

图 7-10　二步式 SAR ADC 静态性能与动态性能

表 7-1　SAR ADC 动态性能指标

参数或指标	值
工艺	180nm 1P4M CMOS
供电电压	3.3V
分辨率	14 位
采样频率	600kSPS
面积	$0.18mm^2$
输入电压范围	±2.4V
DNL	+1.5LSB/−1LSB
INL	+6.3LSB/−5.4LSB
SNR	73.90dB
SNDR	73.01dB
SFDR	80.81dB
ENOB	11.84 位
功耗	500.9μW

第 8 章

校正算法

SAR ADC 相比于其他 ADC 架构，其优势在于均衡性。它能够在保持中等分辨率（6～10 位）和高采样频率的基础上实现更高的能效比。但是随着分辨率的提高，CDAC（10 位以上）的电容匹配度将逐渐开始限制 SAR ADC 的性能，甚至会产生失码的情况。因此，更高精度的 SAR ADC 必须进行校正。本章将会对现有的 SAR ADC 校正算法进行分析，并阐述实际设计中应用较为广泛的一种基本校正算法。

8.1 校正技术概述

对于一个单端 N 位 SAR ADC 而言，在完成一次完整的模/数转换后，CDAC 的输入和输出信号之差 V_{error} 可以表示为

$$V_{\text{error}} = -V_{\text{IN}} + 2^{-N}\sum_{i=1}^{N} b_i w_i V_{\text{REF}} \tag{8-1}$$

式中，V_{IN} 为输入信号，$0 \leqslant V_{\text{IN}} \leqslant V_{\text{REF}}$；$V_{\text{REF}}$ 为参考电压；b_i 为第 i 位比较器的比较结果，其值为 0 或 1；w_i 为 b_i 对应的权重，其理想值为 2^{N-i}。

由于 CDAC 的电容失配，实际的权重会偏离理想值，因此 V_{error} 会大于 1LSB，甚至达到几十 LSB。校正算法的目的在于降低电容失配产生的影响，提高 SAR ADC 的有效位。校正算法一般有两种分类方式：一种是根据校正的改变量进行分类，可以分为模拟校正和数字校正；另一种是根据校正的工作阶段进行分类，可以分为前端校正和后端校正。模拟校正是指通过改变电容阵列上的电容容值来校正失配的电容权重，使得输出的编码值与输入的偏差降低；数字校正是指直接对电容权重进行校正，改变输出编码；前端校正是指在芯片上电之后、正常工作之前的一段时间内对电容的权重进行校正，校正结束后，芯片再进入正常

的转换工作；后端校正是指芯片在正常工作的过程中，同步对电容的权重进行校正。根据两种分类方式，实际应用的校正算法分为 4 种，分别是模拟前端校正、模拟后端校正、数字前端校正和数字后端校正，如图 8-1 所示。下面将对四种校正算法进行分析，并对各种校正算法的应用环境和特点进行对比。

图 8-1 校正算法分类

8.2 模拟前端校正

模拟前端校正是模拟校正和前端校正的结合，它是在芯片上电之后一段时间，正常工作前，在模拟域对电容失配进行消除。其标志性特征是包括两个 CDAC，一个为传统 SAR ADC 的主 CDAC，另一个是校正 CDAC。校正 CDAC 用于存储一定范围的电容失配量，并通过串联电容接入主 CDAC。此种校正方式包括两个工作阶段：校正阶段和正常工作阶段。在校正阶段，系统通过一定的算法对电容的失配量进行测量和存储；在正常工作阶段，将校正阶段存储的失配量通过校正 CDAC 转换成模拟量叠加在主 CDAC 上，从而消除主 CDAC 的电容失配。模拟前端校正示意图如图 8-2 所示。

模拟前端校正可以有效地校正电容失配，但是其对比较器的失调电压要求较高。如果比较器的失调电压过大，校正阶段得到的校正系数将不能够正确反映电容的失配误差，导致校正编码偏差过大，在正常工作阶段，可能会进一步增大电容失配引起的误差。因此，一般而言，采用模拟前端校正时，需要先对比较器的失调进行校正，然后再对电容失配进行校正。

模拟前端校正的优点是避免了复杂的数字校正电路设计，简化了数字设计的流程，易于被设计人员应用于实际设计中。但是其缺点也很明显，当校正完成之后，如果环境参数发生变化，存储的电容失配信息并不会跟随外部变化而改变。模拟前端校正先进行校正再进行工作的设计，决定了它并不能进行实时的信息采集。

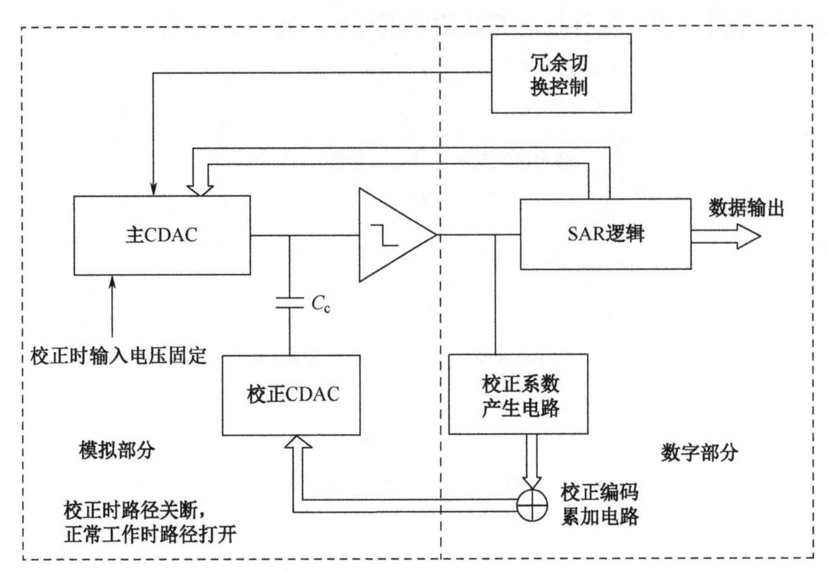

图 8-2　模拟前端校正示意图

8.3　模拟后端校正

模拟后端校正是指芯片在正常工作时，对电容的失配进行校正，并且将校正得到的系数反馈回校正 CDAC，再进行下一轮的校正，如此循环，达到实时校正的目的。模拟后端校正与模拟前端校正相类似，也包括两个 CDAC：主 CDAC 和校正 CDAC，校正 CDAC 通过与一个电容串联接入主 CDAC。模拟后端校正也包括两个阶段：校正阶段和正常工作阶段。区别在于，模拟前端校正的校正阶段处于芯片上电后，系统正常工作状态之前；而模拟后端校正的校正阶段处于系统正常工作阶段中。模拟后端校正因为校正阶段和正常阶段在同一个周期内，所以工作时序相比于传统的 SAR ADC 有所不同：首先对信号进行采样，然后从 CDAC 高位进行量化，当量化至校正位时，SAR ADC 进入校正状态，校正电容接 V_{CM}，高位电容保持当前状态不发生改变，低位电容全部接基准电压，与校正电容切换前的比较器输出结果相比较，得到的校正编码通过校正 CDAC 耦合到主 CDAC 阵列中，实现校正当前电容失配的目的。完成上述过程之后，这一周期的校正状态完成，将校正电容切换至校正前状态，系统进入正常的工作状态，与传统的 SAR ADC 一样进行正常的开关动作切换。模拟后端校正示意图如图 8-3 所示。

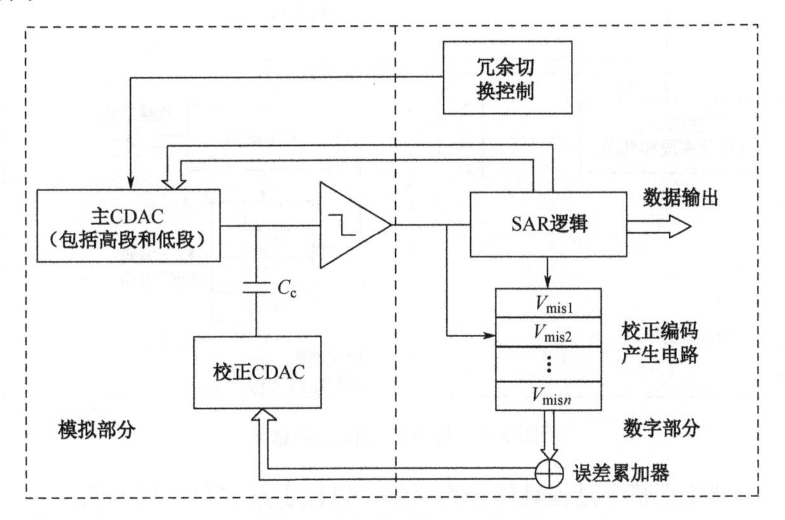

图 8-3　模拟后端校正示意图

目前，关于模拟后端校正的文献较少，因为其时序工作切换较为复杂。虽然相比于模拟前端校正，模拟后端校正能够实现实时校正，但是频繁的开关切换，会使得电荷注入的效果叠加，影响正常工作状态下比较器的输出结果。并且，将校正阶段和正常工作状态放置于同一个工作周期，需额外增加多个时钟周期，用于校正时的开关切换，导致整体采样频率降低。因此，模拟后端校正不适合高速 SAR ADC 设计。

实际应用时，模拟后端校正会采用后期电容修调技术，而不是直接在工作阶段增加时钟周期进行校正。此种修调技术，是直接根据输出的结果对电容值进行修正，虽然自动化程度相比于上述方案的低，但是简洁实用，易于操作。

8.4　数字前端校正

数字前端校正是在芯片上电之后，正常工作阶段之前，在数字域对 CDAC 的电容失配进行校正。和模拟前端校正不同的是，它并不对电容值进行修调，而是对电容权重进行改变。当系统处于校正阶段时，对电容权重进行重新计算，并且将计算得到的每一位电容权重存储起来，用于在正常工作阶段对输出编码进行改善。在正常工作阶段，将传统 SAR ADC 得到的输出编码与每位的权重相与，得到校正之后的输出编码。数字前端校正的示意图如图 8-4 所示。

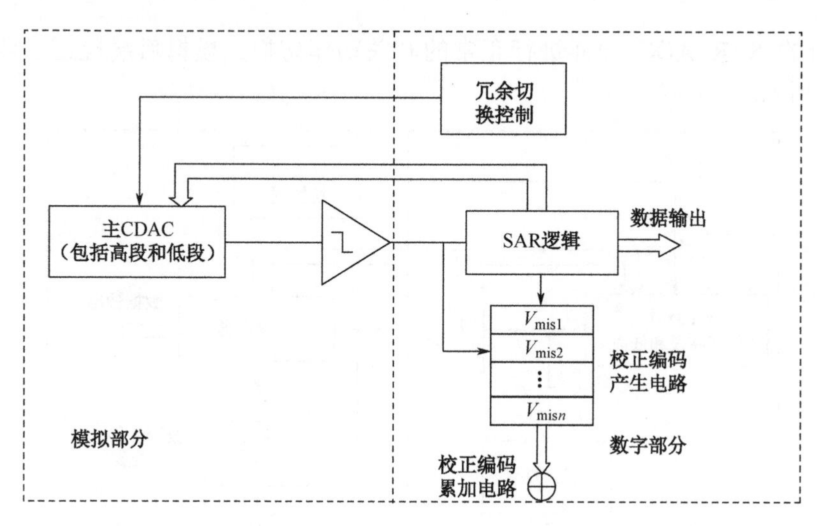

图 8-4　数字前端校正示意图

数字前端校正整个过程具体分为两步，以校正第 N 位电容为例：

（1）SAR ADC 采样之后，CDAC 对信号进行量化，先将第 N 位电容接基准电压，其他位电容正常进行量化，保存此时的输出编码，然后再将第 N 位电容接零，其他位正常进行量化，再次保存此时的输出编码。

（2）将两组编码相减，得到第 N 位的权重失配，利用差值进行一定的编码运算，对第 N 位电容的数字权重进行更新，如此，完成了第 N 位的校正。

如此得到全部电容的更新权重，在正常工作阶段，将它们与输出编码进行数字处理，校正之后得到的输出编码相比于校正之前，电容失配的影响进一步缩小。

8.5　数字后端校正

数字后端校正是相对比较复杂的一种校正方式，它是在 SAR ADC 已经输出编码之后，在数字域进行校正。一般而言，数字后端校正需要一个基准参考 ADC，参考 ADC 的精度要求应高于待校正 ADC。数字后端校正通过基准参考 ADC 得到一个相对理想的结果值，并且待校正 ADC 也产生一个结果值，将两个结果值相减，得到的误差用于修正电容失配的权重。数字后端校正示意图如图 8-5 所示，信号分别由待校正 ADC 和参考 ADC 进行采样量化。参考 ADC 的采样频率低于待校正 ADC（参考 ADC 的采样频率是待校正 ADC 采样频率的 $1/L$），目的在于使得参考 ADC 的输出编码更加精确，之后将待校正 ADC 和参考 ADC 的输出编码进行处理，得到误差 e，并用这个误差来更新待校正 ADC 的权重。校正权重的公式如下：

$$w_j(k+1)=w_j(k)+\mu e(n)x(n+1-j) \tag{8-2}$$

式中，k 是更新的次数；μ 是迭代步长；w 是 j 位的权重。通过多次迭代，能够进一步提升权重的精度。迭代步长根据实际需求进行确定。

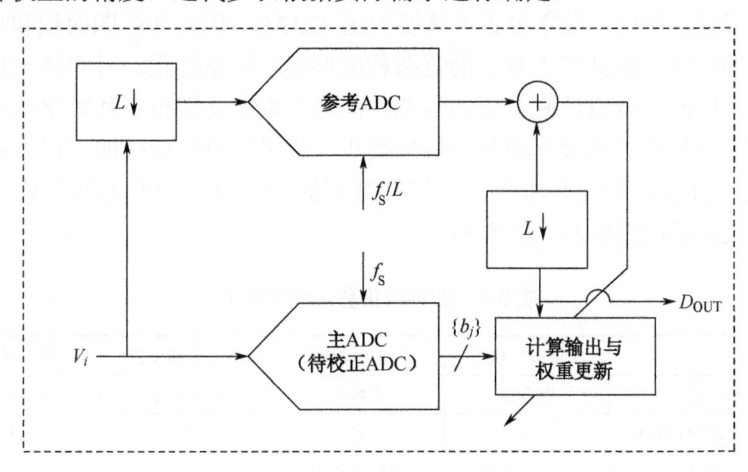

图 8-5　数字后端校正示意图

一般而言，参考 ADC 本身也存在失配，导致校正得到的权重并不准确。因此，在应用数字后端校正时，一方面可以通过选择高精度参考 ADC 来提升校正权重的准确度，另一方面可以通过设置多个参考 ADC，以取平均值的方式来提升校正权重的精度。

数字后端校正的优点是可以根据环境的变化实时调整参数，因此易于应用在实时的信息采集系统中。但是数字后端校正的复杂性相对于其他类型的校正而言更高，这增大了设计的难度。

8.6　校正算法总结

模拟前端校正、模拟后端校正、数字前端校正和数字后端校正都有各自的特点以及各自的应用场景。

模拟前端和模拟后端校正都包括一个校正 CDAC，用于存储电容的失配量，其本质都是为了改变主 CDAC 的电容值，但是对于电容失配过大的情况，这两种校正方式都存在无法校正回来的问题。如果需要对电容值进行更精确的调整，校正 CDAC 的阵列规模会进一步扩大，因此，最终的芯片面积较大，整体成本较高。实际应用模拟校正算法时，需要在校正精度和成本之间进行平衡。模拟前端校正适用于对采样频率要求较高，并且环境变化不明显的情况；而模拟后端校正因为是在正常工作阶段额外增加周期进行的，所以相同情况下，模拟后端校正的采样频率会相对更低一些；但因为它是实时校正，所以能够在环境因素影响较大的情况下实现较好的校正效果。

和模拟校正相比，数字校正不需要校正 CDAC，因此在版图面积和功耗方面具有一定的优势，但其校正算法的复杂程度要超过模拟校正，时序控制也与模拟校正不同，因此综合设计时会更加复杂。而对于数字前端校正和数字后端校正而言，数字前端校正因为没有和数字后端校正一样采用反复迭代的工作方式，所以没有收敛性问题，系统更加稳定，但是得到的校正权重精度也低于数字后端校正。四种校正算法性能对比见表 8-1。

表 8-1　四种校正算法性能对比

	模拟前端校正	模拟后端校正	数字前端校正	数字后端校正
校正量	电容值	电容值	电容权重	电容权重
是否需要辅助 CDAC	是	是	否	否
校正时机	正常工作前	正常工作中	正常工作前	正常工作中
版图面积	大	大	小	小
功耗	高	高	低	低
可靠性	好	好	好	差
速度	快	慢	快	慢

目前，随着工艺的不断进步和发展，纳米工艺下 CMOS ADC 的设计趋势是，朝着全数字后台自适应校准架构方向发展。因此，数字校正会在未来 ADC 设计中具有越来越广泛的应用。如何解决系统收敛性、稳定性以及降低设计的复杂度，是未来校正算法研究的核心。

8.7　校正应用实例——模拟前端校正应用

模拟前端校正是目前应用于 SAR ADC 校正电容失配最广泛的校正算法，因此本节将介绍一种模拟前端校正的应用实例，供各位读者参考。正如本章前面所提到的，一般采用模拟前端校正对电容失配进行校正时，需要额外对比较器的失调电压进行校正，提高校正的精确度。因此，本实例同时对电容失配和比较器失调电压进行了校正。实例选用了 15 位主 CDAC 和 13 位校正 CDAC，如图 8-6 所示。

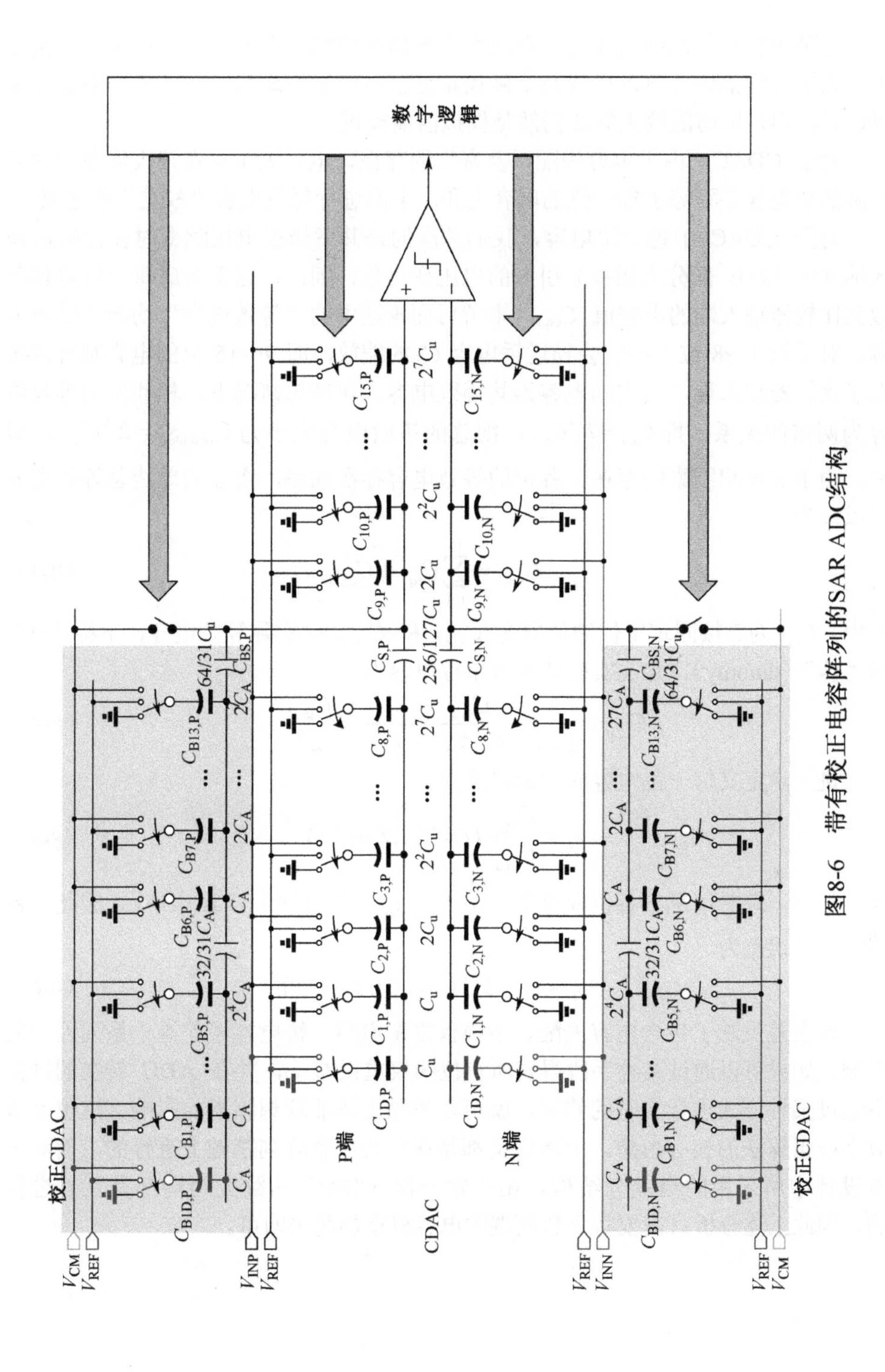

图8-6 带有校正电容阵列的SAR ADC结构

本节中校正算法的阐述建立在改变电容储存的电荷量来改变“权重”的概念上。为了方便描述计算过程以及实际校正过程中产生的影响，本节将会多次提到“权重”，但是应用的校正算法仍然是模拟前端校正。

对于 CDAC，由于电容失配以及寄生的存在，电容大小存在很大误差，并且实际的总电容并不等于每一位的电容之和。下面进行每位电容“权重”的定义。

对于 CDAC 中每一位电容，我们关注的是其下极板电压跳变时在比较器输入端（即 MSB 部分上极板）引入的电压变化量，因此，这里考虑每一位电容等效到比较器输入端的电容值 $C_{\mathrm{eq},i}$，本节后面论述中的“等效电容”均指该等效电容。对于第 1～8 位，电容会经过桥电容 C_{S} 的缩放，而 9～15 位的电容则直接接在了比较器输入端，其实际电容为其等效电容。在理想情况下，相邻位的等效电容为两倍的关系，即 $C_{\mathrm{eq},i}=2^{i-1}C_{\mathrm{eq},1}$，则总的等效电容大小为 $C_{\mathrm{total,ideal}}=2^{15}C_{\mathrm{eq},1}$。但是，由于非理想因素的存在，各位的等效电容存在偏差，实际的单边总等效电容可以写为

$$C_{\mathrm{total}}=\sum_{i=1}^{15}C_{\mathrm{eq},i}+C_{\mathrm{eq,1D}} \tag{8-3}$$

式中，C_{1D} 为连接固定电位的伪电容 $C_{\mathrm{1D,P}}$ 和 $C_{\mathrm{1D,N}}$ 的实际等效电容，下标“D”指“伪”（dummy）。定义实际的等效单位电容为

$$C_{\mathrm{eq,u}}=\frac{C_{\mathrm{total}}}{1+1+2+4+\cdots+2^{14}}=\frac{C_{\mathrm{total}}}{2^{15}} \tag{8-4}$$

进一步定义每一位电容的实际权重为

$$w_i=\frac{C_{\mathrm{eq},i}}{C_{\mathrm{eq,u}}}\left(i=1_{\mathrm{D}},1,2,\cdots,15\right) \tag{8-5}$$

显然，理想情况下各位权重值大小为 $w_{i,\mathrm{ideal}}=2^{i-1}\left(i=1_{\mathrm{D}},1,2,\cdots,15\right)$。因此，各位的权重误差为

$$\varepsilon_i=w_i-2^{i-1}\left(i=1_{\mathrm{D}},1,2,\cdots,15\right) \tag{8-6}$$

该误差反映了包含电容失配、下极板寄生电容、桥电容误差等一系列因素的影响。如果可以通过某种手段得到所有位的权重误差 ε_i，并在 ADC 转换的过程中通过某种方式进行实时的修调，就可以消除上述非理想因素的影响，这也是该数字校正算法的核心思想。上述定义都是在单边电容阵列基础上进行的，而对于本设计中所采用的全差分结构，由于每一次 CDAC 的跳变两端都是互补进行的，因此上述分析只需要将正负两端的电容权重加起来即可。

$$\begin{cases} C_{\text{total,P}} = \sum_{i=1}^{15} C_{\text{eq},i,\text{P}} + C_{\text{eq,1D,P}} \\ C_{\text{total,N}} = \sum_{i=1}^{15} C_{\text{eq},i,\text{N}} + C_{\text{eq,1D,N}} \end{cases} \tag{8-7}$$

CDAC 的 P、N 端的等效单位电容为

$$\begin{cases} C_{\text{eq,u,P}} = C_{\text{total,P}} / 2^{15} \\ C_{\text{eq,u,N}} = C_{\text{total,N}} / 2^{15} \end{cases} \tag{8-8}$$

P、N 端每一位电容的实际权重为

$$\begin{cases} w_{i,\text{P}} = C_{\text{eq},i,\text{P}} / C_{\text{eq,u,P}} \\ w_{i,\text{N}} = C_{\text{eq},i,\text{N}} / C_{\text{eq,u,N}} \end{cases} \left(i = 1_{\text{D}}, 1, 2, \cdots, 15\right) \tag{8-9}$$

进而，全差分 CDAC 每一位的权重可以写为

$$w_i = \frac{w_{i,\text{P}} + w_{i,\text{N}}}{2} \tag{8-10}$$

根据上面的分析，本节的校正算法利用校正 CDAC 完成对主 CDAC 电容失配误差的表示以及修调。根据前面的分析，理想状况下校正 CDAC 中第 6 位电容 C_{B6} 在 ADC 中所占的权重与主 CDAC 最低位相同，也为“1”。因此，校正 CDAC 中第 i 位电容的理想权重可以写为

$$w_{\text{B}i,\text{ideal}} = 2^{i-6} \left(i = 1, 2, \cdots, 13\right) \tag{8-11}$$

而由于非理想因素的存在，其实际权重为 $w_{\text{B}i}$（i = 1, 2,…, 13）。对于校正 CDAC 中的某一位电容 $C_{\text{B}i}$，当其 P 端电容 $C_{\text{B}i,\text{P}}$ 接 V_{REF}，N 端电容 $C_{\text{B}i,\text{N}}$ 接零电位时，代表该位编码为“1”；反之，当其 P 端电容 $C_{\text{B}i,\text{P}}$ 接零电位，N 端电容 $C_{\text{B}i,\text{N}}$ 接 V_{REF} 时，代表该位编码为“0”。根据此定义得到校正 CDAC 上对应的一个 13 位二进制编码 x，x 中第 i 位记为 $x(i)$。因此可以得到 x 所代表的权重为

$$w_x = \sum_{i=1}^{13} x(i) \cdot 2^{i-6} = \frac{x_{\text{DEC}}}{2^5} \tag{8-12}$$

式中，x_{DEC} 为二进制编码 x 转换成十进制后代表的数值。而由于桥电容 C_{BS} 误差的存在，校正 CDAC 的权重会存在一定的误差，这里用一个不为“1”的系数 k 来表示，因此又得到新的权重表达式：

$$w_x = \frac{k}{2^5} x_{\text{DEC}} \tag{8-13}$$

将 $k/2^5$ 改写为一个新的系数 k_{A}，最终的权重表达式为

$$w_x = k_{\text{A}} \cdot x_{\text{DEC}} \tag{8-14}$$

在理想条件下，第 i 位电容的权重和 1_{D}～$(i-1)$位电容权重之和相等，即

$$w_{i,\text{ideal}} = \sum_{j=1_\text{D}}^{i-1} w_{j,\text{ideal}} = 1 + \sum_{j=1}^{i-1} 2^{j-1} \tag{8-15}$$

但是，由于非理想因素的存在，这两部分也存在误差，记为 εt_i（$i=1, 2,\cdots, 15$），而 εt_i 可以通过电路操作得到用校正 CDAC 的编码表示的结果。下面将介绍如何通过 εt_i 来反推出 ε_i。假设 εt_i 用校正 CDAC 编码标识为 y_i，则

$$w_i = \sum_{j=1_\text{D}}^{i-1} w_j + k_\text{A} \cdot y_i \tag{8-16}$$

对于最高位，可以写出如下方程式：

$$\begin{cases} w_{15} + \sum\limits_{i=1_\text{D}}^{14} w_i = w_\text{total} \\ w_{15} = \sum\limits_{i=1_\text{D}}^{14} w_i + k_\text{A} \cdot y_{15} \\ w_{15} + k_\text{A} \cdot x_{15} = \dfrac{w_\text{total}}{2} \end{cases} \tag{8-17}$$

式中，w_total 为 CDAC 所有位电容总的权重，根据上述定义 $w_\text{total} = 2^{15}$。上述方程组第一个等式反映的是第 15 位与 1_D～14 位实际权重之和等于总的权重，这显然是成立的；第二个等式反映的是第 15 位实际权重与 1_D～14 位实际权重之和的偏差 εt_{15}，用校正 CDAC 表示为 y_{15}；第三个等式反映的是第 15 位实际权重与理想权重的偏差 εt_{15}，用校正 CDAC 表示为 x_{15}。其中，y_{15} 是需要利用电路操作得到的量，而 x_{15} 是该方程组待求解的量，求解可以得到

$$x_{15} = -\frac{1}{2} y_{15} \tag{8-18}$$

对第 14 位进行分析，也可以类似地得到

$$\begin{cases} w_{14} + \sum\limits_{i=1_\text{D}}^{13} w_i + w_{15} = w_\text{total} \\ w_{14} = \sum\limits_{i=1_\text{D}}^{13} w_i + k_\text{A} \cdot y_{14} \\ w_{14} + k_\text{A} \cdot x_{14} = \dfrac{w_\text{total}}{4} \end{cases} \tag{8-19}$$

求解得到

$$x_{14} = -\frac{1}{2} y_{14} + \frac{1}{4} y_{15} \tag{8-20}$$

以此类推可以求得

$$x_i=\begin{cases}-\frac{1}{2}y_{15} & i=15\\ -\frac{1}{2}y_i+\frac{1}{2^2}y_{i+1}+\frac{1}{2^3}y_{i+2}+\cdots+\frac{1}{2^{16-i}}y_{15} & i=14,13,\cdots,1\end{cases} \tag{8-21}$$

为了方便电路设计，假定变量 $x_{16}=0$，$y_{16}=0$，则式（8-21）可以写为如下的迭代形式：

$$x_i=-\frac{1}{2}(y_i-y_{i+1})+\frac{1}{2}x_{i+1}\ (i=15,14,\cdots,1) \tag{8-22}$$

为了得到用校正 CDAC 表示的代表 εt_i 的 13 位编码 y_i，需要在电路中得到能够反映出 w_i 与 $\sum_{j=1_D}^{i-1}w_j$ 之差的电荷量。对于 CDAC 也采用与校正 CDAC 相同的状态定义方式，即对于第 i 位，当其 P 端电容 $C_{i,P}$ 接 V_{REF}，N 端电容 $C_{i,N}$ 接零电位时代表该位编码为“1”；反之，当其 P 端电容 $C_{i,P}$ 接零电位，N 端电容 $C_{i,N}$ 接 V_{REF} 时代表该位编码为“0”，由此得到代表 CDAC 状态的一个 15 位二进制编码，记为 Code，其第 i 位记为 Code(i)，将校正 CDAC 的某一时刻的二进制编码记为 $Code_A$。

对于最高位电容，先将 Code 设置为“100…0”，即对于 P 端只有最高位电容下极板接 V_{REF}，其余接零点位，而 N 端只有最高位电容下极板接零点位，其余接 V_{REF}，并将校正 CDAC 状态 $Code_A$ 置为“100…0”。下一步，将 Code 变为“011…1”，则此时在比较器输入端引入的等效电荷变化量为

$$\begin{aligned}\Delta Q&=-C_{eq,15}V_{REF}+\sum_{i=1_D}^{14}C_{eq,i}V_{REF}=-C_{eq,u}V_{REF}\left(w_{15}-\sum_{i=1_D}^{14}w_i\right)\\&=-C_{eq,u}V_{REF}\cdot\varepsilon t_{15}\end{aligned} \tag{8-23}$$

此时，根据比较器的正负极性即可判断出 εt_{15} 的正负极性。接下来，将此时的状态作为一个 ADC 采样结束的状态，并在校正 CDAC 进行等同于 SAR ADC 的逐次逼近逻辑操作，使得最终比较器输入端为零，则在校正 CDAC 得到了代表 εt_{15} 的 13 位二进制编码 y_i。

同理，对于第 i 位电容，先将 Code 的第 i 位设为“1”，其余位为“0”，并将校正 CDAC 状态 $Code_A$ 置为“100…0”，下一步将 Code 的第 i 位设为“0”，其余位为“1”，与最高位操作的不同点是在整个阶段需要将第 i+1 位～第 15 位 P、N 端电容下极板一直短路在一个固定电压 V_{CM}，则此时在比较器输入端引入的等效电荷变化量为

$$\begin{aligned}\Delta Q&=-C_{eq,i}V_{REF}+\sum_{j=1_D}^{i-1}C_{eq,j}V_{REF}=-C_{eq,u}V_{REF}\left(w_i-\sum_{j=1_D}^{i-1}w_j\right)\\&=-C_{eq,u}V_{REF}\cdot\varepsilon t_i\end{aligned} \tag{8-24}$$

在校正 CDAC 上进行与上述相同的操作，即可得到代表 εt_i 的 13 位二进制编码 y_i。进而，可求出每一位电容实际权重与其理想权重的偏差 x_i（$i=15, 14,\cdots, 1$）。

得到主 CDAC 中每一位的实际权重与其理想权重的偏差 x_i 后，即可在 ADC 转换时利用校正 CDAC 根据 x_i 进行相应的操作来抵消或者修调主 CDAC 中的误差，使得 CDAC 中每一次的权重变化量都是两倍的关系，进而达到最终的校正效果。

因为模拟前端校正处于正常工作状态时，包括两个阶段：采样阶段和跳变阶段，而最高位跳变和其他位跳变又有所不同，所以在描述工作流程时，将会分三个部分进行描述：

（1）采样阶段

在 ADC 对模拟输入电压进行采样时，将校正 CDAC 的 Code_A 预置为“100…0”。这是因为 x_i 中有正负数，而“100…0”是一个中间值，上下变化允许的范围较大。

（2）最高位跳变

下一步断开采样，最高位进行跳变，此时将最高位对应的误差编码 x_{15} 加到 Code_A 上。该操作可以等效分解为两个过程：①CDAC 的 P 端下极板从采样正的模拟输入到采样零电压，N 端下极板从采样负的模拟输入到采样 V_REF；②$C_{15,\text{P}}$ 下极板跳变到 V_REF，$C_{15,\text{N}}$ 下极板跳变到零电压，并在 Code_A 上加 x_{15}，此时 CDAC 下极板的跳变引入的比较器正负输入端的电压变化分别为

$$\begin{cases} \Delta V_{\text{CDAC,P}} = -V_{\text{IN,P}} + \dfrac{w_{15,\text{P}}}{w_{\text{total,P}}} V_{\text{REF}} \\ \Delta V_{\text{CDAC,N}} = V_{\text{REF}} - V_{\text{IN,N}} - \dfrac{w_{15,\text{N}}}{w_{\text{total,N}}} V_{\text{REF}} \end{cases} \tag{8-25}$$

引入的电压的差分变化可以写为

$$\begin{aligned} \Delta V_{\text{CDAC}} &= \Delta V_{\text{CDAC,P}} - \Delta V_{\text{CDAC,N}} \\ &= -\left(V_{\text{IN,P}} - V_{\text{IN,N}}\right) + V_{\text{REF}}\left(\frac{w_{15,\text{P}}}{w_{\text{total,P}}} + \frac{w_{15,\text{N}}}{w_{\text{total,N}}} - 1\right) \end{aligned} \tag{8-26}$$

而校正 CDAC 上引入了编码为 x_{15} 的变化：

$$k_\text{A} \cdot x_{15} = \frac{w_{\text{total}}}{2} - w_{15} \tag{8-27}$$

因此，对于差分结构，校正 CDAC 在比较器输入端引入的差分电压变化为

$$
\begin{aligned}
\Delta V_{\text{A-CDAC}} &= V_{\text{REF}}\left[\frac{\left(k_{\text{A}}\cdot x_{15}\right)_{\text{P}}}{w_{\text{total,P}}}+\frac{\left(k_{\text{A}}\cdot x_{15}\right)_{\text{N}}}{w_{\text{total,N}}}\right] \\
&= V_{\text{REF}}\left[\frac{w_{\text{total,P}}/2-w_{15,\text{P}}}{w_{\text{total,P}}}+\frac{w_{\text{total,N}}/2-w_{15,\text{N}}}{w_{\text{total,N}}}\right] \\
&= V_{\text{REF}}\left[1-\left(\frac{w_{15,\text{P}}}{w_{\text{total,P}}}+\frac{w_{15,\text{N}}}{w_{\text{total,N}}}\right)\right]
\end{aligned} \tag{8-28}
$$

因此，比较器差分输入总的电压变化为

$$
\Delta V_{\text{COMP,dm}} = \Delta V_{\text{CDAC}} + \Delta V_{\text{A-CDAC}} = -\left(V_{\text{IN,P}} - V_{\text{IN,N}}\right) \tag{8-29}
$$

可以看到，校正 CDAC 的操作消除了最高位与其理想权重的偏差带来的影响。

（3）其他位跳变

接下来，每一位的跳变都是互补进行的，因此分析较为简单。比如，对于第 i 位，CDAC 跳变引入的比较器差分输入电压变化为

$$
\Delta V_{\text{CDAC}} = V_{\text{REF}}\left(\frac{w_{i,\text{P}}}{w_{\text{total,P}}}+\frac{w_{i,\text{N}}}{w_{\text{total,N}}}\right) \tag{8-30}
$$

校正 CDAC 跳变引入的比较器差分输入电压变化为

$$
\begin{aligned}
\Delta V_{\text{A-CDAC}} &= V_{\text{REF}}\left[\frac{\left(k_{\text{A}}\cdot x_{i}\right)_{\text{P}}}{w_{\text{total,P}}}+\frac{\left(k_{\text{A}}\cdot x_{i}\right)_{\text{N}}}{w_{\text{total,N}}}\right] \\
&= V_{\text{REF}}\left[\frac{w_{\text{total,P}}/2^{16-i}-w_{i,\text{P}}}{w_{\text{total,P}}}+\frac{w_{\text{total,N}}/2^{16-i}-w_{i,\text{N}}}{w_{\text{total,N}}}\right] \\
&= V_{\text{REF}}\left[\frac{1}{2^{15-i}}-\left(\frac{w_{15,\text{P}}}{w_{\text{total,P}}}+\frac{w_{15,\text{N}}}{w_{\text{total,N}}}\right)\right]
\end{aligned} \tag{8-31}
$$

则比较器差分输入电压总的变化为

$$
\Delta V_{\text{COMP,dm}} = \Delta V_{\text{CDAC}} + \Delta V_{\text{A-CDAC}} = \frac{V_{\text{REF}}}{2^{15-i}} \tag{8-32}
$$

主 CDAC 第 i 位的权重误差也被消除。

总结来说，ADC 在采样阶段将比较器输入端电压短路到输入共模电压 $V_{\text{IN,CM}}$，最高位动作时引入了 $-(V_{\text{IN,P}} - V_{\text{IN,N}})$ 的电压变化，可以据此判断出 ADC 模拟差分输入的正负极性。而每一位跳变时，由于校正 CDAC 的配合作用，引入的比较器差分输入电压变化都可以写为 V_{REF}、$V_{\text{REF}}/2$、$V_{\text{REF}}/4$、…、$V_{\text{REF}}/2^{14}$。因此，经过本章介绍的模拟前端校正算法的作用后，ADC 可以严格按照二进制的逐次逼近获得最终的转换结果。

上述分析都是基于比较器理想的情况下进行的，但是实际比较器存在失调电压，因此，芯片需要对失调电压 V_{OS} 进行校正。

在实际的算法实现中，比较器输入失调电压的校正是第一个进行的。在整个校正失调电压的过程中，主 CDAC 所有电容的下极板均被短路到 V_{CM}，然后用校正 CDAC 的正负端均采样 V_{CM}。在校正过程中，将校正 CDAC 视为整个 ADC 中的主 DAC 进行逐次逼近，最终得到的 13 位的二进制数即为比较器失调电压的编码 x_{OS}。其反映的具体物理含义为：如果在校正 CDAC 上引入 x_{OS} 的状态变化量，会在比较器输入端引入大小为 V_{OS} 的电压变化。

需要额外进行说明的是，当存在比较器失调电压误差时，得到校正 CDAC 的 13 位编码 y_i 时，都需要额外减去 x_{OS}，然后再进行迭代运算得到 x_i。此外，在 ADC 转换过程中，采样结束后最高位电压跳变时，校正 CDAC 的状态编码 $Code_A$ 除了需要额外加上 x_{15}，还需要加上 x_{OS}，这样即可在逐次逼近开始时抵消比较器失调电压的影响。

为了更好地验证上述模拟前端校正的效果，搭建了 MATLAB 模型进行验证。在 MATLAB 建立的 SAR ADC 模型中人为地加入一定误差，其中最高位电容误差设置为 4‰，次高位误差设置为 3‰，其余位也设置了一些小的偏差，这里不一一列举，此外，比较器失调电压设置为-2.3 mV，进行 MATLAB 仿真，得到在不进行数字校正和进行数字校正后的转换误差以及信噪比，如图 8-7 所示。可以看到，没有校正时，转换误差可以达到+100LSB 和-150LSB，两边不对称是比较器失调电压的影响，且 SNR 仅有 44.92dB，根据式（2-8）换算成有效位数为 7.2 位；而进行数字校正以后，转换误差不超过±0.6LSB，且 SNR 为 91.85dB，换算成有效位数为 14.97 位，与设计位数 15 位几乎相等。由此可见，本设计中的数字校正算法可以几乎消除比较器失调电压和 CDAC 的电容失配对最终 ADC 转换结果的影响。

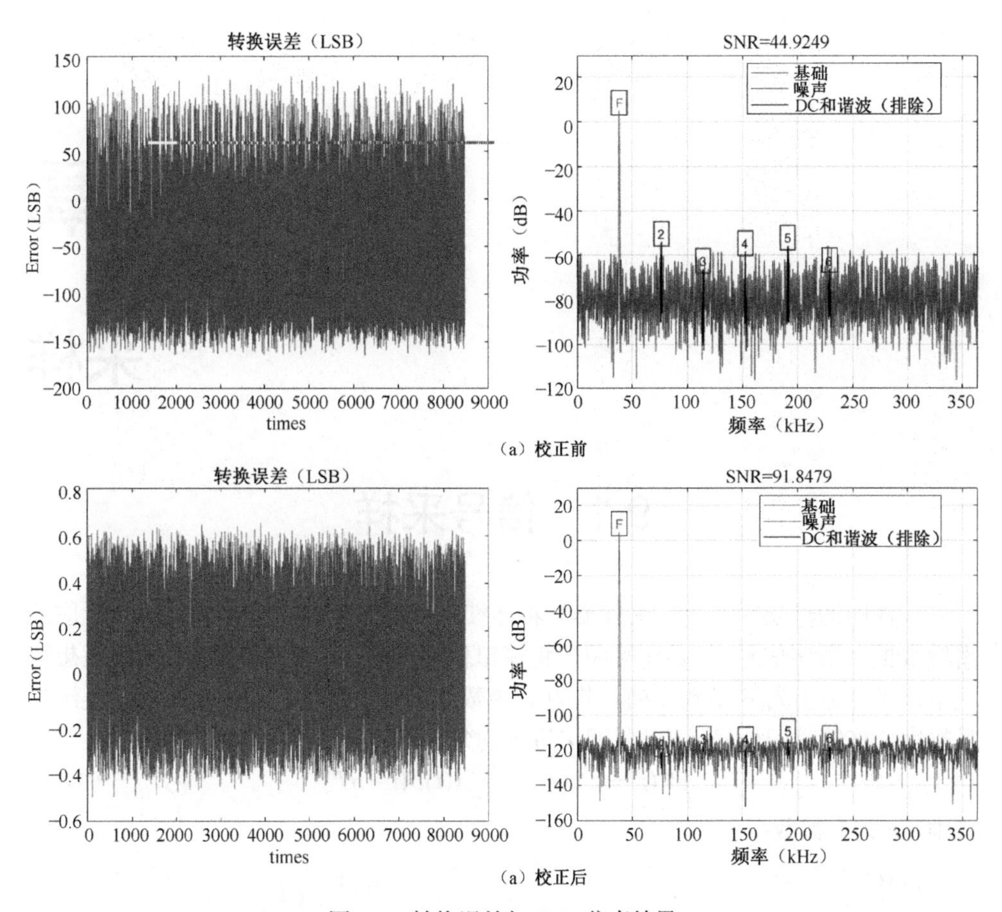

图 8-7　转换误差与 SNR 仿真结果

第 9 章

采样

9.1 信号采样

采样即通过采样开关（采样器）将连续时间信号（模拟信号）转化为对应的离散数据（数字信号），是在时间上将模拟信号离散化，如图 9-1 所示。理想情况下，采样输出为 δ 函数序列，其中 δ 函数的值等于相对应的采样时间下连续信号幅度。连续时间信号 $x(t)$以周期 T 进行均匀采样，得到调幅脉冲序列：

$$x^*(t) = x^*(nt) = \sum x(t)\delta(t - nT) \tag{9-1}$$

式中，n 为自然数。

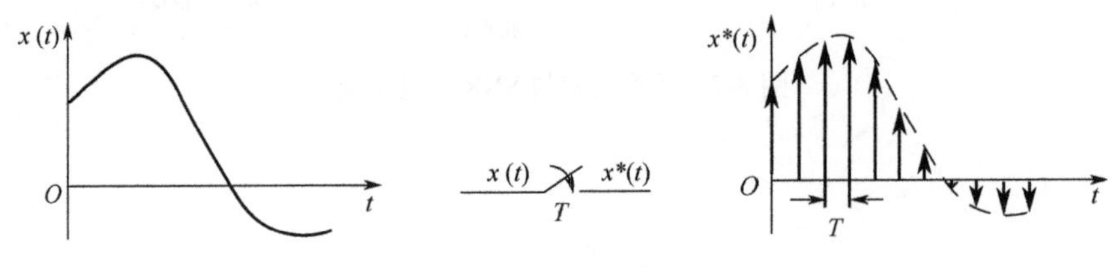

图 9-1　采样过程示意图

采样后的数据的表现形式是加权 δ 函数的叠加，而实际是一系列持续时间为 T 的脉冲，脉冲的幅值为输入信号在采样时刻（nT）的值。采样可以看成是单位脉冲序列 $\delta_T(t)$被输入信号 $x(t)$进行幅值调制，即信号与序列的混频。

根据 δ 函数的拉普拉斯变换：

$$\mathcal{L}\left\{\sum_{-\infty}^{+\infty} \delta(t - nT)\right\} = \sum_{-\infty}^{+\infty} \mathrm{e}^{-nsT} \tag{9-2}$$

式（9-1）的拉普拉斯变换为

$$\mathcal{L}\{x^*(nT)\} = \sum_{-\infty}^{+\infty} X(s - \mathrm{j}n\omega_s) = \sum_{-\infty}^{+\infty} x(nT)\mathrm{e}^{-nsT} \tag{9-3}$$

式中，$s = \mathrm{j}\omega$，为复频域中的复频率变量；X 是信号的频谱函数。

可以看出，$x^*(nT)$的频谱是输入信号进行连续复制后的叠加，复制的频谱的中心位于 $nf_S(=n/T)$处，所以采样后的频谱是周期为 f_S 的周期频谱。

在采样过程中，采样速率越快，连续时间信号的数字表示就越精确。若采样速率较慢，则可能丢失连续时间信号中的关键信息，所以我们一般遵循奈奎斯特采样定理，即在采样过程中，采样频率（f_S）大于信号中最高频率（f_B）的 2 倍。其中采样频率的一半 $f_S/2$ 称为奈奎斯特频率，一般我们只关注采样后的 0～$f_S/2$（单边谱）或-$f_S/2$～$f_S/2$ 的基带即可。这样采样得到的数字信号能够完整保留原来连续信号的信息（一般选取最高频率的 2.56～4 倍），否则会发生混叠现象，此时带外信号会混叠到 DC 与 $f_S/2$ 之间的带宽之中，如图 9-2 所示。因此，量化器前面一般会放置抗混叠滤波器来避免信号失真。

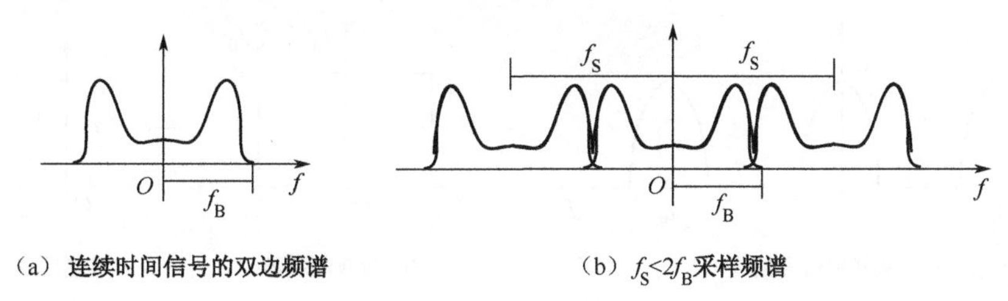

（a）连续时间信号的双边频谱　　（b）$f_S<2f_B$采样频谱

图 9-2　采样连续信号的混叠现象

此外，采样频率高于信号最高频率的 2 倍时，称为过采样；采样频率低于信号最高频率的 2 倍时，称为欠采样。对基带信号来说，欠采样会损失原始信号信息，因此都采用过采样，如图 9-3（a）所示。对频带信号既可以采用过采样，也可以采用欠采样，如图 9-3（b）所示。只要保证采样频率高于原始信号带宽的 2 倍，就可以从欠采样信号中恢复原始信号，此时原始信号带宽的 2 倍<采样频率<频带信号最高频率的 2 倍。

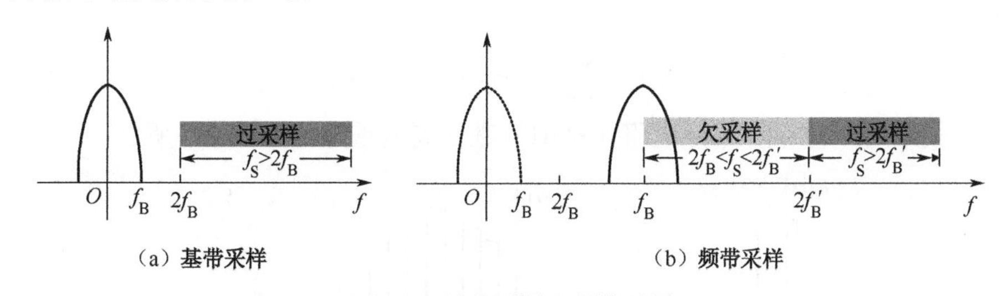

（a）基带采样　　（b）频带采样

图 9-3　基带采样和频带采样

欠采样通常用于将高频的频谱引入基带中，即通过折叠的方式将频率分量高于第一奈奎斯特区间边界（$f_S/2$）的信号引进基带中，也称谐波采样、中频采样等。

过采样的主要优势在于可以简化抗混叠滤波器的要求。但相应地，会提高

ADC、DSP 等工作速率，以便维持实时操作。

9.2 信号重建

连续信号采样后得到的为加权的 δ 函数叠加，是相同频谱的重复，而所期望只是基带内的频谱，所以重建过程中需将其他重复频谱滤除而只保留基带中的频谱。由采样得到的数字信号重建原始信号的过程可以理解为一个低通滤波的过程，也就是将采样离散化过程引入的高次谐波消除，如图 9-4 所示。图中，f_C 为重建滤波器（低通滤波器）的截止频率。

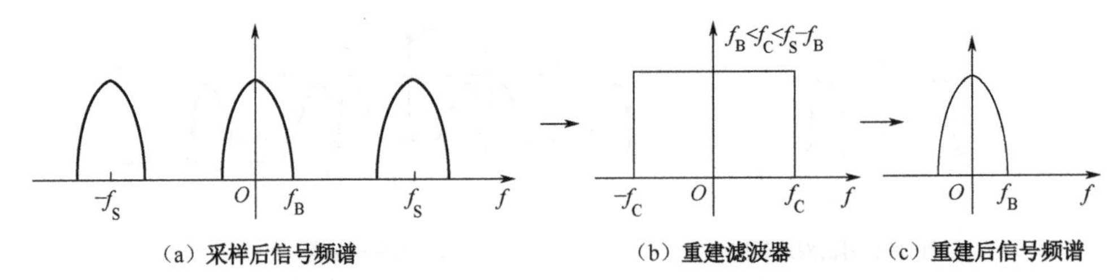

图 9-4　由采样得到的数字信号重建原始信号的过程

其中，理想重建滤波器的传输函数为

$$\begin{aligned} H_{r,id}(f) &= 1 \qquad -f_C \leqslant f \leqslant f_C \\ H_{r,id}(f) &= 0 \qquad f_C < f, f < -f_C \end{aligned} \tag{9-4}$$

理想重建滤波器能够将高次谐波消除，同时把采样数据精确地转换成连续时间的形式。其推演结果是建立在一个非因果系统之上的，即重建需要知道全部时间序列的信息。但实际中，无法得到理想的重建滤波器，实时信号采样重建通过一个因果重建其 $h(t)$，使得

$$x(t) = \sum_{n=-\infty}^{t/T} x(nT)h(t - nT) \tag{9-5}$$

一般采用一种零阶保持电路（ZOH）进行逼近重建，如图 9-5 所示。

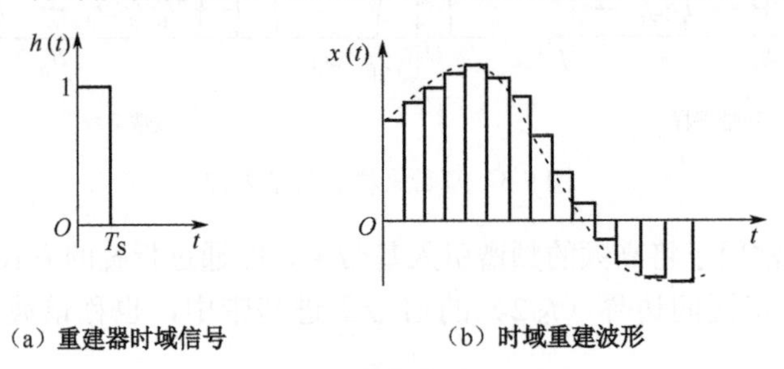

图 9-5　时域重建相关信号

时域上零阶保持内插使用 0～T_S 内幅度为 1 的门信号进行采样，该门信号的频谱如图 9-6 中的曲线所示。

$$H_0(\mathrm{j}\omega)=\frac{2\sin\frac{\omega T_S}{2}}{\omega}\mathrm{e}^{-\mathrm{j}\frac{\omega T_S}{2}} \tag{9-6}$$

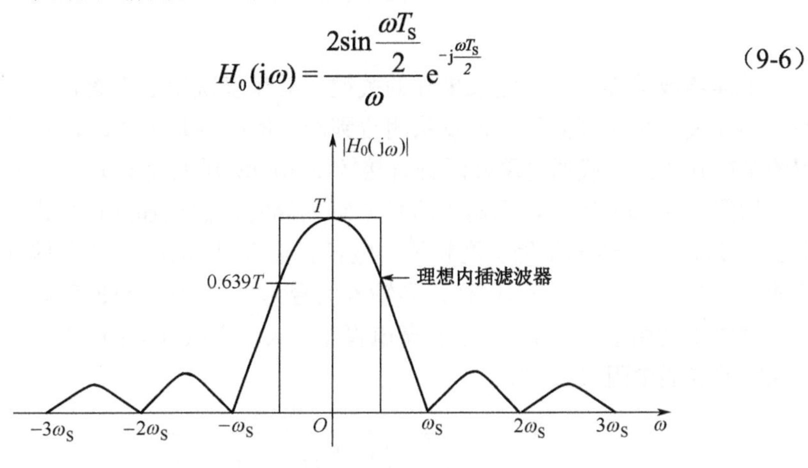

图 9-6　重建器幅值响应

可以看出，与理想内插滤波器相比，重建器存在高频部分无限振荡，使得重建过程中引入了不需要的高频信号，同时导致信号在奈奎斯特区间内衰减。一般加入低通滤波器来衰减高奈奎斯特区间的信号，同时必须进行信号校正，以此来纠正基带内的信号，使其尽可能不受衰减。由于零阶保持器的幅值响应是 $\sin(x)/x$，则相对应的校正函数取为 $x/\sin(x)$。此外，如果信号占据奈奎斯特区间很小一部分，由采样保持响应造成的基带衰减可以忽略不计，所以补偿意义不大。当信号频带占据了很大部分奈奎斯特区间时，基带受零阶保持器影响较大，需要加入额外的补偿滤波器，其在基带中为 $x/\sin(x)$的频率响应，在基带之外为“0”。按设计经验，当信号占据奈奎斯特区间四分之一及以上时，需考虑加入带内的 $x/\sin(x)$重建补偿。

所以，完整的信号采样和重建过程如图 9-7 所示。

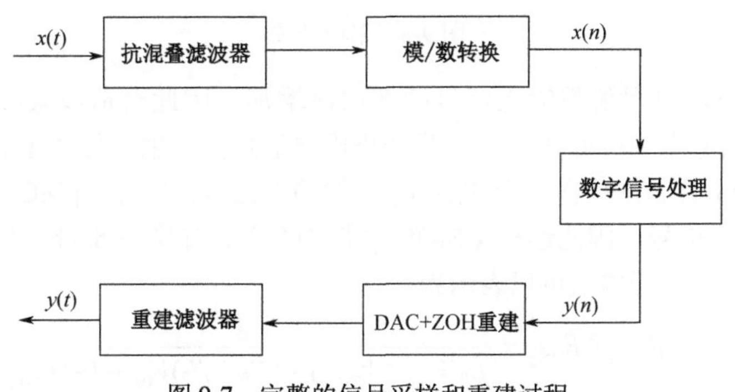

图 9-7　完整的信号采样和重建过程

9.3 采样开关设计

采样器或采样开关是完成采样的关键，其精度决定了系统精度的上限。理想的采样开关，从断开到闭合以及从闭合到断开的时间均为“0”。实际上不存在理想的采样开关，一般通过采样时钟直接控制 MOS 开关管来实现。以 nMOS 管为例，如图 9-8（a）所示，当栅极信号 CK 为高时，假设输入信号为“0”，电容的电压为 V_{DD}，则 nMOS 处于饱和区，电容放电直至 MOS 管进入线性区，电容继续放电直至 V_{OUT} 接近 0。同样，当输入信号为“1”时，nMOS 管源极和漏极互换，对电压初始值为“0”的电容充电直至 V_{IN}，完成开关闭合电压传输。nMOS 导通时的导通电阻 $R_{ON,n}$ 为

$$R_{ON,n}=\frac{1}{\mu_n C_{OX}\left(\frac{W}{L}\right)_n\left(V_{DD}-V_{IN}-V_{TH,n}\right)} \tag{9-7}$$

式中，μ_n 为 nMOS 管的沟道电子迁移率；C_{OX} 为单位面积的栅氧化层电容；W 为沟道宽度；L 为沟道长度；$(W/L)_n$ 为 nMOS 的沟道宽长比；$V_{TH,n}$ 为 nMOS 的阈值电压。

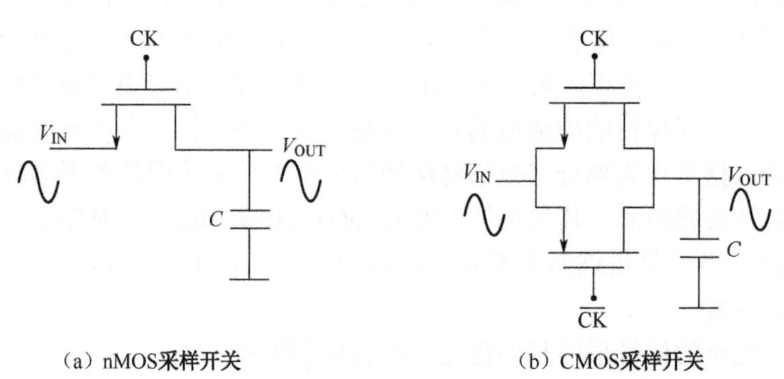

（a）nMOS采样开关　　（b）CMOS采样开关

图 9-8　采样开关

可以看出，电阻值随输入信号的增加而增加，因此会造成采样信号谐波失真。当输入信号电位接近 V_{DD} 时，导通电阻显著增大，输出信号无法跟踪输入信号，即 nMOS 管无法采样大于 $V_{DD}-V_{TH,n}$ 的输入信号；同样，pMOS 无法采样小于$|V_{TH,p}|$的输入信号，因此选择 CMOS 管作为开关，如图 9-8（b）所示，达到全摆幅采样，此时导通电阻可以表示为

$$R_{ON,eq}=R_{ON,n}\,||\,R_{ON,p}=\frac{1}{\beta_n(V_{DD}-V_{TH,n})-(\beta_n-\beta_p)V_{IN}-\beta_p\,|V_{TH,p}|} \tag{9-8}$$

$$\beta_{\mathrm{n}} = \mu_{\mathrm{n}} C_{\mathrm{OX}} \left(\frac{W}{L} \right)_{\mathrm{n}}$$

$$\beta_{\mathrm{p}} = \mu_{\mathrm{p}} C_{\mathrm{OX}} \left(\frac{W}{L} \right)_{\mathrm{p}}$$

式中，$V_{\mathrm{TH,p}}$ 为 pMOS 的阈值电压；μ_{p} 为 pMOS 管的沟道空穴迁移率；$(W/L)_{\mathrm{p}}$ 为 pMOS 的沟道宽长比。若 $\beta_{\mathrm{n}} = \beta_{\mathrm{p}}$，则此时等效导通电阻与输入信号无关。但由于工艺误差等原因，无法满足该条件，故其采样精度不高，一般只用于量化精度低于 6 位的 ADC。

在高精度采样时，通常选用栅压自举开关作为采样器，如图 9-9 所示。它可以适用较小尺寸的 MOS 管实现对采样电容的精确充/放电。其基本原理是维持开关管的栅-源电压不变，进而得到恒定的导通电阻。

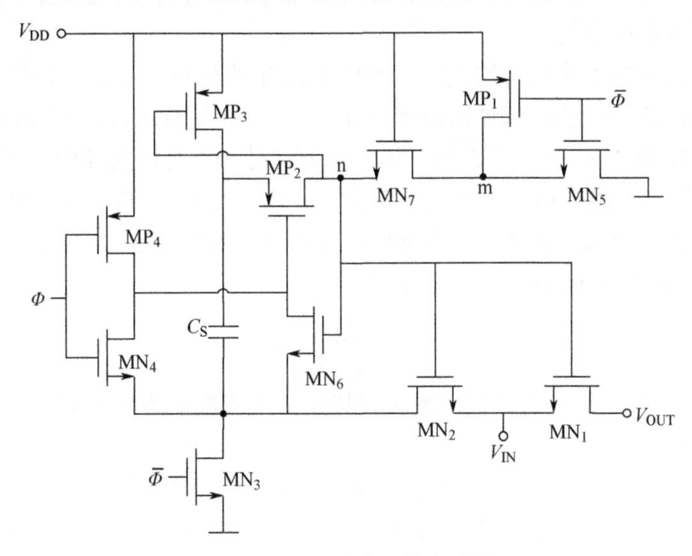

图 9-9 栅压自举开关电路图

其中晶体管 $\mathrm{MN_1}$ 是自举开关，其余部分用于产生栅极电压。当 Φ 为“0”时（保持阶段），$\mathrm{MN_5}$ 和 $\mathrm{MN_7}$ 导通，自举开关 $\mathrm{MN_1}$ 栅极接地，处于关断状态。此时 $\mathrm{MN_3}$、$\mathrm{MP_3}$ 导通，采样电容 C_{S} 上下极板电位分别为电源电压和地，电容充电至 V_{DD}。当 Φ 为“1”时（采样阶段），$\mathrm{MP_3}$、$\mathrm{MN_3}$ 关断，$\mathrm{MP_2}$ 导通，将电源电压传至电容，电容上极板电位不变，同时与自举开关 $\mathrm{MN_1}$ 栅极相连。$\mathrm{MN_2}$ 导通，将电容下极板与 $\mathrm{MN_1}$ 的源端相连，由于电荷守恒，此时开关 $\mathrm{MN_1}$ 的栅-源电压 V_{GS1} 维持在 V_{DD}，栅极电压被举到 $V_{\mathrm{GS1}}+V_{\mathrm{IN}}$，采样开关栅极电压 V_{G} 与输入电压 V_{IN} 波形如图 9-10 所示。

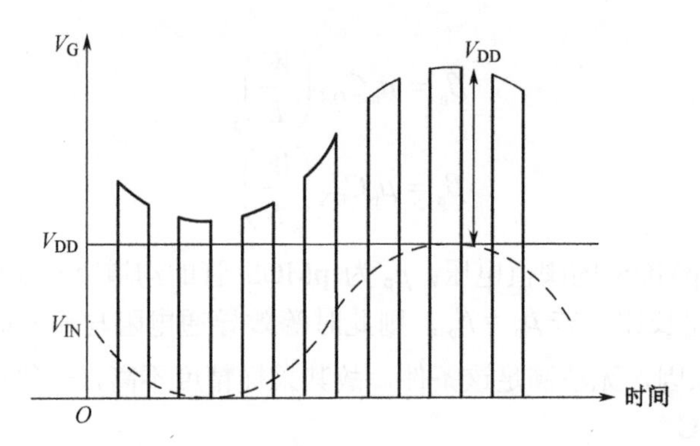

图 9-10　采样开关 MN_1 栅极电压 V_G 及输入电压 V_{IN} 波形图

用栅压自举开关电路进行采样时，开关管的栅-源电压不受输入信号 V_{IN} 的影响，提高了采样精度。此外，MN_6、MN_7 确保 MOS 管各端电压差不超过 V_{DD}，进而提高了系统可靠性。

然而，由于寄生电容等影响，实际的 V_{GS1} 很难保持在 V_{DD}。如图 9-9 中 m 点的寄生电容，该点电位在保持阶段保持在 GND，在采样阶段，在 MN_5 关断后会从电容分走电荷，使得电容储存的电荷不受控制。故而加入 MP_1，由于 MN_4、MN_5 的作用，MP_2 在 MP_1 后导通，确保 m 点电位充至 V_{DD} 后与电容上极板相连，维持电容电荷稳定在 V_{DD}。图 9-9 中 n 点存在寄生电容 C_n，C_n 串联在采样电容 C_S 与开关管 MN_1 栅极之间，V_{GS1} 为

$$V_{GS1} = \frac{C}{C_n + C} V_{DD} \tag{9-9}$$

由式（9-9）可知，可以通过增大采样电容或者减小寄生电容 C_n 来减少对采样电容电荷的消耗。

想要得到高的采样精度，还须考虑沟道电荷注入以及时钟馈通等效应的影响。沟道电荷注入效应是由于采样开关断开时，MOS 管中沟道电荷注入采样电容中，进而改变采样信号值的。图 9-9 中的采样开关 MN_1 断开时，如电荷全部注入采样电容上，则引起的最大误差为

$$\Delta V = \frac{WLC_{OX}(V_{GS1} - V_{th1})}{C} \tag{9-10}$$

一般可以采用加入虚拟开关来吸收采样开关关断时的沟道电荷，或者利用传输门、差分采样等方式来抵消电荷注入。

9.4 采样保持电路

9.4.1 采样保持概述

采样保持电路（S/H）又称采样保持放大器。在对模拟信号进行模/数转换时，需要一定的转换时间，在这个转换时间内，模拟信号需要保持基本不变，以保证转换精度，故而需要采样保持电路。采样保持电路分为两个工作阶段：一是对输入信号进行采样，此阶段电路的输出跟踪输入模拟信号；二是对采样信号进行保持，保持采样结束时刻的瞬间模拟输入信号，直至进入下一次采样状态为止，此阶段可在输出端得到输入信号，如图 9-11 所示。而“跟踪保持”电路则是在采样阶段也可输出信号。

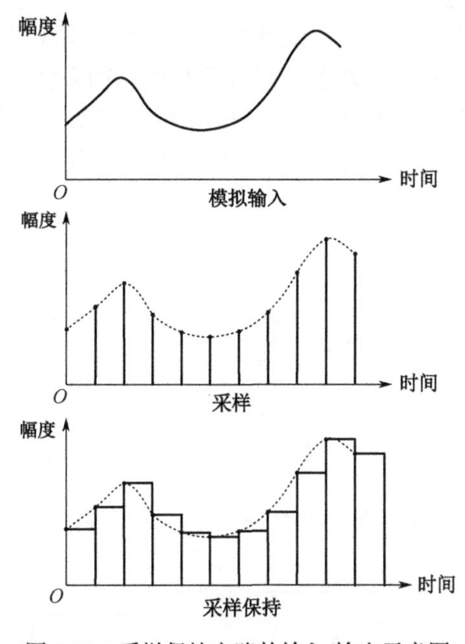

图 9-11　采样保持电路的输入/输出示意图

基本采样保持电路由模拟开关、存储电容以及缓冲放大器构成，如图 9-12 所示。

当 Φs=1 时，开关导通，输入信号向电容充电，输出跟踪输入信号变化；当 Φs=0 时，开关断开，电容的上极板悬空，电容保持采样电压，输出维持在开关断开瞬间的输入信号值。其中，输入缓冲器用于减小输入负载，高阻抗的输出缓冲器将电容与负载隔离，防止电容上的电容通过负载泄漏，从而无法保持电压。

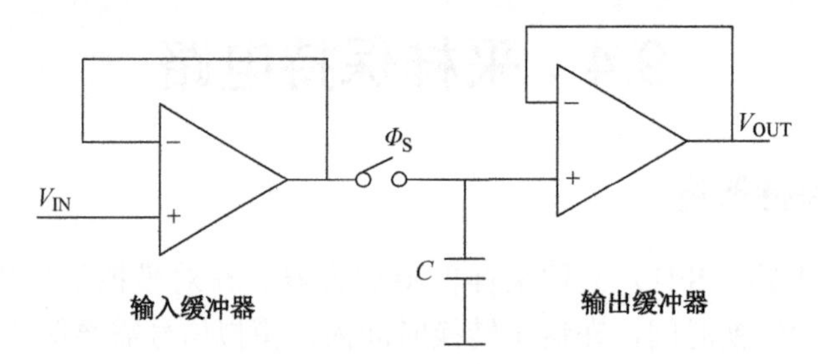

图 9-12　采样保持电路原理框图

其中，模拟开关要求导通电阻小，漏电流小，极间电容小以及切换速度快；存储电容通常选用介质吸附效应小和泄漏电阻大的；缓冲放大器选用输入偏置电流小、带宽宽及转换速率大的运算放大器，并且输入缓冲器还应具有大的输出电流，实现对电容的快速充电。

由于图 9-12 中没有反馈，因此该电路的速度比闭环电路的速度更快，但闭环架构中的反馈提供了更高的精度。采样保持电路的采样时间需要尽可能短，一般取决于 *RC* 时间常数、最大输出电流和运放的压摆率。如图 9-13 所示，采样保持电路中引入了负反馈，所以此时采样时间取决于最大输出电流和运放的压摆率，而与时间常数无关。

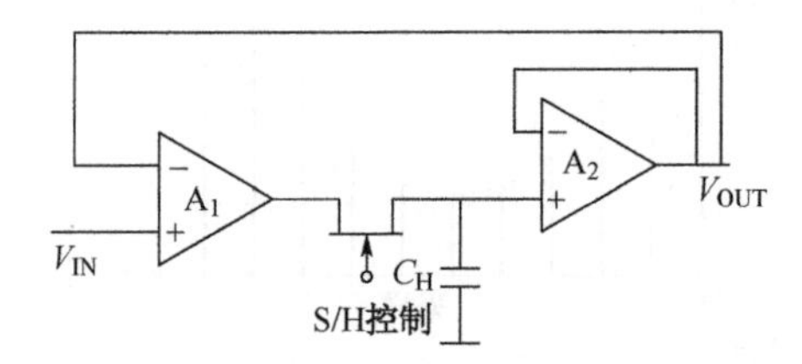

图 9-13　闭环采样保持电路结构示意图

图 9-14 中通过提高增益进一步改善电路，其中电路增益为 $A=1+(R_F/R_1)$ 。

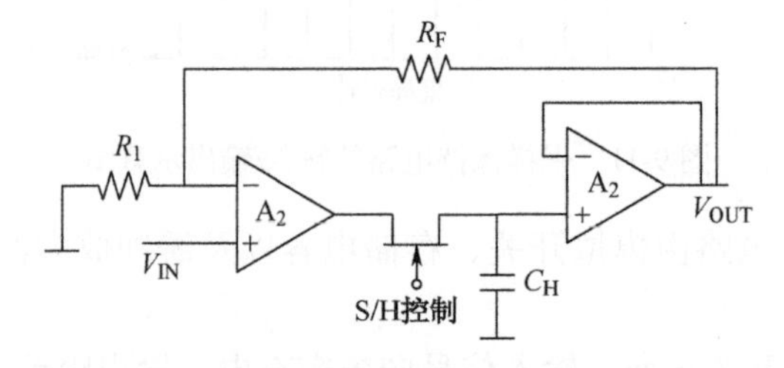

图 9-14　带有增益的闭环采样保持电路结构示意图

在图 9-15 中，将电容器跨接在输出运放两端，此时 A_2 的反相输入端电压为

电容两端电压除以 A_2 的开环增益，从而确保电容充电时间更短，以减小采集时间。

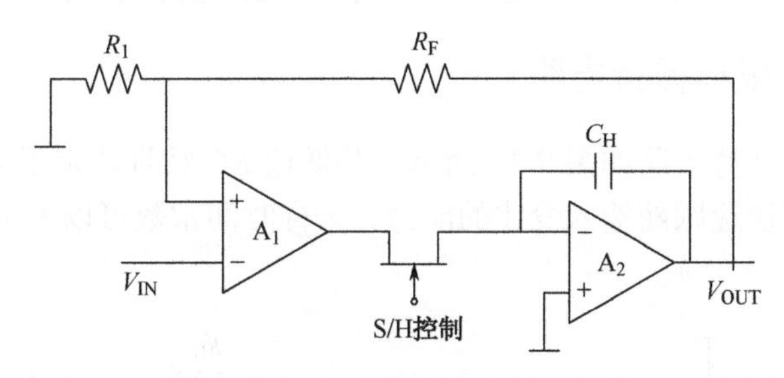

图 9-15　采样电容跨接的闭环采样保持电路结构示意图

采样保持电路的主要性能指标包括捕捉时间、孔径时间以及下垂率等，如图 9-16 所示。捕捉时间（t_{ac}）也称采集时间，是指从发出采样指令的时刻起，到输出值达到规定的误差范围内所需要的时间，它是跟踪性能的标志。孔径时间（t_{ap}）是指从发出保持指令的时刻起，到开关真正断开所需要的时间，它是切断能力的标志。由于采样会受到时钟不确定的影响，从而对采样点造成采样瞬间的随机抖动，这种不确性称为采样延时，并且如果在此时间内，输入信号仍在变化，则会引起误差（称之为孔径误差），进而影响转换的最高频率。下垂率是指由于存储电容的电荷泄漏所引起的输出电压的变化率。

采样保持电路具有以下优点：

（1）典型的采样保持电路的主要优点是通过保持采样的模拟输入信号来辅助模/数转换过程。

（2）在多通道 ADC 中，若不同通道之间的同步性很重要时，可以利用采样保持电路在多通道中同时采样。

（3）可以利用采样保持电路来减少多路复用电路中的串扰。

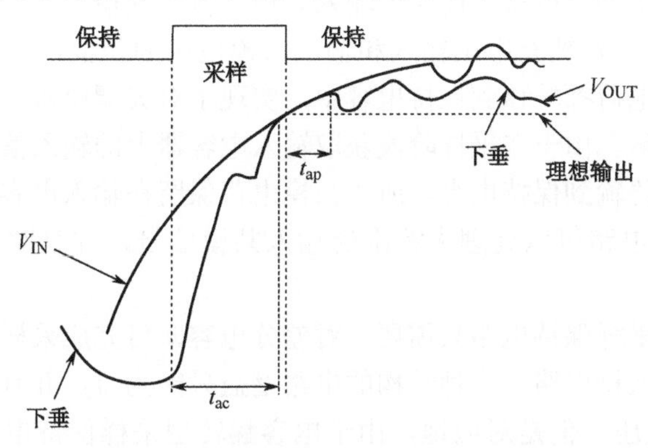

图 9-16　采样保持电路性能指标示意图

基于以上优点，采样保持常用于 ADC、数字接口电路、运算放大器、模拟多路分解器、数据分配系统、存储多路复用器输出、脉冲调制系统等应用中。

9.4.2 CMOS 采样保持电路

nMOS 采样保持电路如图 9-17 所示，其低通 *RC* 特性决定了采样的带宽，即决定了输出能够快速跟随输入变化的能力。采样时间常数可以表示为

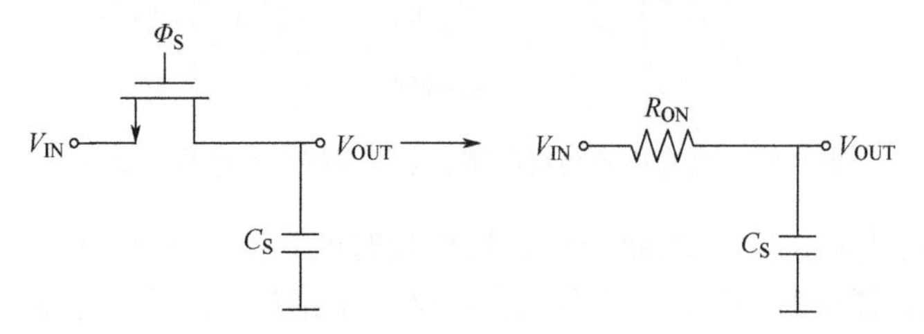

图 9-17 nMOS 采样保持电路

$$\tau = \frac{1}{2\pi f} = R_{ON} \cdot C_S \tag{9-11}$$

所以开关导通电阻越小，存储电容越小，时间常数就越小，进而提高采样速率，有效减小建立误差，使达到要求的精度所需的跟踪时间越短。除了受跟踪阶段内时间常数的影响，关断时产生的几种误差，如点电荷注入效应、时钟馈通效应等，都会影响采样的精度。差动电路可以有效消除电荷注入中的固定失调，提高系统线性度。

常见的 CMOS 全差分采样保持电路有电荷转移型和电容翻转型两种结构，如图 9-18 所示。

电荷转移型采样保持电路由增益为-1 的全差分放大器构成。在采样阶段，采样电容被充电至输入电压，而由于输入共模与输出共模分别接差分放大器的输入/输出端，保持电容被充电至输入和输出共模电压的差值；然后在保持阶段，将采样电容上的电荷都转移到保持电容中，实现了对失调电压的消除，同时实现了输出共模的平移。由于在采样阶段获取输入电容器上的输入信号，而在保持阶段仅将差分电荷传输到保持电容，所以共模电荷保留在输入电容器中，因此电荷转移型采样保持电路可以处理大范围的输入共模信号，并且对于单端应用非常有用。

电容翻转型采样保持电路只需要一对差分电容即可完成采样保持功能。相对于电荷转移采样保持电路，这种结构的电路增益只能为 1，并且无法设置不同的输入/输出共模电压。但是对应地，由于电容翻转型采样保持电路具有更大的反馈因子和较小的电容，所以其面积较小，噪声较低，同时由于相同采样频率下，

增益带宽积更小，所以功耗较低或采样频率更高。

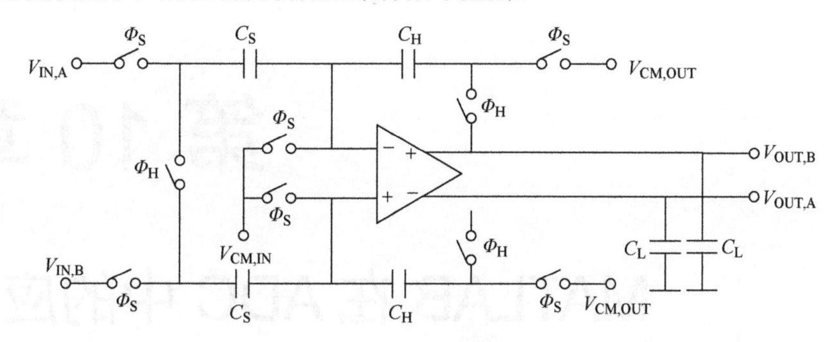

（a）电荷转移型

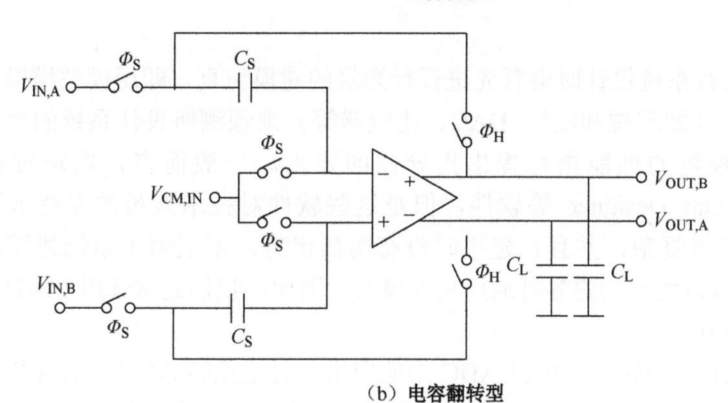

（b）电容翻转型

图9-18　CMOS全差分采样保持电路

第 10 章

MATLAB 在 ADC 中的应用

一般在进行系统设计时会首先进行行为级的建模仿真，即用模型模拟一些真正的电路器件（如理想和实际 DAC、比较器等）来预测所设计系统的性能，以及对各个子模块的性能指标提出指导性的要求。一般而言，电路设计采用 Cadence、Altium Designer 等软件，但是这些软件对技术人员的专业水平要求高，使用起来很复杂，并且在建模时没有明显优势，不适用于系统建模，而用 MATLAB 可以方便地构建各种通用功能模块。因此，我们通常选用 MATLAB 进行系统建模仿真。

本章将会阐述 MATLAB 在 ADC 中的应用，对主流的 ADC 进行建模分析，方便读者更好地理解各种 ADC 架构的原理，以及日后对现有架构进行改进（本章并不讲述基础的 Simulink 建模相关知识，直接从应用角度进行分析）。

10.1　MATLAB 仿真软件简介

MATLAB 是美国 Mathworks 公司推出的数学计算软件，能够适用于工程各领域的分析设计与复杂计算，包括数据分析、无线通信、电路设计等。Simulink 是 MATLAB 的一个重要的仿真套件，集成在 MATLAB 中，提供了一个集建模、仿真、分析于一体的工具箱，并且可以通过图形化界面进行操作。它具有软件界面友好、简单易学、设置简单等优点。除此以外，MATLAB 具有很好的兼容性，能够支持目前主流的多款电路设计软件，可以直接以脚本的形式进行导入和导出，使得设计具有很好的延展性。

在建模设计时，Simulink 本身就具有丰富的模型单元库，通过简单的拖动就可以调动相应的模块，而用户仅需将所有的功能单元连接起来即可；并且它可以将一些小模块封装成一个个子系统，再由子系统组成一个完整的系统，组成的系统可以和硬件相连接配合，真实模拟信号传递情况，如图 10-1 所示。

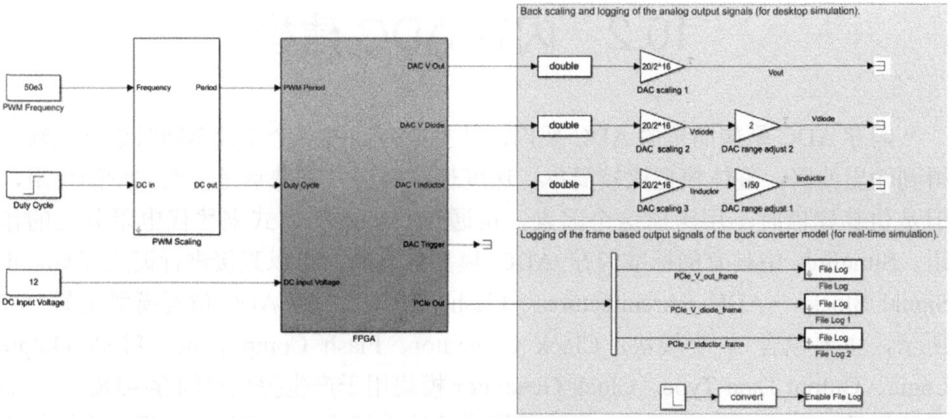

图 10-1 Simulink 完整封装模块示意图

而在仿真方面，Simulink 也有独具特色的非线性仿真环境，交互性强、操作简单、批量处理仿真、分析直观等特性使其能够在众多建模软件中脱颖而出。其仿真的结果不仅可以通过示波器进行观察，并在最新版本中，可以在仿真前设置保存相关节点，在仿真结束后就可以查看。

今后芯片的发展趋势是片上系统，专用性更强，设计要求和复杂度也更高。作为片上系统的一个关键模块，ADC 需要联合芯片的其他模块进行工作，如果整个芯片还需要外部硬件支持，例如 FPGA，也需要提前进行考虑。一个完整的设计需要从确定系统目标功能出发，然后建立模型，进行可行性分析，其中就包括整体系统功能和各个模块的功能；再进行具体设计，最后实际验证性能。整个过程中，最初的建模是重中之重，直接决定整体设计的合理性和可行性，Simulink 在这个过程中发挥了重要的作用。各家芯片厂商（例如 TI、ADI）都提供部分芯片的 Simulink 标准单元库，方便在系统仿真时进行调用，并且提供具体的使用性能。Mathworks 为 Simulink 提供了丰富的工具箱，其中针对电路设计包括 Mixed-Signal Blockset、Data Acquisition Toolbox、DSP System Toolbox、Communications Toolbox、HDL Coder 等，并且还可以利用 Deep Learning Toolbox、Audio Toolbox 等辅助工具建立复杂芯片模型。结合脚本文件，Simulink 可以将复杂校正算法添加进整体系统中，使得模型更加完整，提升整体系统的验证效果。

10.2　闪存 ADC 建模

闪存 ADC 是最简单的 ADC 架构，其主要是通过多个比较器同时进行比较，得到输出编码，整体模型比较简单，速度也非常快，其缺点是需要大量的电阻，但是仿真建模时不用考虑这个因素，可通过写脚本的方式来替代电阻分压的作用。Simulink 中具有的标准闪存 ADC 模型单元库，可以直接进行调用（Mixed-Signal Blocks→ADC→Architectures→Flash ADC）。闪存 ADC 仿真模型如图 10-2 所示，主要包含 4 个模块：Clock Generator、Flash Comp Func、Flash Output Logic、Output Data Type。Clock Generator 模块用于产生提供给闪存 ADC 工作的时钟信号；Flash Comp Func 模块是模型的核心部分，主要包含分压和比较的相关元件；Flash Output Logic 模块是计数器子系统，对应闪存 ADC 将温度码转换为数字码的过程；Output Data Type 用于选择输出的数据形式。

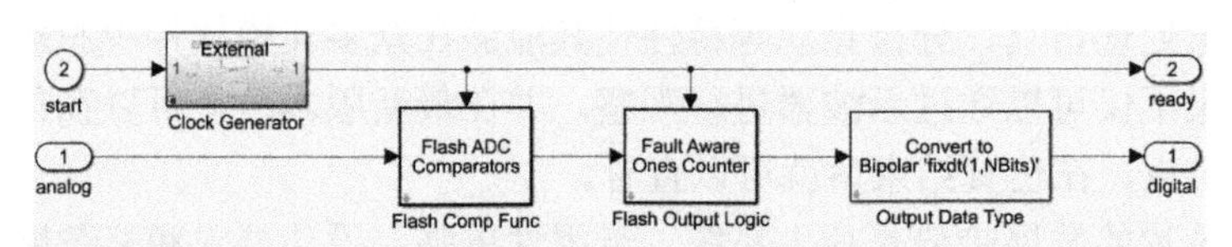

图 10-2　闪存 ADC 仿真模型

闪存 ADC 参数设置如图 10-3 所示，可以设置分辨率、模拟输入的范围、是否需要外部时钟输入、触发沿的种类等。闪存 ADC 设置时所需要的关键模型参数都可以被选择。

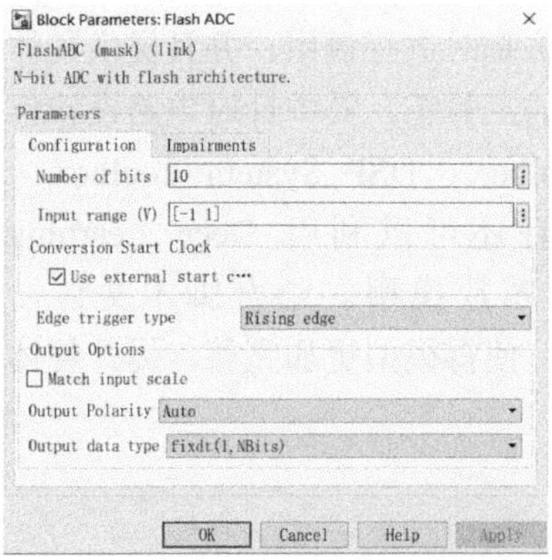

图 10-3　闪存 ADC 参数设置

实际闪存 ADC 设计时，由于比较器数量较多，所以需要重点考虑比较器的亚稳态情况。亚稳态指的是比较器的输入信号小于最小分辨率，比较器的输出不定（既不为“0”也不为“1”的情况）。因此为了定性分析亚稳态的概率情况，需对标准单元库提供的理想闪存 ADC 架构进行一定的调整，从模型结构内部“破坏”亚稳态，模拟真实工作情况的亚稳态。首先删除原有的 Clock Generator 模块，然后增加一个随机数发生器，用于模拟亚稳态受损的情况，最后再对输出情况统计概率。最终的亚稳态测量仿真模型如图 10-4 所示，亚

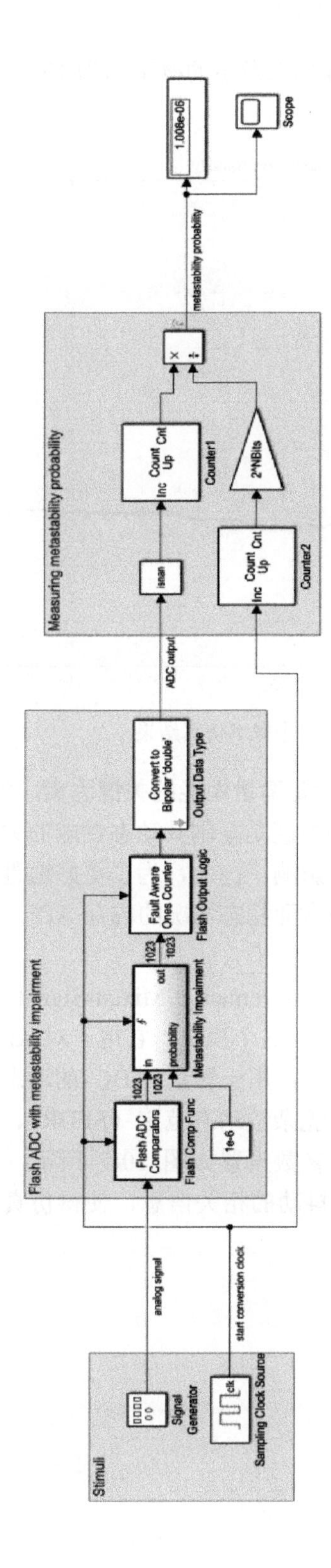

图 10-4　亚稳态测量仿真模型

稳态概率仿真结果如图 10-5 所示。亚稳态发生的概率约为 10^{-6}，和输入信号的随机发生器的概率相同。

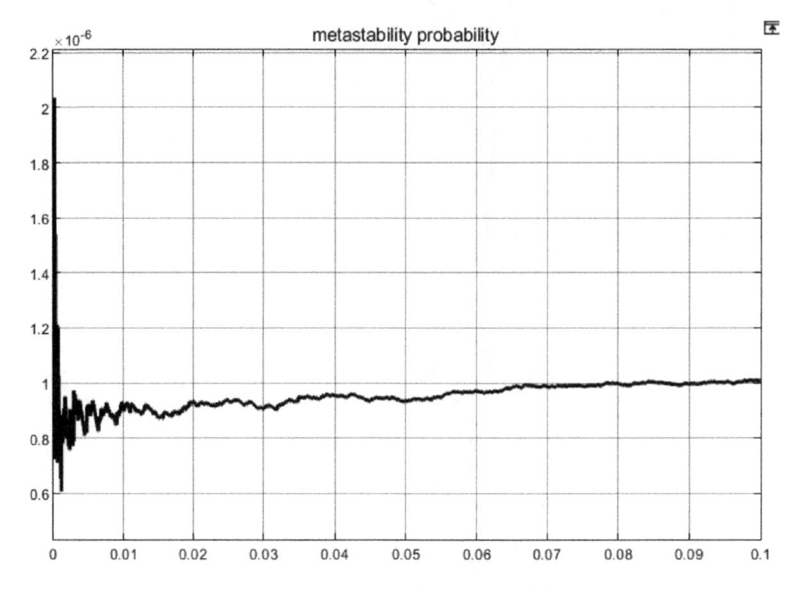

图 10-5 亚稳态概率仿真结果

而对于 ADC 来说，动态性能指标是衡量性能的关键因素，闪存 ADC 也不例外。对于闪存 ADC 来说，比较器的性能是限制其动态性能的关键，比较器的速度、最小分辨率都会对动态性能产生影响。因此，为了更好地进行对比，搭建了动态性能仿真模型（见图 10-6）将包含亚稳态情况的闪存 ADC 和理想闪存 ADC 进行对比。

其中需要特别关注 ADC AC Measurement（Mixed-Signal Blocks→ADC→Measurement→ADC AC Measurement）这个模块，它用于对 ADC 的动态性能进行仿真。后面我们将多次用到这个模块，用于测量 ADC 的动态性能，包括信噪比（SNR）、信噪失真比（SINAD）、无杂散动态范围（SFDR）、有效位数、噪声基底和转换延时。AC Measurement 参数设置如图 10-7 所示，可以设置信号和 ADC 的相关性能，也可以添加时钟抖动的相关信息，使得仿真结果更加接近真实情况。

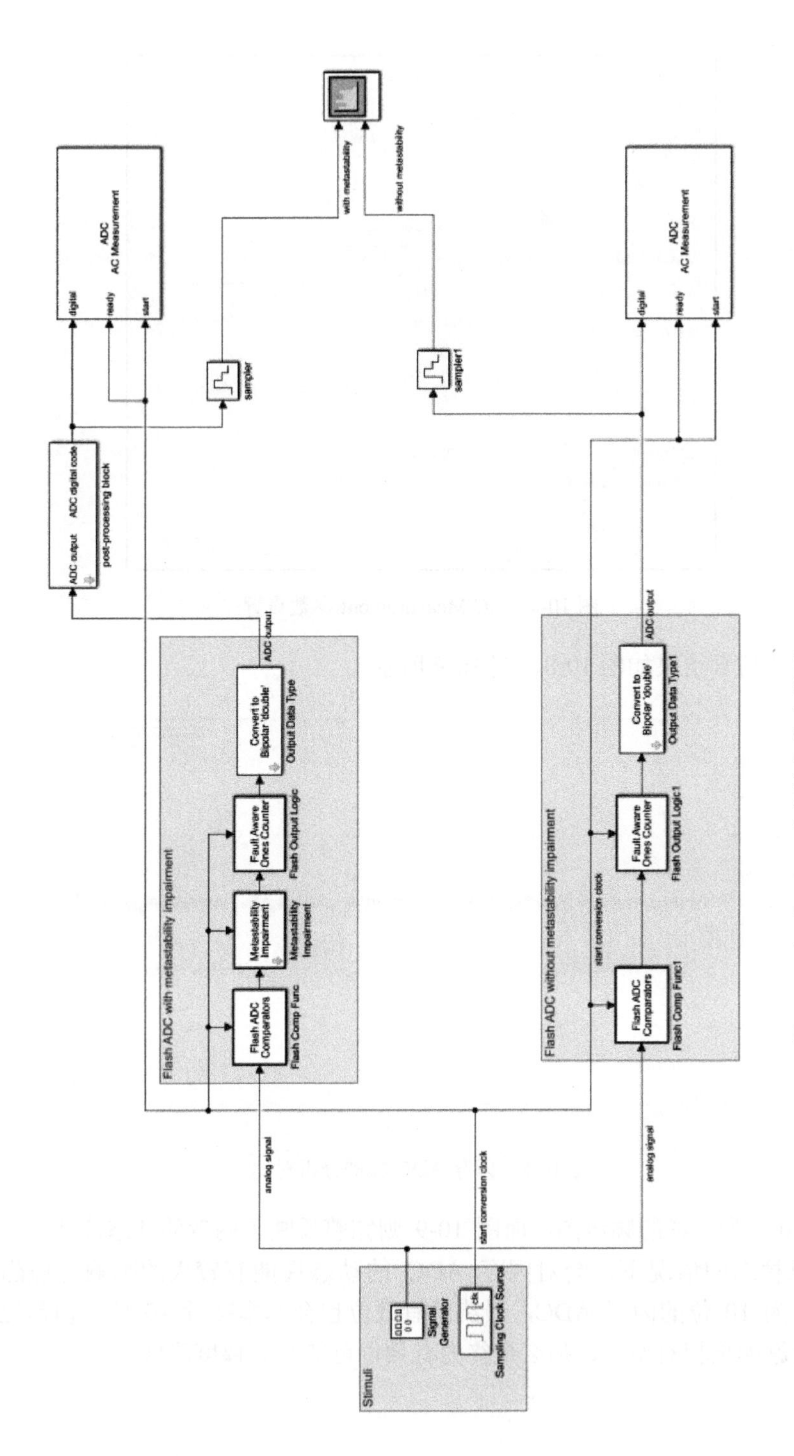

图 10-6　闪存 ADC 动态性能仿真模型

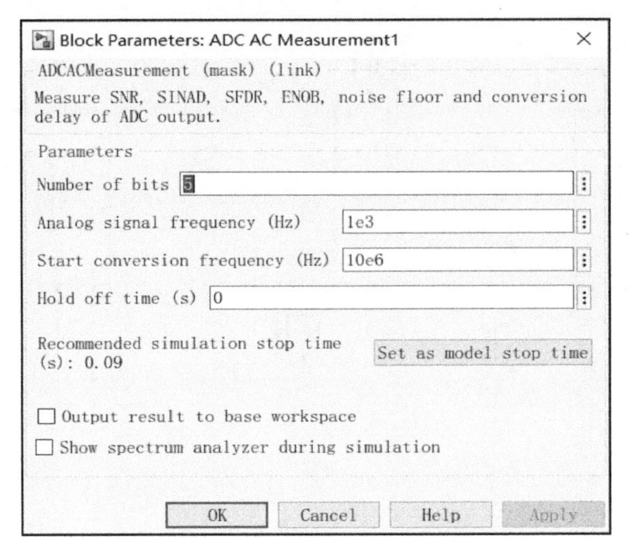

图 10-7　AC Measurement 参数设置

最终的仿真结果如图 10-8、图 10-9 所示。

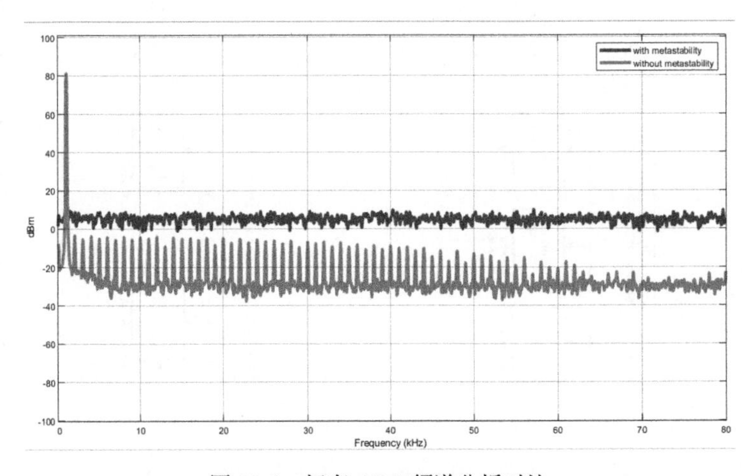

图 10-8　闪存 ADC 频谱分析对比

图 10-8 为两者的频谱图，而图 10-9 则完整反映了两者的动态性能。在比较器存在亚稳态的情况下，会对闪存 ADC 的动态性能有较大的影响。理想情况下，精度为 10 位的闪存 ADC，最终的有效位也会基本接近 10 位，但是比较器亚稳态问题如果相对明显，那么最终的有效位可能会大幅度降低。

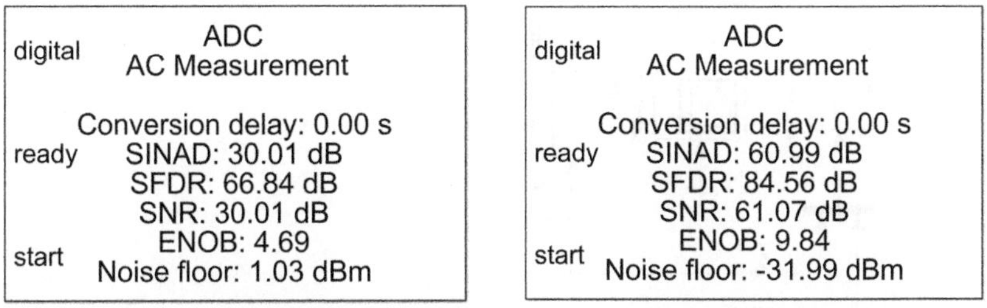

digital　ADC　AC Measurement
Conversion delay: 0.00 s
ready　SINAD: 30.01 dB
SFDR: 66.84 dB
SNR: 30.01 dB
ENOB: 4.69
start　Noise floor: 1.03 dBm

（a）有亚稳态闪存 ADC 动态性能

digital　ADC　AC Measurement
Conversion delay: 0.00 s
ready　SINAD: 60.99 dB
SFDR: 84.56 dB
SNR: 61.07 dB
ENOB: 9.84
start　Noise floor: -31.99 dBm

（b）无亚稳态闪存 ADC 动态性能

图 10-9　闪存 ADC 模型动态性能结果

10.3　SAR ADC 建模

SAR ADC 是一个均衡型 ADC，其能够在精度、功耗、速度方面保持均衡，实现性能的卓越表现。它主要包括 3 个核心模块：DAC、比较器和 SAR 逻辑，这些都能够由 MATLAB 的标准单元库中的元搭建。目前，MATLAB 对 SAR ADC 建模具有非常重要的意义，应用非常广泛。因为 SAR ADC 的发展方向是高速、高精度和低功耗，而电容失配、比较器电压失调、时钟抖动、开关非线性等一些非理想因素可能会对实际性能产生较大的影响，因此需要通过建模仿真模拟这些非理想因素。当 SAR ADC 的精度要求提高，最小分辨率减小时，电容失配、比较器电压失调影响将会放大，从而影响逐次逼近的结果，使得输出编码偏差增大，降低了精度；并且，高精度 SAR ADC 需要较大面积的电容阵列，为了减小电容阵列面积，可能会通过降低单位电容的方式实现，所以 kT/C 噪声也是限制性能的重要因素；当 SAR ADC 的速度要求提高时，时钟抖动将会成为提升速度的瓶颈。这些都可以通过 MATLAB 仿真建模的方式进行提前评估和判断。如果需要采用校正算法和调制方法解决上述问题，可以通过写模型脚本或 Simulink 直接搭建的方式进行验证，最终可以将其集成进整体系统中。

关于 SAR ADC，MATLAB 实例库中有已经搭建完成的 10MSPS 12 位 SAR ADC 模型，可以通过输入如下指令进行调用：

```
openExample ('msblks / SuccessiveApproximationADCExample')
```

调用的仿真模型如图 10-10 所示，其顶层包括完成 SAR ADC 模型和测试平台。

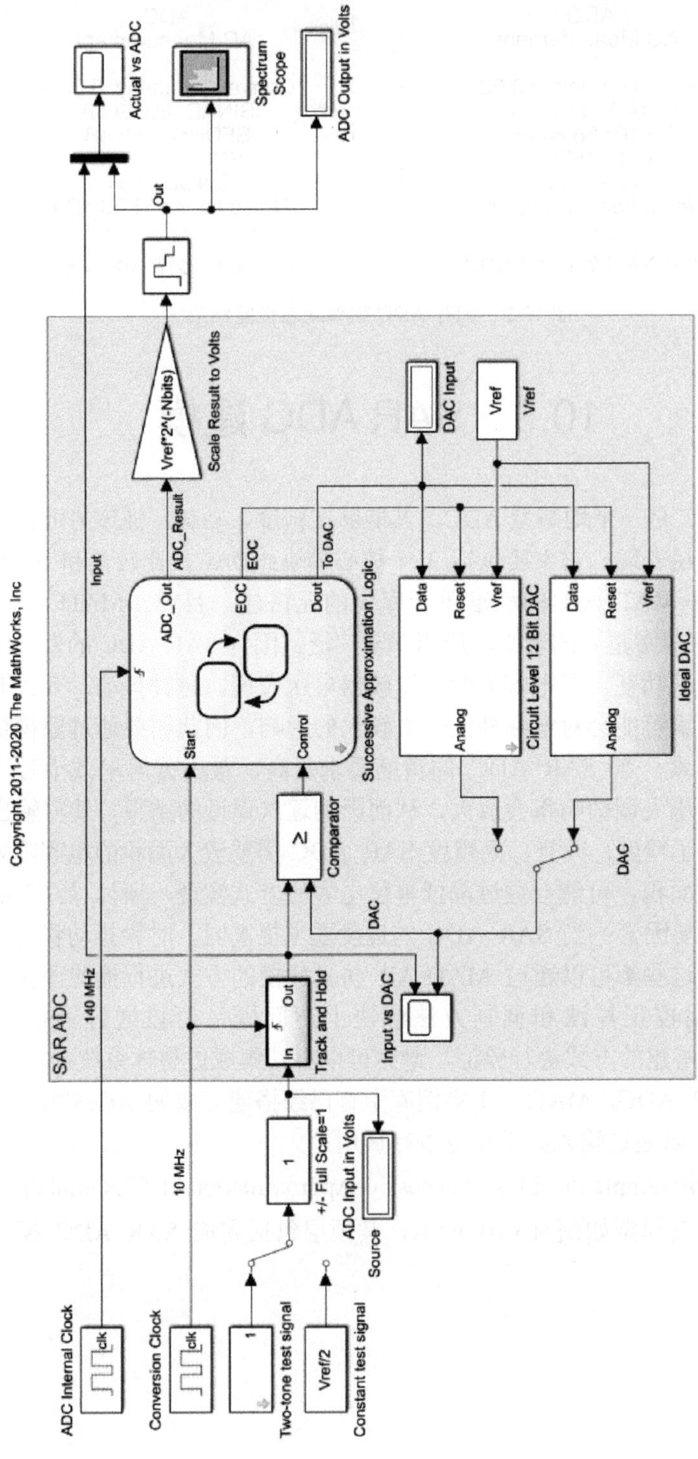

图 10-10　12 位 SAR ADC 仿真模型

测试平台包括信号发生器、时域示波器和频谱分析仪。SAR ADC 模型则包括理想 DAC、实际 DAC、比较器和 SAR 逻辑。理想 DAC 和实际 DAC 主要是为了对比，模拟理想和包含非理想 SAR ADC 的性能。

图 10-11 所示为使用状态机对 SAR 逻辑进行建模流程图。该状态机用作定序器，在 12 位分辨率范围内找到与采样输入信号最接近的近似值相对应的计数，模拟 SAR 逻辑实际工作的情况。

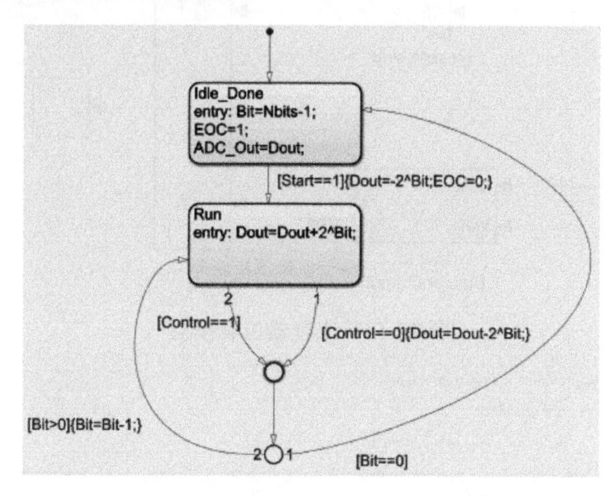

图 10-11 使用状态机对 SAR 逻辑进行建模流程图

图 10-12 所示为 DAC 仿真模型，该结构为分裂式电容架构，具有很多优点，包括减少电容阵列面积、低功耗等。该模型与电路级设计类似，在任何给定时间，DAC 处于两种模式之一：要么根据特定的输入计数生成输出电压，要么在 Reset 线变为高电平时复位。

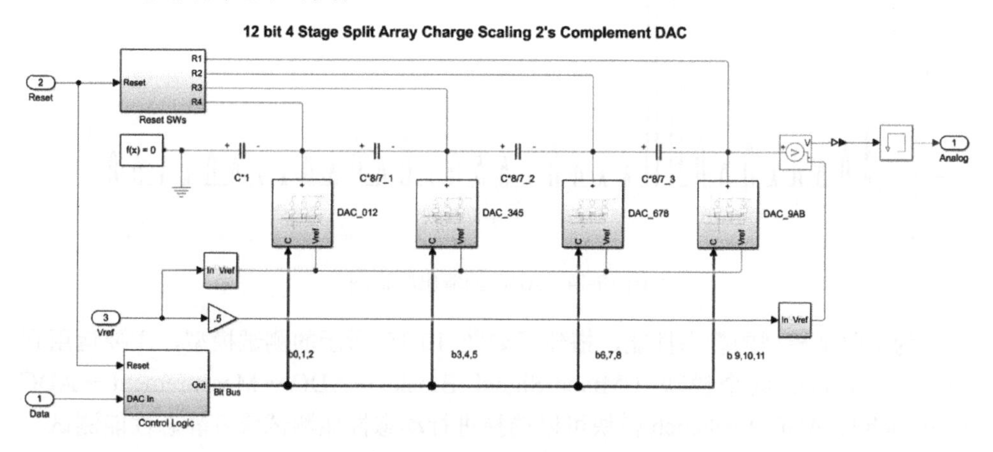

图 10-12 DAC 仿真模型

当 Reset 变为高电平时，DAC 中每个电容器的负端都切换到接地，从而消耗电容器的电荷，为下一个近似做准备。这样可以有效地耗尽电容性电荷网络，使其为下一个输入采样做好准备。并且可以通过设置 R_{on}、开关延时等参数，模拟真实情况。图 10-13 所示为比较器仿真模型，利用它可以进行简单的数值比较。最终，在此模型下，ADC 的输出频谱图如图 10-14 所示。

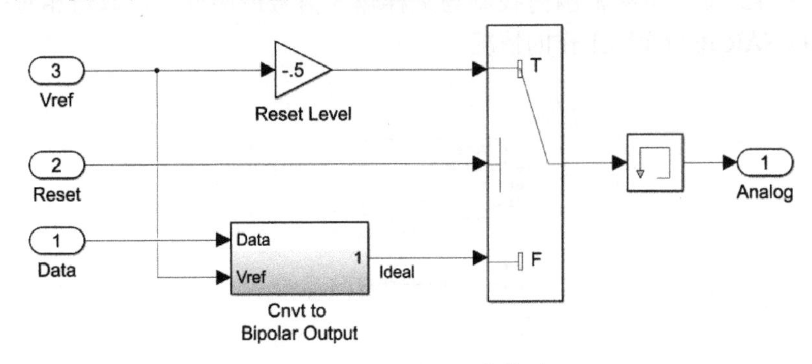

图 10-13　比较器仿真模型

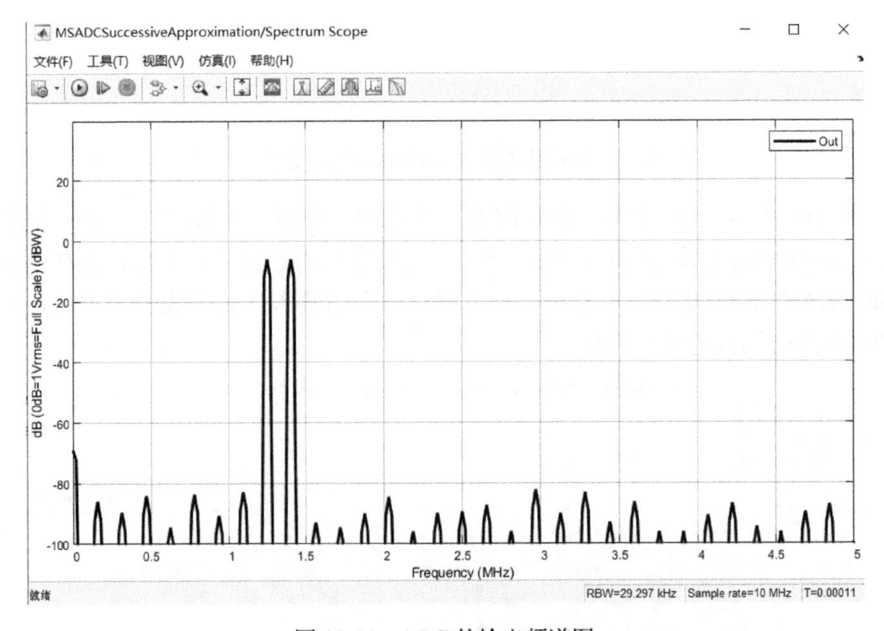

图 10-14　ADC 的输出频谱图

为了验证模型的静态性能，搭建了如图 10-15 所示的测试模型，主要运用到 ADC Testbench 这个模块（Mixed-Signal Blocks→ADC→Measurement→ADC Testbench）。ADC Testbench 模块可以选择进行动态性能测试或者静态性能测试。静态性能设置如图 10-16 所示，共有 Stimulus、Setup、Target Metric 三类设置。

Stimulus 用于设置采样频率，时钟抖动和误差容忍度；Setup 用于设置精度、输入范围和延迟时间；Target Metric 用于设置约束条件，包括失调误差（Offset Error）和增益误差（Gain Error）。图 10-15 中左上角方框中给出了简要的测试结果，如果要导出完整的测试结果，也可以在图 10-16 所示的 Export measurement result 选项中进行选择。

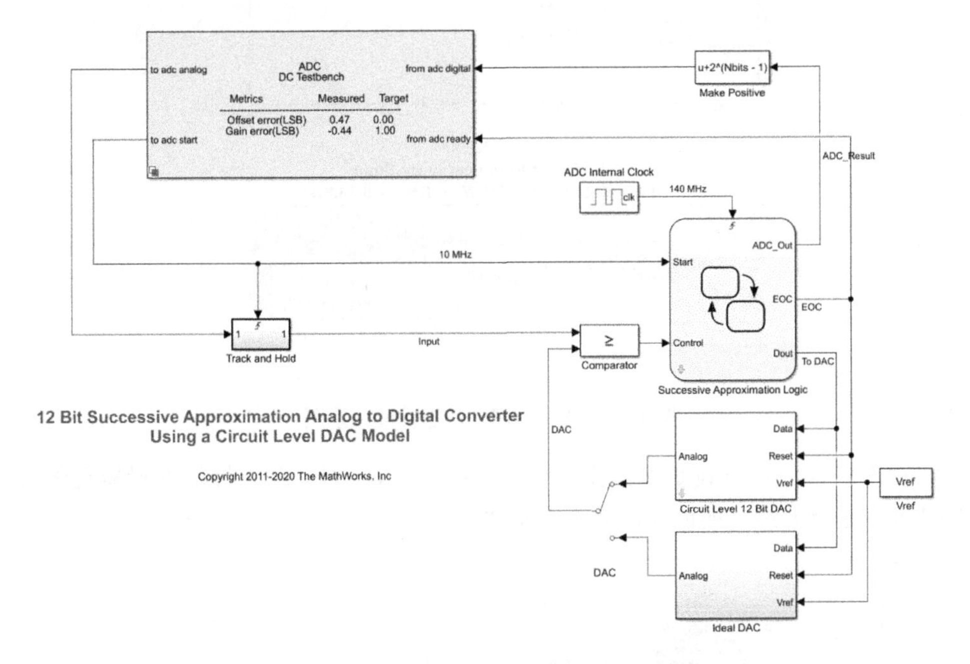

图 10-15　SAR ADC 静态性能测试及结果

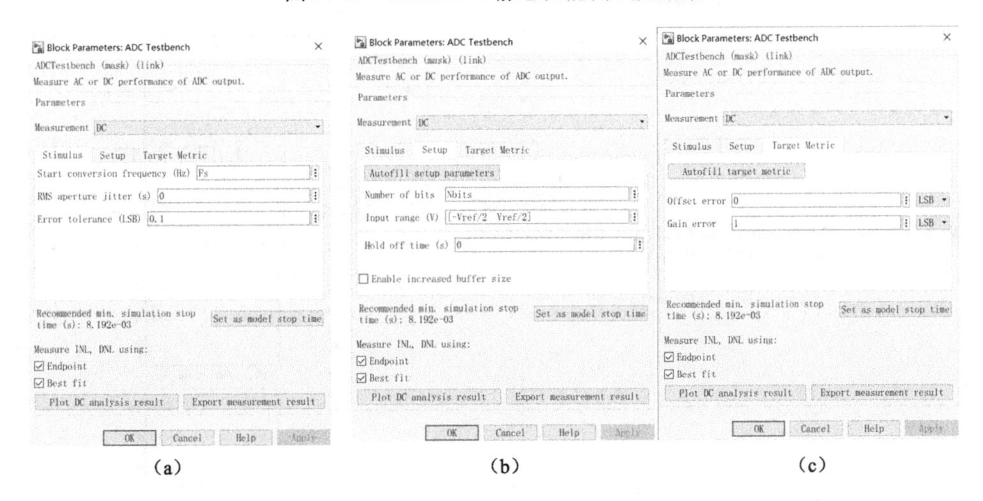

图 10-16　SAR ADC 静态性能设置

最终，模型仿真得到的静态性能如图 10-17 所示。由图可见，输出曲线的线性度良好，INL 和 DNL 最大值分别为±0.38LSB 和±0.3LSB，符合±0.5LSB 的目标要求。

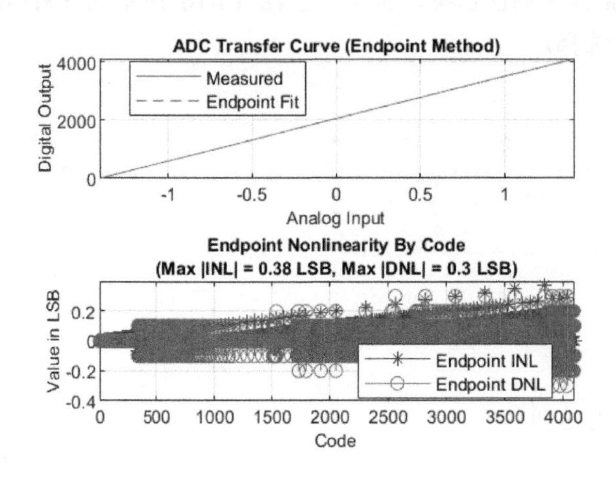

图 10-17　SAR ADC 静态性能结果图

动态性能的仿真设置及结果如图 10-18 所示。因为动态性能的设置已经在 10.2 节中进行介绍，所以此部分不再阐述。

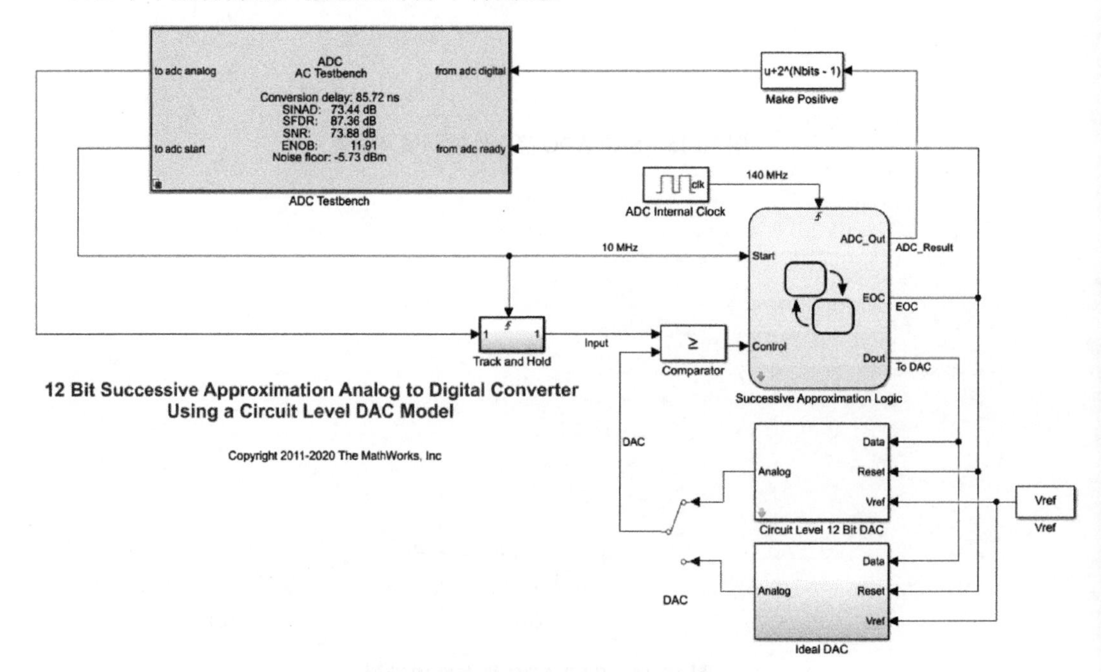

图 10-18　SAR ADC 动态性能的仿真设置及结果

最终，SAR ADC 的转换延时为 85.72ns，SINAD 为 73.44dB，SFDR 为 87.36dB，ENOB 为 11.91 位，噪声基底为-5.73dBm，整体性能优异。但是，因为目前的仿真设置都是比较理想的，所以结果也相对理想化，距离真实情况有一定的差距。理想模型主要验证架构的可行性，而考虑非理想因素，则需要在这个基础上增加一些偏差模块，例如给比较器增加失调电压，为电容元件增加失配偏差，模拟工艺偏差带来的影响，仿真出来的结果是该架构的性能上限，实际电路的性能要比系统仿真结果偏差更大一些。因此，系统综合考虑得越全面，能够模拟的实际情况就更加真实。

10.4　Δ-Σ ADC 建模

过采样 Δ-Σ ADC 是一种噪声整形 ADC。噪声整形的主要目的是重塑量化噪声的频谱，以便将大部分噪声从相关频带（例如，语音应用的音频频带）中滤除。它对精度和采样频率进行了均衡，通过增大采样频率，来达到减少每次采样位数的目的，过程中产生的量化噪声由噪声整形量化器进行补偿。该量化器将添加的量化噪声转移到相关频带之外，从而保留了所需的信号质量水平。采样位数的减少，简化了 ADC 和 DAC 的结构。

图 10-19、图 10-20 所示的是 MATLAB 自身包含的标准模型库，可以通过输入指令“dspsdadc”“dspsdadc-fixpt”进行调用。图 10-19 所示的是浮点版本模型，图 10-20 所示的是定点版本模型。浮点版本模型使用 3 个多相有限脉冲响应（Finite Impulse Response，FIR）抽取滤波器的级联。与使用低阶滤波器的单个抽取滤波器相比，此方法减少了计算和内存需求。每个抽取滤波器将采样频率降低为原来的 1/4。过滤器引入的等待时间用于在“传输延迟”块中设置适当的“时间延迟”。由于滤波器的群延迟，3 个 FIR 抽取滤波器各自引入了 16 个样本的等待时间，由于抽取操作，3 个滤波器引入的总延时为

16（第一个滤波器）+4×16（第二个滤波器）+16×16（第三个滤波器）=336

定点版本使用五段式 CIC 抽取滤波器将采样频率降低了 64 倍。虽然不像 FIR 抽取滤波器那样灵活，但 CIC 抽取滤波器的优点是不需要任何乘法运算。它仅使用加法、减法和延迟来实现。因此，对于计算资源有限的硬件实现情况，这是一个不错的选择。

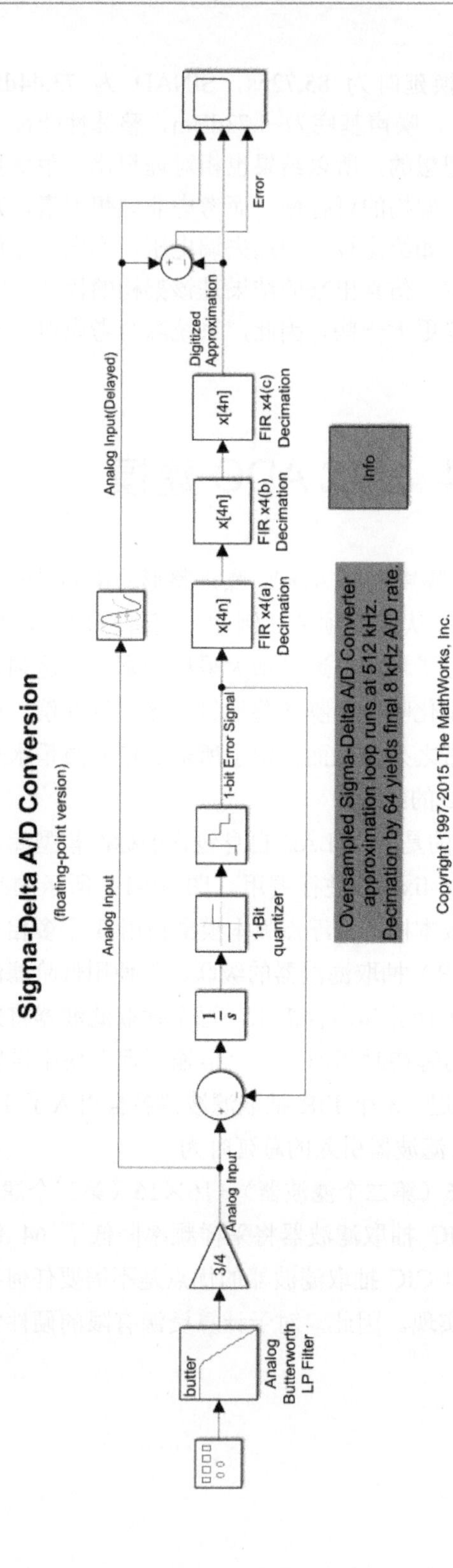

图 10-19　Δ-Σ ADC 浮点版本模型

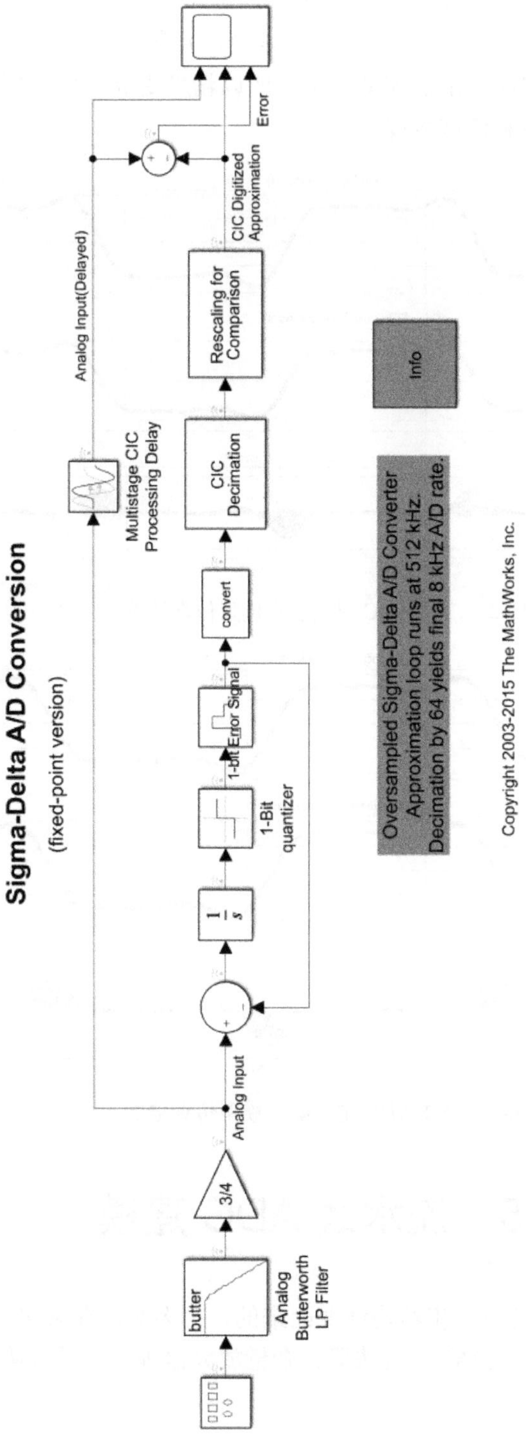

Sigma-Delta A/D Conversion

(fixed-point version)

Analog Input(Delayed)

Multistage CIC
Processing Delay

butter

Analog
Butterworth
LP Filter

3/4

Analog Input

$\frac{1}{s}$

1-Bit
quantizer

1-bit Error Signal

convert

CIC
Decimation

Rescaling for
Comparison

CIC Digitized
Approximation

Error

Oversampled Sigma-Delta A/D Converter
Approximation loop runs at 512 kHz.
Decimation by 64 yields final 8 kHz A/D rate.

Info

图 10-20　Δ-Σ ADC 定点版本模型

两种模型的仿真结果如图 10-21、图 10-22 所示。由图可见，两种模型都能正确进行模/数转换，但是相比于定点版本模型，浮点版本模型的偏差更小。因为浮点版本的采样频率要高于定点模型版本，所以精度更高，偏差更小。一般而言，Δ-Σ ADC 的采样频率和精度成反比。

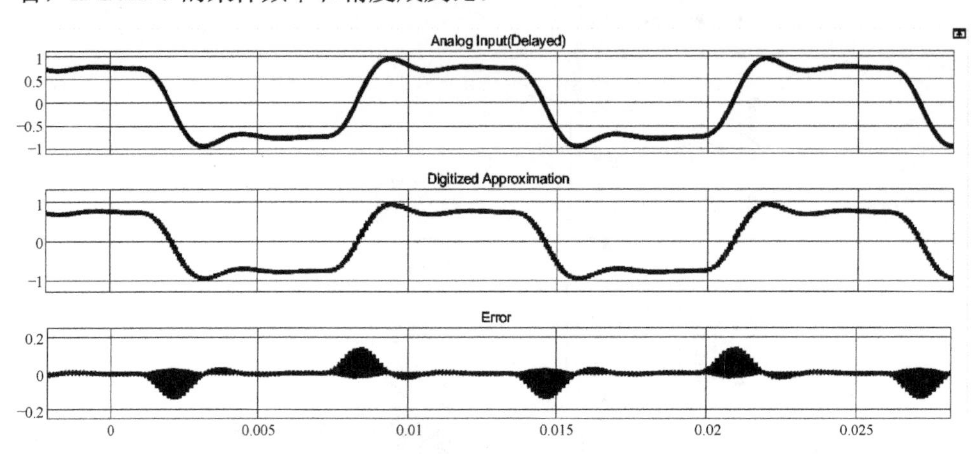

图 10-21　Δ-Σ ADC 浮点版本模型仿真结果

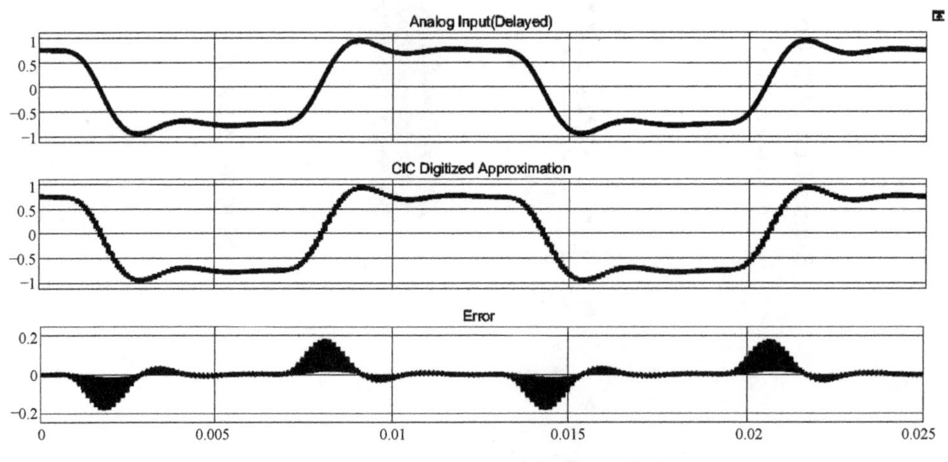

图 10-22　Δ-Σ ADC 定点版本模型仿真结果

10.5　流水线 ADC 建模

流水线 ADC 结构是通过两步结构演变而来的，由多级闪存 ADC 构成，每级都包含采样、子 ADC、子 DAC、减法器、余量放大器等，然后再从高位到低位算出数字转换码。由于每级都有采样保持电路，各级都可以同时进行工作，因此可以大幅度提高转换速度。但是其高位的 ADC、DAC 和增益不匹配会导致误差，需要通过一定的校正算法来解决。因此，同样需要搭建 Simulink 模型进行仿真验证。

本节用 MATLAB 搭建了 14 位流水线 ADC。为了方便搭建，选用了 2 个 5 位 ADC，以及 1 个 4 位 ADC，最终搭建的模型如图 10-23 所示，单个子模块模型如图 10-24 所示。子模块中包含了每级闪存 ADC 的全部模块，如子 DAC、余量放大器等。然后在这个基础上，将多个模块级联，形成一个完成的流水线 ADC。每一级得到的编码统一在输出端进行综合，从而得到最终的输出编码。输出波形如图 10-25 所示，对应的频谱图如图 10-26 所示。如果需要进一步考虑非理想情况，可对每一个子模块进行单独修改，例如对余量放大器的增益设置一定的偏差，电容设置工艺误差。

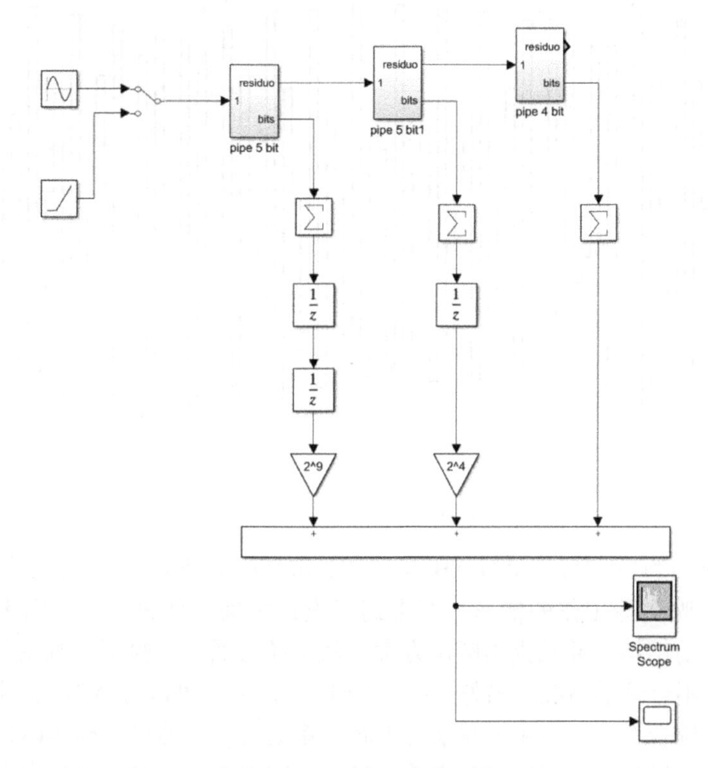

图 10-23　流水线 ADC 模型

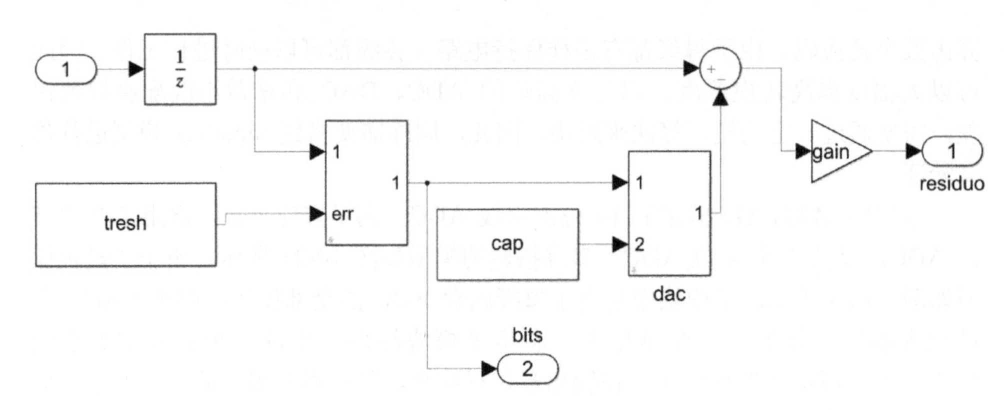

图 10-24　单个子模块模型

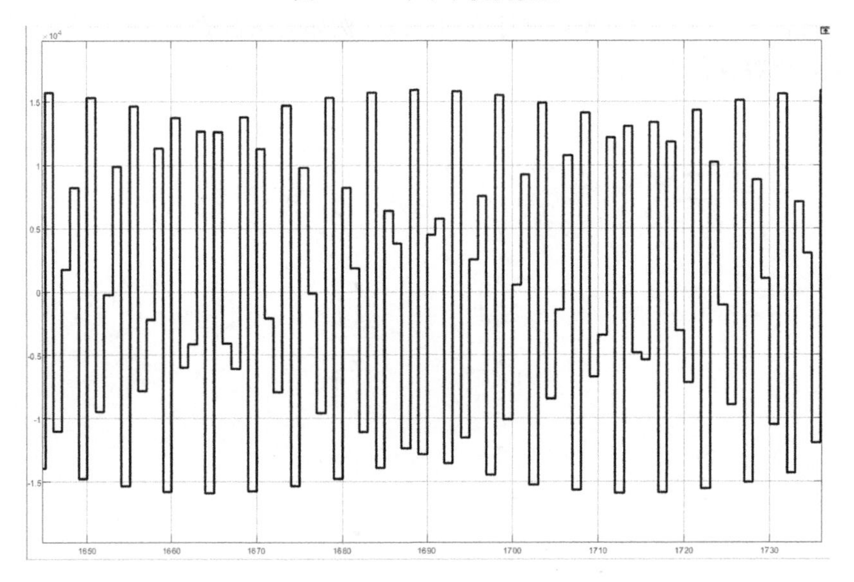

图 10-25　输出波形

对于 ADC 设计而言，MATLAB 是一个非常有用的辅助工具。它能够在一定程度上真实反映实际工作的情形，在电路级设计之前，就将相关的因素考虑进去，丰富模型的结构，并且提出解决方案，从系统层面进行验证，避免电路级设计时出现架构不合理的情况。另外，MATLAB 建模分析可以将 ADC 模块和其他系统模型进行综合考虑，适用于复杂片上芯片系统设计。熟练掌握 MATLAB 相关建模方法，可以让设计更加可靠完善。目前，国内关于 ADC 的研究大多专注于电路设计的具体细节，而在系统级设计和顶层设计方面关注不足。随着芯片集成化程度越来越高，关于这个方向的研究也会越来越深入。

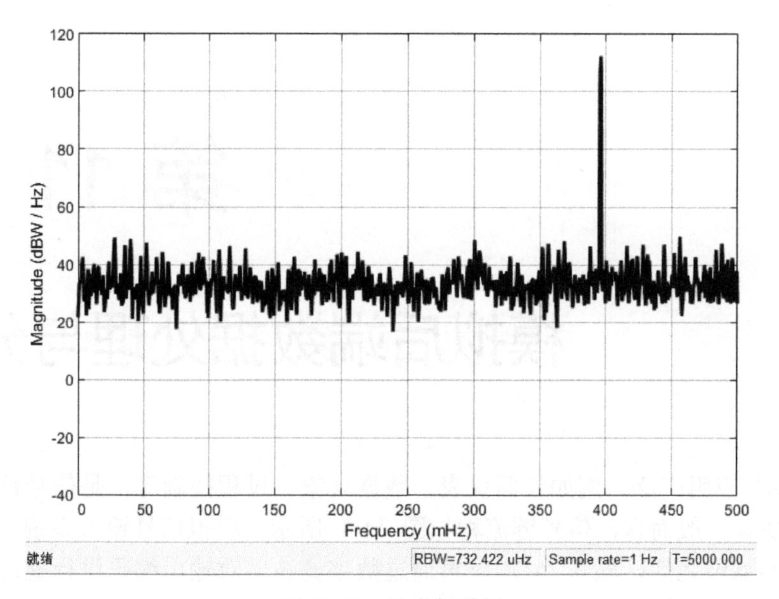

Magnitude (dBW / Hz)
Frequency (mHz)
就绪
RBW=732.422 uHz
Sample rate=1 Hz
T=5000.000

图 10-26　输出频谱图

第 11 章 模拟后端数据处理与分析

ADC 应用广泛，例如仪器仪表、数据采集、过程控制等，是信号链传递的核心模块。一般而言，信号链流程如图 11-1 所示：模拟信号输入系统，经过模拟滤波器滤波之后，输入 ADC，再通过数字滤波器对输出编码进行处理，移除注入的噪声，使得信噪比性能提升。

而对于 ADC 而言，高速高精度 ADC 是重要的发展方向，精密的 ADC 能够为 5G 时代和人工智能时代带来更多的可能。目前，SAR ADC 的分辨率可以达到 18 位甚至更高，采样频率为 MSPS 级；Δ-Σ ADC 的分辨率则可以达到 24 位甚至 32 位，采样频率为数百 kSPS 级。为了充分利用高性能 ADC 而不限制其能力，在降低信号链噪声方面将会面临不得不解决的问题。如何在不影响 ADC 性能的情况下，采用简单的方式，进一步降低噪声，是高精度 ADC 未来重要的研究方向。

另外，对数据的后处理也是 ADC 使用的关键环节。前文所提到的数字校正环节也是对输出数据的一种后处理，其作用是保证 ADC 输出编码的准确性。本章将对 ADC 的滤波和后端数据处理进行详细的分析。

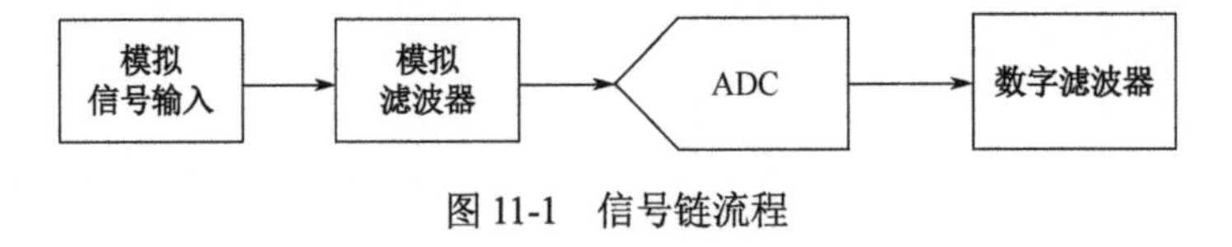

图 11-1　信号链流程

11.1　信号滤波

信号滤波分为模拟滤波和数字滤波。模拟滤波器用于消除 ADC 转换之前信号路径中的高频噪声的影响和干扰，减少信号的混叠，所以我们通常又称其为抗混叠滤波器。它能够消除滤波器带宽之外的过驱动信号，避免调制器出现饱和的情况。如果输入信号超过额定幅值时，模拟滤波器还能够限制输入电流，衰减输入电压，以保护 ADC 输入。实际应用时，当 ADC 的输入接近满幅值时，如果噪声尖峰叠加进输入信号中，可能会造成输入信号饱和，影响最终的输出编码。理想的模拟滤波器具有以下的特性：通带内具有单位增益，无增益变化，抗混叠衰减水平与所用数据转换系统的理论动态范围一致。

而数字滤波器则是对 ADC 输出信号的编码进行后处理，其主要目的是移除转换过程中新注入的噪声。在实际应用过程中，采样频率远高于奈奎斯特采样频率，因此数字滤波器可以采用针对更高信噪比和更高分辨率的滤波技术来降低转换过程中注入的噪声，如电源噪声、数字接口馈通噪声、信号带宽之外的输入噪声、ADC 芯片量化噪声等。模拟滤波器和数字滤波器的性能对比见表 11-1。

表 11-1　模拟滤波器和数字滤波器的性能对比

	模拟滤波器	数字滤波器
设计复杂度	高（针对高性能滤波器）	低
成本	高（取决于所选模拟元件）	低
延时	低	高
增加噪声	增加带内元件热噪声	量化时可能会引入数字噪声
ADC 输入保护	是	否
可编程	否	是
漂移误差	是	否
老化	是	否
多通道匹配误差	是	否

由于本节主要介绍模拟后端数据处理与分析，所以更加关注数字滤波器在 ADC 中的应用。随着数字技术的快速发展，数字滤波器正在被运用到越来越多的领域。常见的数字滤波器一般分为两种类型：非递归型（有限冲激响应，Finite Impulse Response，FIR）和递归型（无限冲激响应，Infinite Impulse Response，IIR）。

FIR 滤波器是数字信号处理系统中最基本的元件，它能够在保证任意幅频特性的同时具有严格的线性相频特性，同时其单位采样响应是有限长的，因而滤波器是稳定的系统。具体工作原理如图 11-2 所示，它由 F/R 控制器、乘法器、累加器、D/A 转换模块组成，完成对输入信号的数字滤波。

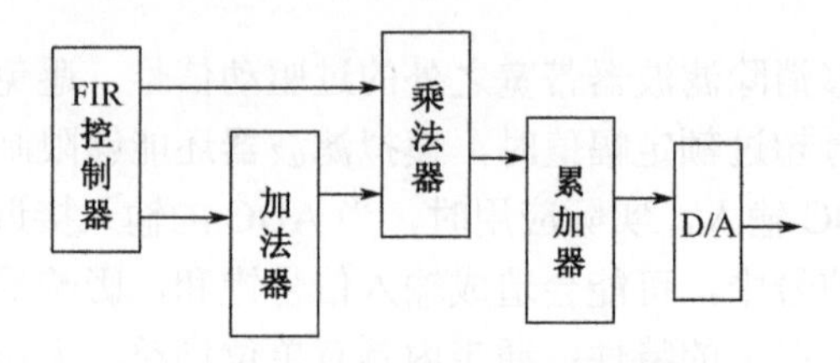

图 11-2　FIR 滤波器工作原理框图

有限冲激响应滤波器是线性系统，如果输入离散信号 $x(0)$，$x(2)$，…，$x(n)$，经过该系统后的输出信号 $y(n)$可以表示为

$$y(n) = h_0 x(n) + h_1 x(n-1) + \cdots + h_N x(n-N) \tag{11-1}$$

式中，h_0，h_1，…，h_N 是滤波器的冲激响应，也称滤波器的系数。一般而言，式（11-1）也可以表示为

$$y(n) = \sum_{k=0}^{N} h_k x(n-k) \tag{11-2}$$

如果输出信号为脉冲信号 $\delta(n)$：

$$\delta(n) = \begin{cases} 1 & n = 0 \\ 0 & n \neq 0 \end{cases} \tag{11-3}$$

输出信号为

$$y(n) = \sum_{k=0}^{N} h_k \delta(n-k) = h_n \tag{11-4}$$

$h(n)$ 是滤波器输入脉冲的响应，有限冲激响应滤波器的传递函数可以通过它的冲激响应的 Z 变换获得：

$$H(z) = Z\{h(n)\} = \sum_{n=-\infty}^{\infty} h(n) z^{-n} = \sum_{n=0}^{N} h(n) z^{-n} \tag{11-5}$$

因此，有限冲激响应滤波器的频率响应为

$$H(\mathrm{e}^{\mathrm{j}\omega}) = \sum_{n=0}^{N} h(n) \mathrm{e}^{-\mathrm{j}\omega n} \tag{11-6}$$

有限冲激响应滤波器具有以下优点：

（1）冲激响应为有限长，造成当输入数字信号为有限长的时候，输出数字信号也为有限长。

（2）相比于无限冲激响应滤波器，比较容易最佳化。

（3）具有线性相位，造成 $h(n)$是偶对称或奇对称且有限长。

（4）一定是稳定的，因为经过 Z 变换之后所有的极点都在圆内。

有限冲激响应也有一定的缺点：相比于无限冲激响应滤波器，设计方式更加复杂。目前，关于有限冲激响应的设计方法包括 3 种：最小化平均误差（least

MSE）、最小化最大误差（Minimax）和频率采样（Frequency Sampling）。

最小化平均误差设计方法主要通过下面的公式来实现：

$$\mathrm{MSE} = f_{\mathrm{S}}^{-1}\int_{-f_{\mathrm{S}}/2}^{f_{\mathrm{S}}/2}\left|H(f) - H_{\mathrm{d}}(f)\right|^{2}\mathrm{d}f \tag{11-7}$$

式中，f_{S} 为采样频率；$H(f)$为最终设计的滤波器频谱；$H_{\mathrm{d}}(f)$为最终设计的滤波器频谱。以设计高通滤波器为例，通带为 $0.25<F\leqslant0.5$，F 为归一化频率（$F=f/f_{\mathrm{S}}$），f_{S}为采样频率。最终的设计结果如图 11-3 所示。

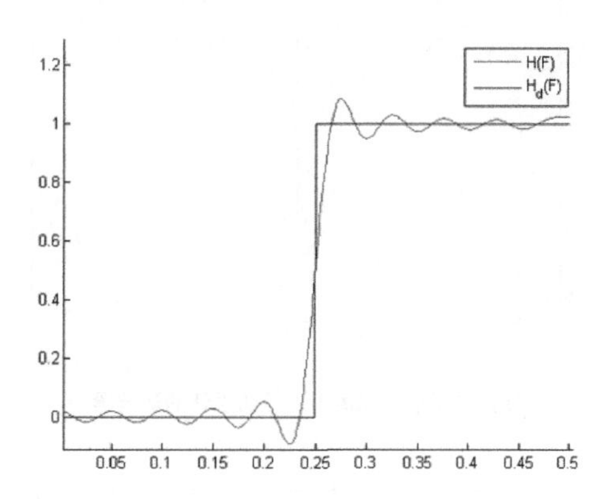

（a）采用最小化平均误差法设计的滤波器

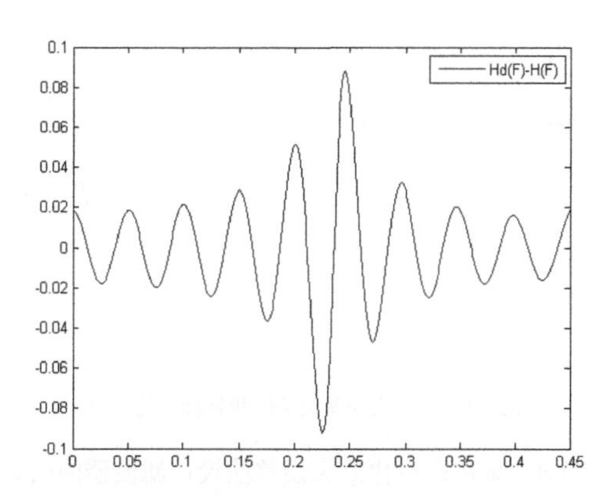

（b）最小化平均误差设计值和目标值的误差

图 11-3　采用最小化平均误差法设计滤波器的结果

如果采用最小化最大误差设计方法，则利用迭代的方式最小化滤波器在通带和阻带的最大误差，详细设计可参照帕克斯–麦克莱伦算法。采用的核心公式如下：

$$\text{MaximalError} = \text{Max}_f |H(f) - H_d(f)| \tag{11-8}$$

式中，Max_f 为对频率取函数最大值；$H(f)$为最终设计的滤波器频谱；$H_d(f)$为最终设计的滤波器频谱。以最小化最大误差方法设计高通滤波器（通带为 $0.25 < F \leqslant 0.5$；F 为归一化频率，$F = f/f_S$；f_S 为采样频率），最终的结果如图 11-4 所示。

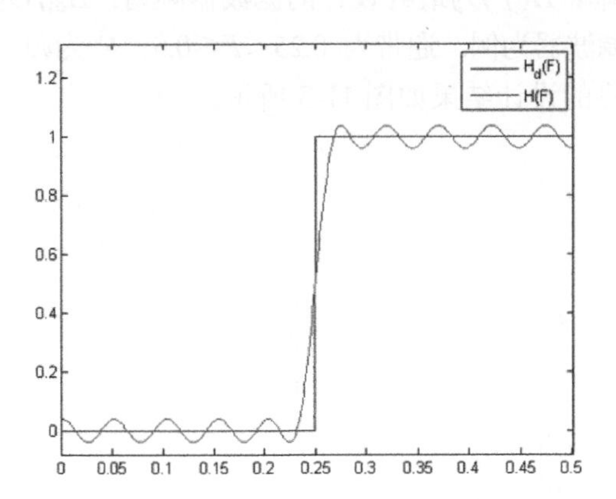

（a）采用最小化最大误差法设计的滤波器

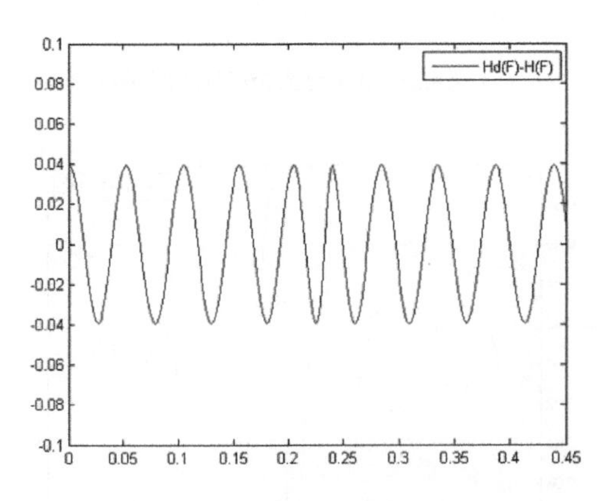

（b）最小化最大误差设计值和目标值的误差

图 11-4　采用最小化最大误差法设计滤波器的结果

频率采样法设计滤波器相对简单，核心思想是通过使实际滤波器频谱的某些采样点与目标设计的滤波器频谱的相同频率采样点的响应相同来实现。在此设计思想下，以频率采样法设计高通滤波器（通带为 $0.25 < F \leqslant 0.5$；F 为归一化频率，$F = f/f_S$；f_S 为采样频率），最终的结果如图 11-5 所示。

有限冲激响应滤波器设计方法各有其优势，具体对比见表 11-2。一般滤波器设计采用最小化平均误差法，因为其使用限制少，并且稳定性好。

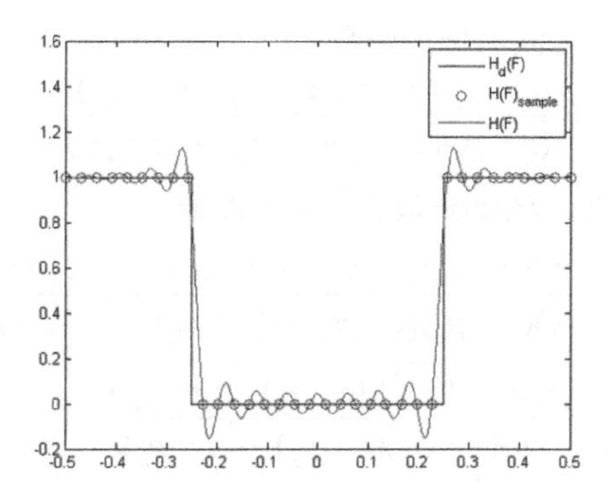

（a）采用频率采样法设计的滤波器

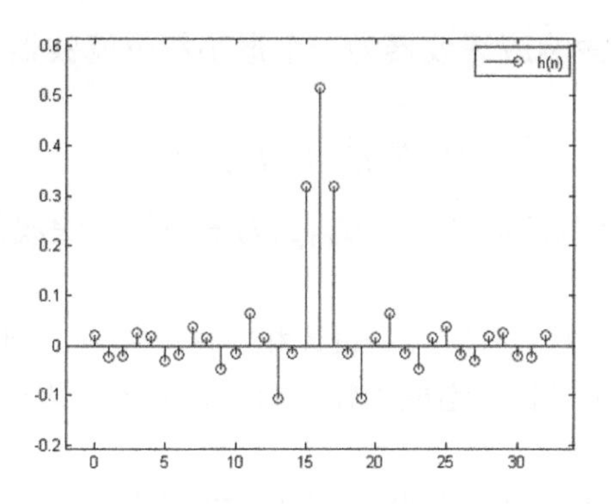

（b）频率采样设计值和目标值的误差

图 11-5　采用频率采样法设计滤波器的结果

表 11-2　有限冲激响应滤波器设计方法对比

	最小化平均误差法	最小化最大误差法	频率采样法
设计方法	使用内积以及逆阵运算	使用递归的方式，所以相对而言较为复杂	利用反傅里叶变换
方法限制	使用限制较少	所设计滤波器必须是偶对称或奇对称的才可以	无法使用权重函数，且变换频带的加入也很难做到最佳化
实际效果	平均误差最小，系统稳定性较好	最大误差最小，一般而言表现较好，可以保证系统工作在一定的误差范围内	很难做到最佳化，并且容易有混叠影响

无限冲激响应滤波器是另一种常用的滤波器，因为其存在反馈回路，所以对于脉冲输入信号响应是无限延续的。如何使能量集中在基频附近，如何使得正向 Z 变换以及逆向 Z 变换时保持稳定，是无限冲激响应滤波器所要面临的问题。一般我们通过最小相位滤波器来解决上述问题，它的全部极点以及零点都在单位圆

内。假设无限冲激响应滤波器传递函数为

$$H(z)=C\frac{(z-z_1)(z-z_2)(z-z_3)\cdots(z-z_R)}{(z-p_1)(z-p_2)(z-p_3)\cdots(z-p_S)} \tag{11-9}$$

假设 z_2 在单位圆外，$H_1(z)$是最小相位滤波器：

$$\begin{aligned}H_1(z)&=C\frac{(z-z_1)(z-z_2)(z-z_3)\cdots(z-z_R)}{(z-p_1)(z-p_2)(z-p_3)\cdots(z-p_S)}\times z_2\frac{z-(\overline{z_2^{-1}})}{(z-z_2)}\\&=z_2C\frac{(z-z_1)(z-(\overline{z_2^{-1}}))(z-z_3)\cdots(z-z_R)}{(z-p_1)(z-p_2)(z-p_3)\cdots(z-p_S)}\end{aligned} \tag{11-10}$$

上述公式符合$|H_1(z)| = |H(z)|$，且 $H_1(z)$和 $H(z)$只有相位不同。$z_2\frac{z-(\overline{z_2^{-1}})}{(z-z_2)}$称为全通滤波器。无限冲激响应滤波器为一个最小相位滤波器和一个全通滤波器的串接：

$$H(z)=H_{mp}(z)H_{ap}(z) \tag{11-11}$$

式中，$H(z)$为无限冲激响应滤波器；$H_{mp}(z)$为最小相位滤波器；$H_{ap}(z)$为全通滤波器。

无限冲激响应滤波器具有较容易设计和实现的优点。同时它也有以下缺点：

（1）冲激响应为无限长：造成当输入数字信号为有限长的时候，输出数字信号会变成无限长。

（2）和有限冲激响应滤波器相比，不易进行优化。

（3）不一定是稳定的，因为 Z 变换后的所有极点不一定都在单位圆内。

而关于无限冲激响应滤波器设计有以下几种基本方法：

（1）零–极点累试法：由于频率响应在靠近极点频段处会出现峰值，零点频段会产生谷值，零–极点越靠近单位圆附近上述情况越明显。因此，可以在设计时通过反复调整零、极点位置，使其符合设计要求。一般适用于简单的数字滤波器设计。

（2）最优化设计：这种设计方法是在一开始确定设计规则，找到误差最小的系统函数 $H(z)$，主要依靠计算机辅助设计进行，适合复杂的数字滤波器设计。

（3）用模拟滤波器理论设计数字滤波器。

随着集成电路技术的不断发展，数字滤波器的设计要求和准确度越来越高。数字滤波器是信号处理过程中不可或缺的一部分，高精度 ADC 离不开它的辅助，越来越多的设计将这一模块作为一个重点进行设计。

11.2　数据处理

对于经过数字滤波器处理的数据，虽然滤除了噪声，但是仍然需要进一步处理才能够评估出 ADC 的性能参数。对于输入斜坡信号或者正弦波得到的输出结果，需要应用线性拟合、多项式拟合等拟合方式得到增益、失调和谐波系数。并且可以进一步处理，给出输出直方图，获得 ADC 的 DNL 和 INL 参数。

最佳拟合曲线是获得输入/输出特性的重要途径，它使用了一系列由覆盖全范围的线性输入信号产生的 n 个数字 $Y_i, i=1,\cdots,n$。拟合曲线：

$$\hat{Y}(i)=Gi+Y_{\mathrm{OS}} \tag{11-12}$$

式中，G 为增益；Y_{OS} 为 ADC 的失调量。利用最小二乘法最小化剩余电压的平方和，因此第 i 个数据点是实际测量值 $Y(i)$ 和拟合值 $\hat{Y}(i)$ 的差：

$$r_i=Y_i-\hat{Y}_i \tag{11-13}$$

剩余电压的平方和为

$$S=\sum_1^n r_i^2=\sum_1^n (Y_i-\hat{Y}_i)^2=\sum_1^n [Y_i-(Gi+Y_{\mathrm{OS}})]^2 \tag{11-14}$$

对上述表达式求解偏微分，使得上述表达式的偏微分为“0”：

$$\frac{\partial S}{\partial G}=-2\sum_1^n i[Y_i-(Gi+Y_{\mathrm{OS}})]=0 \tag{11-15}$$

$$\frac{\partial S}{\partial Y_{\mathrm{OS}}}=-2\sum_1^n [Y_i-(Gi+Y_{\mathrm{OS}})]=0 \tag{11-16}$$

将以下值作为中间变量代入公式：

$$S_1=2\sum_1^n i \qquad S_2=2\sum_1^n Y_i \qquad S_3=2\sum_1^n i^2 \qquad S_4=2\sum_1^n iY_i \tag{11-17}$$

得到

$$G=\frac{nS_4-S_1S_2}{nS_3-S_1^{\ 2}} \qquad Y_{\mathrm{OS}}=\frac{S_2}{n}-G\frac{S_1}{n} \tag{11-18}$$

如此就可以拟合出最佳直线的响应的增益和失调。式（11-12）至式（11-18）说明了用最佳拟合曲线方法拟合一阶多项式（直线）的过程，还可将最佳拟合曲线方法扩展用于拟合高阶多项式，得到谐波失真的相关参数的拟合结果。如果使用过程中出现一些不准确的数据，可以将这些数据从序列中去除，使得最终的拟合更加精确。

直方图法是另一种数据处理方法，其主要从概率统计的角度进行分析。ADC

的输入幅值分布 $p_{\text{in}}(x)$是已知的。对理想 ADC 而言，某一个输出编码发生的概率 P_i 是范围在 V_i 内概率密度函数的积分。对具有 N 个相等量化间隔和动态范围是 V_{FS} 的理想 ADC 来说，

$$P_i=\int_{(i-1)\Delta}^{i\Delta} p_{\text{in}}(x)\mathrm{d}x;\quad i=1,\cdots,N;\quad \Delta=V_{\text{FS}}/(N-1) \tag{11-19}$$

如果转换器不理想，那么定义某一输出编码的样本发生概率的积分需要扩展到实际输出码变化的限制范围：

$$P_i=\int_{V_{L,i}}^{V_{U,i}} p_{\text{in}}(x)\mathrm{d}x \tag{11-20}$$

$$V_{L,i}=\sum_{j=1}^{i-1}\Delta_j \qquad V_{U,i}=V_{L,i}+\Delta_i \tag{11-21}$$

当样本数量 M 足够大时，P_i 和 $P_{i,r}$ 近似认为是采样数值 M_i 和 $M_{i,r}$ 除以 M：

$$P_i=\frac{M_i}{M} \qquad P_{i,r}=\frac{M_{i,\text{r}}}{M} \tag{11-22}$$

通过这种方法可以得到 ADC 的输入幅值范围，样本数量越大，最终得到的概率就越接近实际情况。当输入信号为正弦波时，进行概率统计，得到的概率直方图和实际情况相吻合，两端电压出现的概率大，中间概率小，呈现“浴缸状”，如图 11-6 所示。

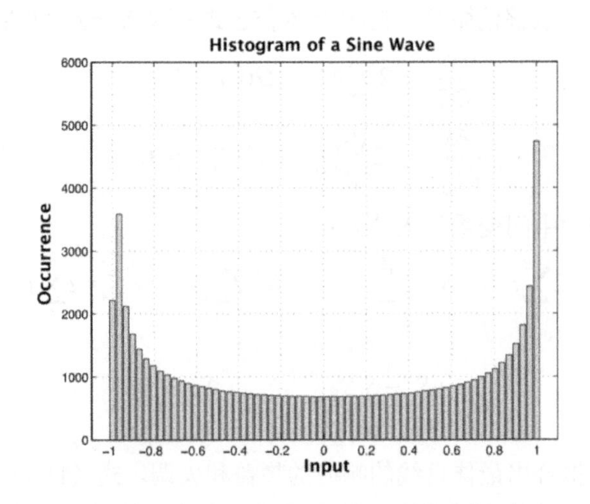

图 11-6　输入信号为正弦波的概率统计

灵活地对输出编码进行后处理，不但能够使最终的结果得到优化，更加符合实际情况，而且能够更加真实地反映 ADC 的性能。

附录 A

工艺参数提取

在设计具体电路之前，需要了解所采用工艺的器件特征参数。可以通过两种方法得到器件的特征参数：其一是通过查阅工艺厂商所提供的数据手册；其二是通过一定的仿真提取所需的特征参数。本附录主要介绍如何通过仿真获取设计所需的工艺参数。设计主要关注的参数有阈值电压（V_{TH}）、$\beta=\mu C_{OX}W/L$、$K=\mu C_{OX}$、沟道调制效应系数（λ）、背栅效应系数（γ）、栅电容密度、方块导通电阻、g_m/I_d 曲线等。可以通过如图 A-1 所示的仿真设置进行直流（.dc）仿真，从直流工作点（DC Operating Points）中提取相关参数。在深亚微米工艺中，相关工艺参数与各极电压、晶体管尺寸等相关，因此在本仿真设置中，将各极电压与晶体管尺寸设置成变量，通过 DC Sweep 与 Parametric Analysis 仿真结合获得工艺参数曲线。

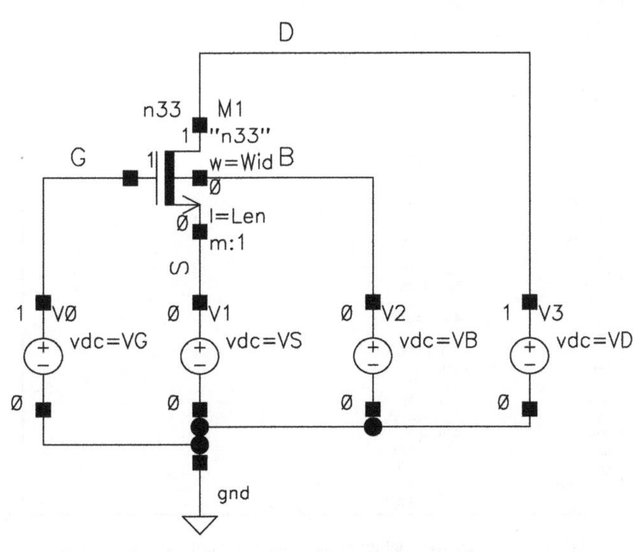

图 A-1　nMOS 工艺参数仿真设置

完成一次.dc 仿真后，可以在 ADE 中选择显示出相关器件的直流工作点以及相关特征参数。

图 A-2 所示为具体的选项卡，图 A-3 是图 A-1 所示电路.dc 仿真的一个结果示意图。

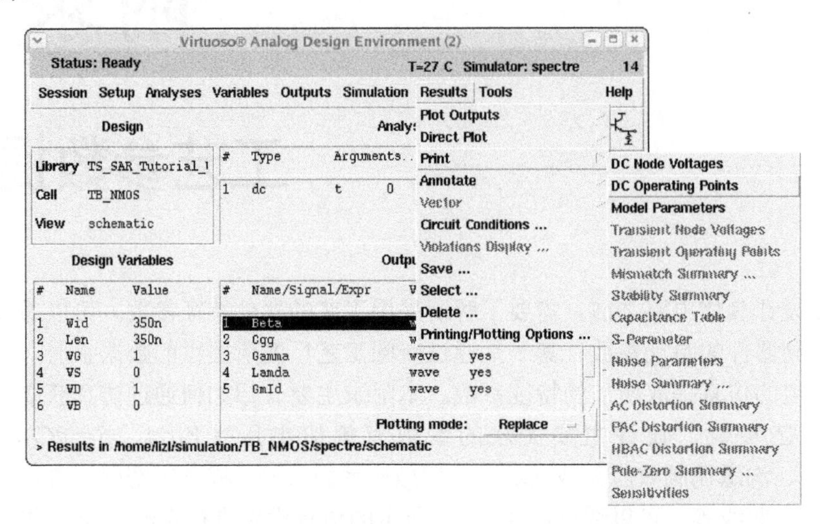

图 A-2 .dc 仿真后，“Print”器件的 DC Operating Points 相关参数

Results Display Window

Window Expressions Info Help 45

signal	OP("/M1" "??")
betaeff	246.826u
cbb	270.742a
cbd	207.573z
cbdbi	324.099a
cbg	-176.93a
cbs	-94.0192a
cbsbi	342.922a
cdb	-108.367z
cdd	132.577a
cddbi	-323.774a
cdg	-132.724a
cds	255.505z
cgb	-151.952a
cgbovl	103.876a
cgd	-131.738a
cgdovl	132.459a
cgg	726.555a
cgs	-442.865a
cgsovl	132.459a
cjd	323.891a
cjs	436.942a
csb	-118.681a
csd	-1.04646a
csg	-416.901a
css	536.628a
gbd	74.171f
gbs	32.9245a
gds	679.088n
gm	46.2357u
gmbs	18.4834u
gmoverid	6.55431
i1	7.05425u

图 A-3 “Print”器件直流工作点仿真图结果示意图

图 A-3 中的各项参数的含义可以参考 Spectre 的说明文档（说明文档在 Cadence 软件的帮助文档的 spectre-spectre simulator-spectre circuit simulator components and device models reference 文件夹中，其中每个子文件夹中的 statements 介绍了相应的仿真模型的参数含义），比如：betaeff 为 β；cbb 为体极（bulk）电荷对体极电压的微分电容值，其定义为 cbb=dQ_b/dV_b；cbd 为 bulk 电荷对漏极（Drain）电压的微分电容值，其定义为 cbd=dQ_b/dV_d。

A.1 阈值电压

阈值电压（V_{TH}）是直流工作点仿真结果中的一项，为 vth。由于阈值电压受到晶体管尺寸以及各极电压的影响，因此设计需要的不仅是在某一条件下的 V_{TH} 值，还需要一定参数条件下 V_{TH} 的曲线。

关于某一参数的.dc 仿真，可以借助 DC Sweep 仿真或者 Parametric Analysis 仿真。当然，更加有效的是结合 DC Sweep 与 Parametric Analysis 仿真实现曲线簇的仿真。由于 ADE 自身的问题，在进行 DC Sweep 仿真之后，ADE 只能够显示一组直流工作点仿真的结果。因此，首先需要生成一个 ASCII 文件 save.scs，在该文件中写入 save *:oppint sigtype = dev; 而后，将该文件添加到 ADE 的 Setup 中的 Model Libraries 路径中；之后所进行的 DC Sweep 仿真就会保存所有变量情况下的直流工作点。

以栅极电压 V_G 为变量的 DC Sweep 仿真设置如图 A-4 与图 A-5 所示。

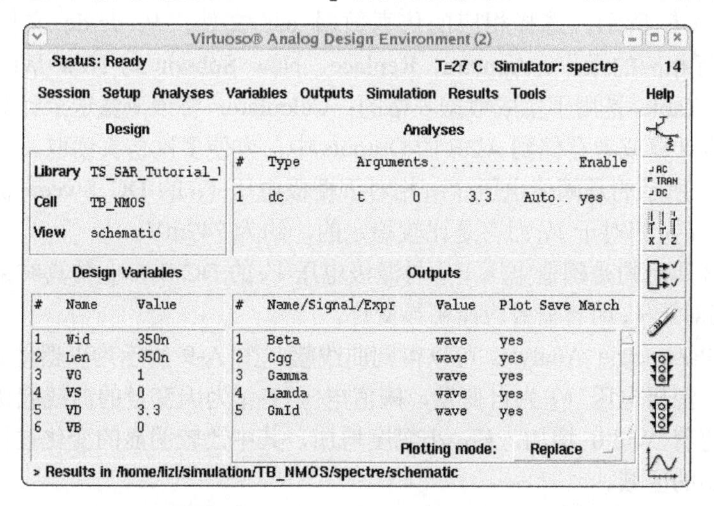

图 A-4 以栅极电压 V_G 为变量的 DC Sweep 仿真设置

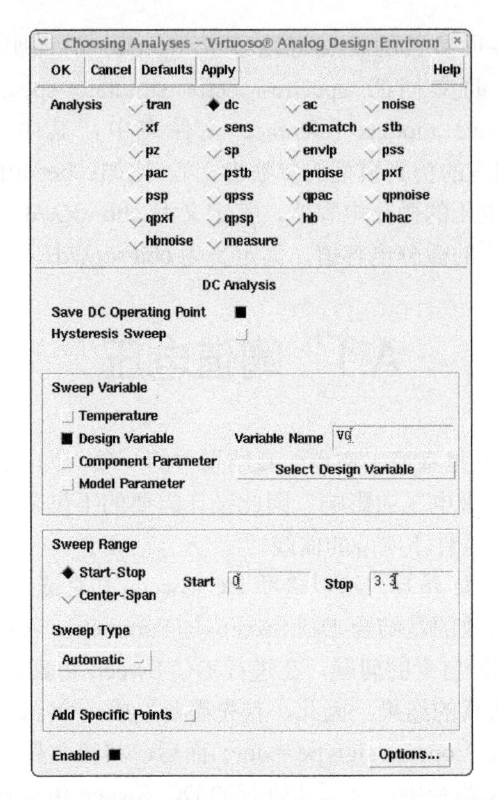

图 A-5　以栅极电压 V_G 为变量的 DC Sweep 设置

仿真完毕之后，选择 Tools→Results Browser，可以看到存储的所有参数信息。如图 A-6 所示，选择相应的仿真数据 psf 文件，从 dc-dc 文件夹下选择 M1/vth 进行相应的操作。Append、Replace、New Subwin 与 New Win 是用于绘制曲线的；Table 是用于生成数据表格的；Calculator 将该变量送至计算器，可以进行进一步计算或者存储到 ADE 的 Outputs 中，方便多次仿真读取。

图 A-7 所示的是阈值电压 V_{TH} 相对于栅极电压 V_G 的 DC Sweep 仿真结果。可以看到，V_{TH} 相对于 V_G 而言是比较稳定的，约为 749mV。

图 A-8 所示的是阈值电压 V_{TH} 与源极电压 V_S 的 DC Sweep 仿真结果。可以看到，V_{TH} 相对于 V_S 因背栅效应而明显变化。

利用 Parametric Analysis 可以得到曲线簇，图 A-9 所示为以器件宽度 Width 为参变量，源极电压 V_S 为自变量，阈值电压 V_{TH} 为因变量的曲线簇仿真图。可以看到，随着 Width 增加，V_{TH} 小幅度增加，其中比较明显的变化过程在 Width 处于比较小的区域。

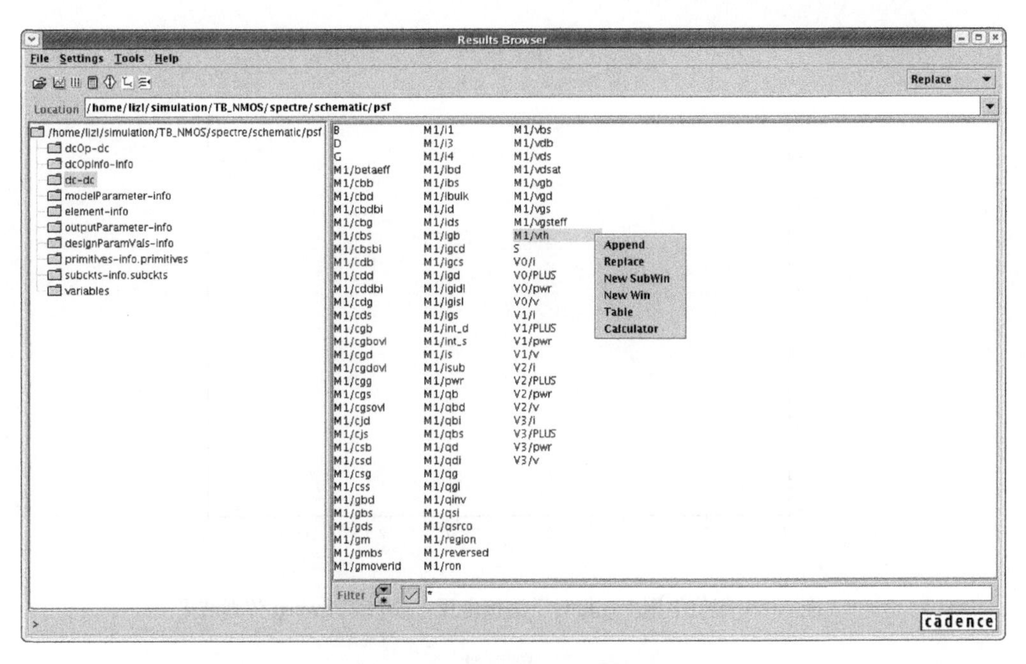

图 A-6 Results Browser 结果图

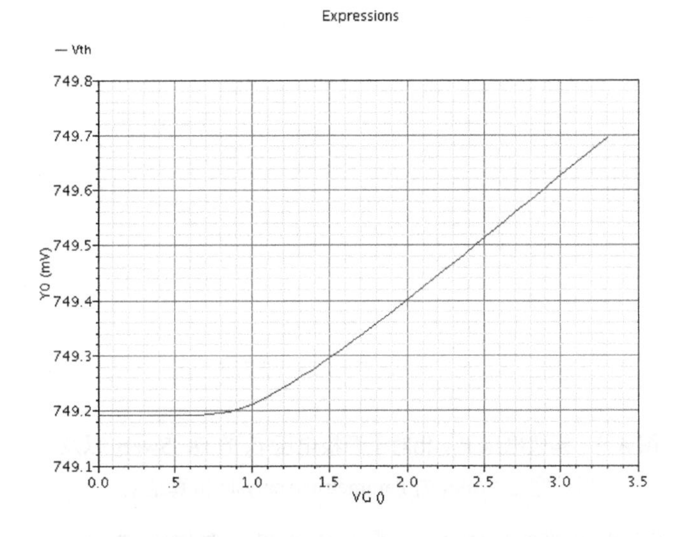

图 A-7 阈值电压 V_{TH} 相对于栅极电压 V_G 的 DC Sweep 仿真结果

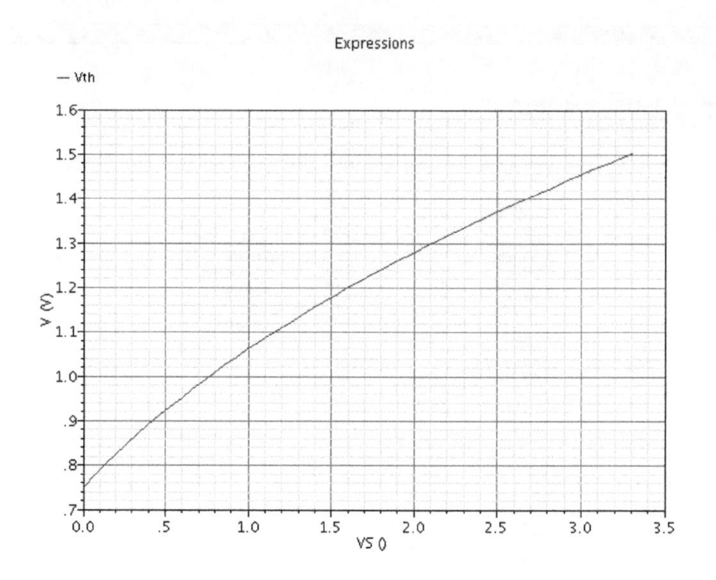

图 A-8　阈值电压 V_{TH} 相对于源极电压 V_S 的 DC Sweep 仿真结果

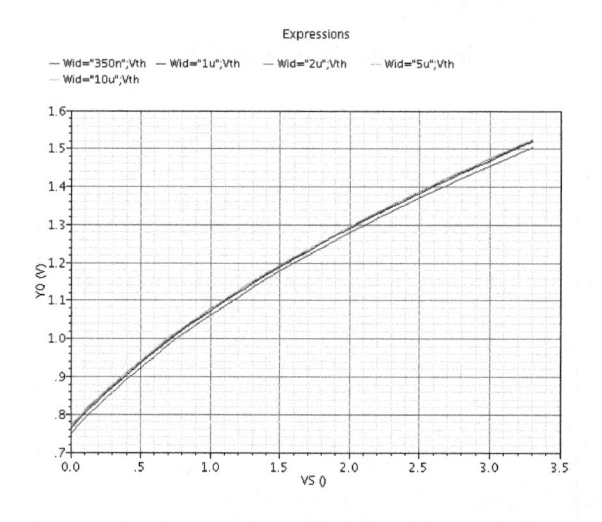

图 A-9　阈值电压 V_{TH} 相对于源极电压 V_S 的 DC Sweep 以及
器件宽度 Width 的 Parametric Analysis 仿真结果

图 A-10 所示为以器件长度 Length 为参变量，源极电压 V_S 为自变量，阈值电压 V_{TH} 为因变量的曲线簇仿真结果。可以看到，在不同电压范围内，随着 Length 增加（1～10μm），V_{TH} 小幅度减小。

本节说明了评估阈值电压的相应方法，利用本节介绍的参数扫描仿真方法，读者可以得到其他变量情况下阈值电压的曲线。

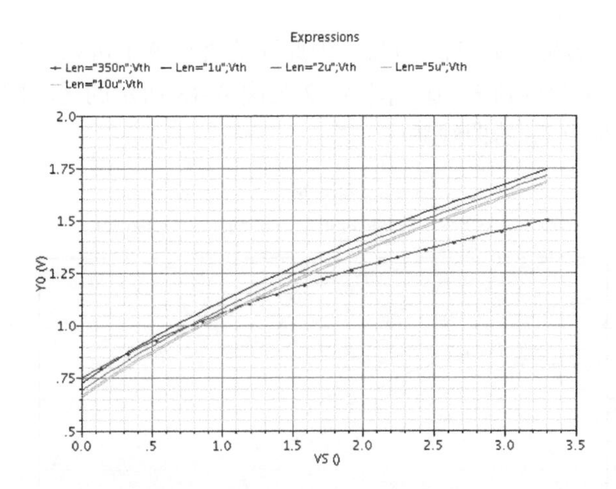

图 A-10 阈值电压 V_{TH} 相对于源极电压 V_S 的 DC Sweep 以及器件长度 Length 的 Parametric Analysis 仿真结果

A.2 $\beta(\mu C_{OX}W/L)$与 $K(\mu C_{OX})$

β 对应直流工作点中的参数 betaeff。通过类似于 V_{TH} 的仿真方式，可以得到如图 A-11 所示的以漏极电压 V_D 为参变量的 betaeff 相对于栅极电压 V_G 的曲线簇。可以看到，在不同 V_D 条件下，betaeff 的变化量很小；但是随着 V_G 的增加，漏–源电流增加，器件进入深度饱和区，betaeff 减小。

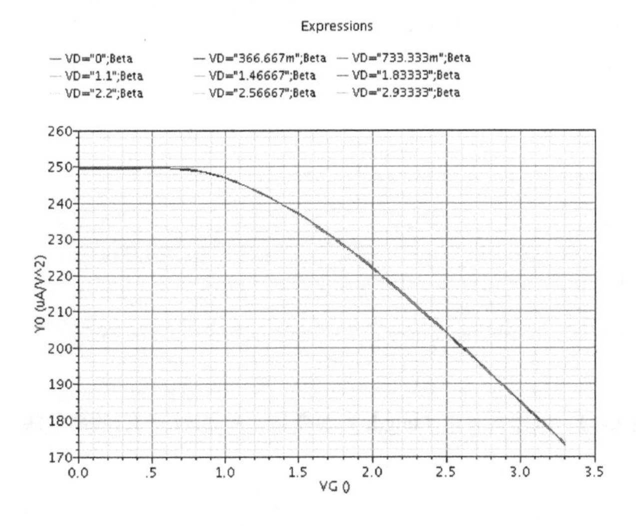

图 A-11 以漏极电压 V_D 为参变量，betaeff 相对于栅极电压 V_G 的曲线簇

需要更加关注的是参数 $K_n=\mu_n C_{ox}$，因此在仿真设置中可以通过 Calculator 设置输出为 betaeff/(W/L)得到 K_n 值。图 A-12 与图 A-13 所示的是不同器件宽度与长度条件下，K_n 相对于 V_G 的曲线簇。

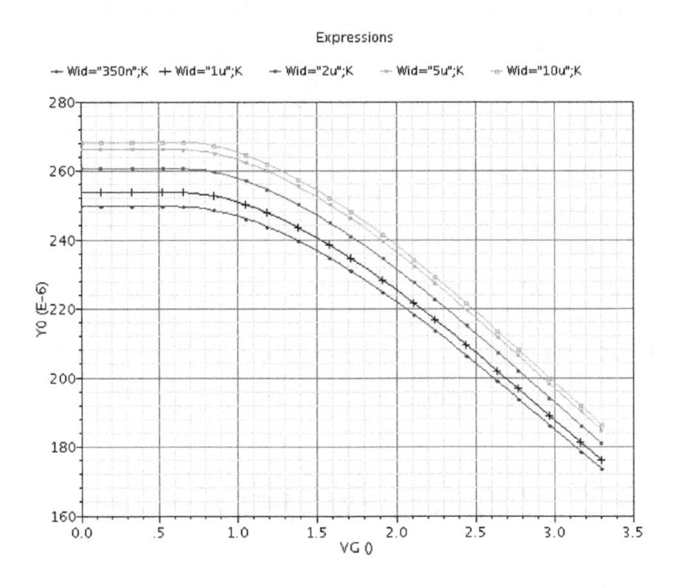

图 A-12　以器件宽度 Width 为参变量，K_n 相对于 V_G 的曲线簇

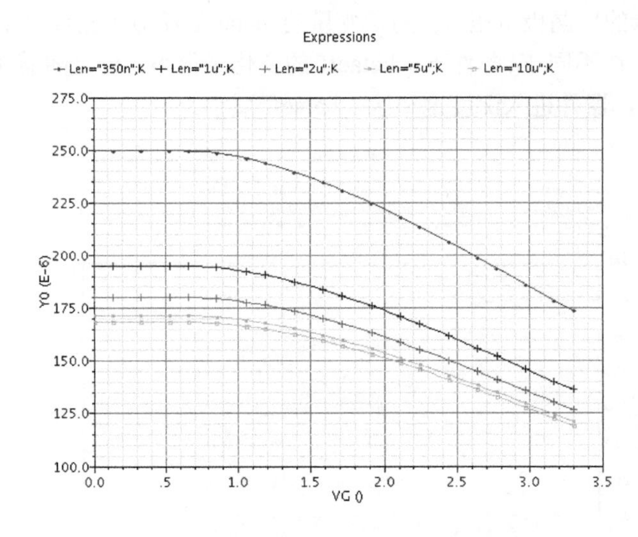

图 A-13　以器件长度 Length 为参变量，K_n 相对于 V_G 的曲线簇

A.3 沟道调制系数

沟道调制系数（λ）是用于手工计算的简单模型中的参数，计算的是 MOS 管输出阻抗。在深亚微米工艺条件下，MOS 管的输出阻抗受到 MOS 管尺寸与直流工作点的共同影响，在直流工作点中并不显示参数 λ，与之相对应的是输出电导 g_{ds}。根据 $g_{ds}=\lambda I_D$ 的关系可以估算 λ 的值。也可以根据 $V_E=\lambda L=g_{ds}L/I_D$ 估算厄利电压 V_E。图 A-14 所示的是宽长比为 350nm/350nm 的 nMOS 管，λ 相对于栅极电压 V_G 的曲线图。

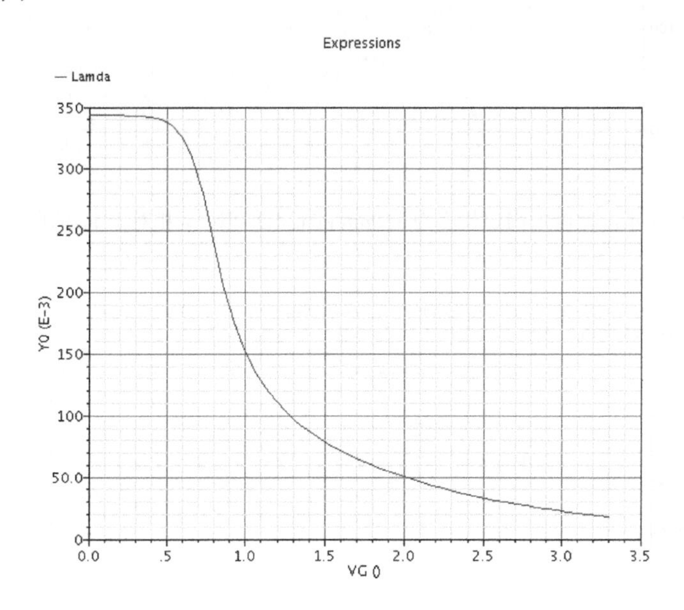

图 A-14 宽长比为 350nm/350nm 的 nMOS 管，λ 相对于栅极电压 V_G 的曲线

当 V_G 较小时，MOS 管处于截止区，输出阻抗较大；当 V_G 较大时，MOS 管进入饱和区，输出阻抗相对减小。在设计中需要关注的是饱和区的输出阻抗，对应过驱动电压为 200mV 条件下，λ 约为 $0.17V^{-1}$。图 A-15 所示为不同宽度，固定长度为 350nm 的 nMOS 管，λ 相对于 V_G 的曲线簇。图 A-16 所示为不同长度，固定宽度为 350nm 的 nMOS 管，λ 相对于 V_G 的曲线簇。

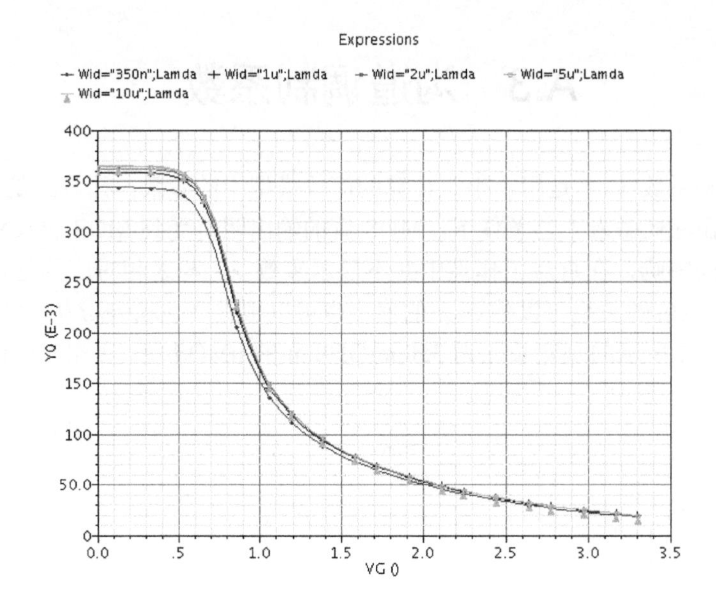

图 A-15　不同宽度，固定长度为 350nm 的 nMOS 管，λ 相对于 V_G 的曲线簇

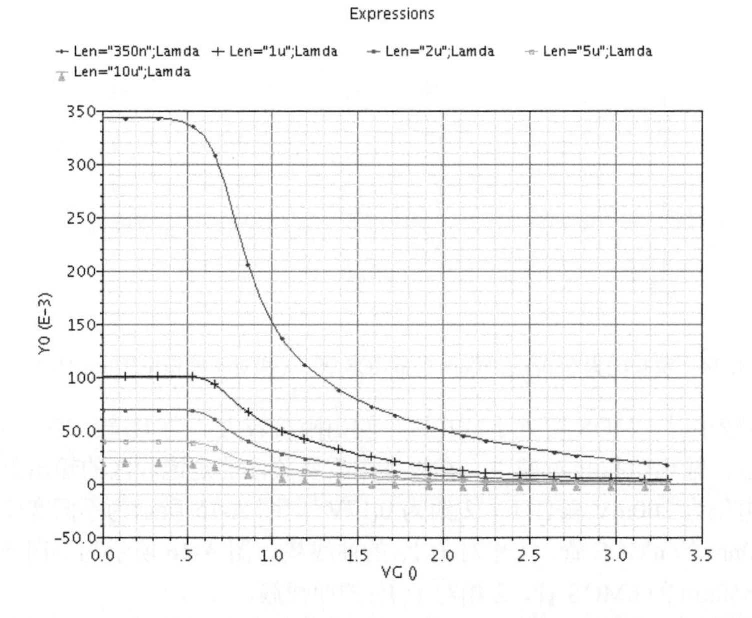

图 A-16　不同长度，固定宽度为 350nm 的 nMOS 管，λ 相对于 V_G 的曲线簇

A.4　背栅效应系数

背栅效应系数（γ）用于表示体极电压变化对于阈值电压的影响。在传统手工计算模型中，阈值电压与源体电压 V_{SB} 的关系为

$$V_{TH}\left(V_{SB}\right)=V_{TH0}+\gamma\left(\sqrt{\left|2\phi_F+V_{SB}\right|}-\sqrt{2\phi_F}\right) \tag{A-1}$$

当 $V_{SB}/(2\phi_F)\ll 1$ 时，对式（A-1）进行一阶泰勒级数展开得到

$$V_{TH}\left(V_{SB}\right)\approx V_{TH0}+\frac{\gamma}{2\left(2\phi_F\right)^{3/2}}V_{SB} \tag{A-2}$$

因此，可以根据 V_{TH} 与 V_{SB} 的仿真曲线在 $V_{SB}\approx 0$ 附近的斜率得到背栅系数 γ。图 A-17 和图 A-18 所示为 nMOS 不同长度与宽度条件下，V_{TH} 相对于源极电压 V_S 的导数曲线簇。可以看到，相同长度、不同宽度的晶体管，γ 基本保持一致；相同宽度、不同长度的晶体管，γ 值在长度较小条件下有所变化。但在长度增加之后，γ 基本保持一致。式（A-2）中 $2\phi_F\approx 0.9$ V，因此可以推算出对于 $W/L=350$ nm/350nm 的 MOS 管，$\gamma\approx 0.39\times 2\times 0.9^{3/2}=0.67\text{V}^{-1}$。

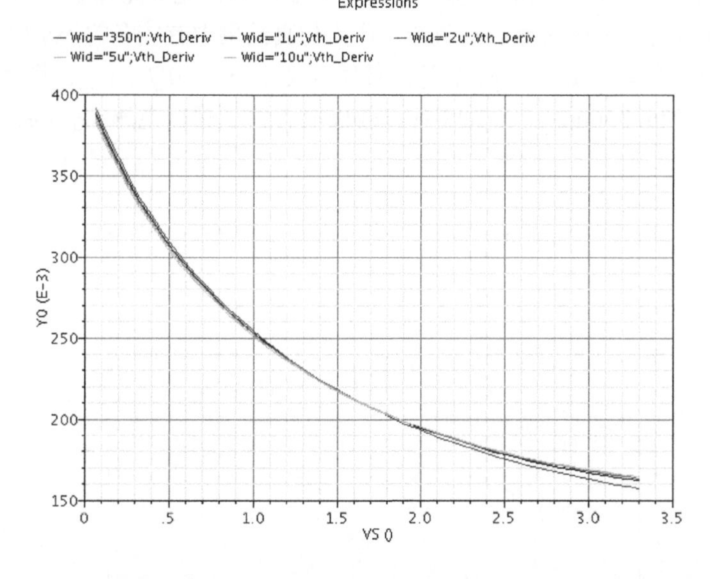

图 A-17　不同宽度，相同长度为 350nm 的 nMOS 管，V_{TH} 相对于 V_S 的导数曲线簇

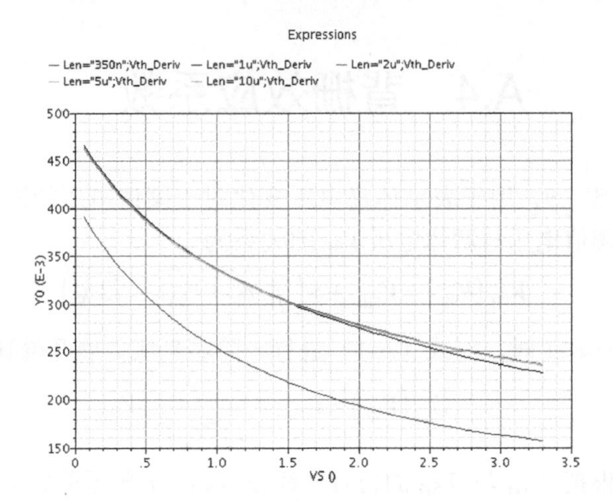

图 A-18　不同长度，相同宽度为 350nm 的 nMOS 管，V_{TH} 相对于 V_S 的导数曲线簇

A.5　栅极电容密度

器件的寄生电容对电路的动态性能具有重要影响，尤其是栅极电容。栅极电容对应直流工作点的 cgg 参数。在直流工作点仿真结果中有较多的 cxy 电容参数，其中 x 或者 y 可能表示 d、s、g、b 等，具体定义为 $cxy = dQ_{xy}/dV_{xy}$。图 A-19 所示为宽长比为 350nm/350nm 的 nMOS 管，栅极电容关于栅极电压 V_G 的曲线。

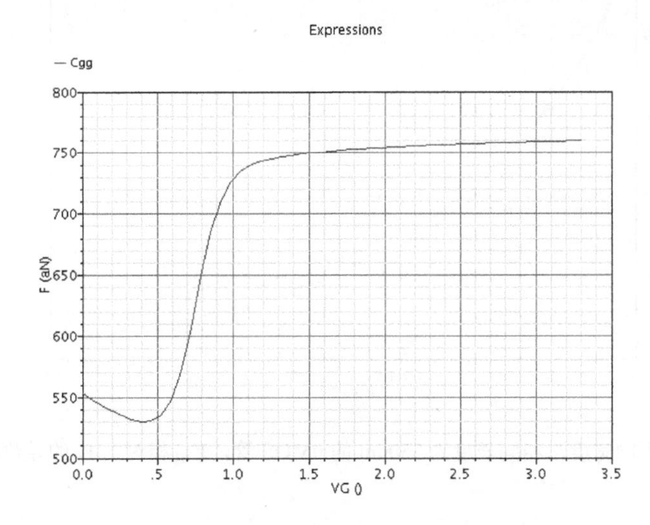

图 A-19　宽长比为 350nm/350nm 的 nMOS 管，栅极电容相对于栅极电压 V_G 的曲线

当 V_G 较小时，栅极电容为栅氧电容 C_{OX} 与沟道电容的串联，其值相对较小；当 V_G 较大时，栅极电容基本为 C_{OX}，其值相对较大。对应可以求得在 V_G 与 V_D 电压为 3.3V 条件下，cgg = 760aF（1aF = 10^{-18}F），对应电容密度 760aF/(0.35μm×0.35μm) = 6.2fF/μm²。

A.6 方块导通电阻

导通电阻是指工作于线性区的 MOS 管的大信号电阻，其定义为 $R_{ON}=V_{DS}/I_{DS}$。当 MOS 管用作开关时，就需要关注导通电压。图 A-20 所示为漏-源电压 V_{DS}=1mV 时，导通电阻 R_{ON} 相对于栅极电压 V_G 的曲线。可以看到，栅-源电压 V_{GS}=3.3V 时，R_{ON}=3kΩ，意味着单位 W/L 的 nMOS 的导通电阻为 3kΩ，将该值称为方块导通电阻。依据此可以计算不同宽长比 nMOS 管的导通电阻。

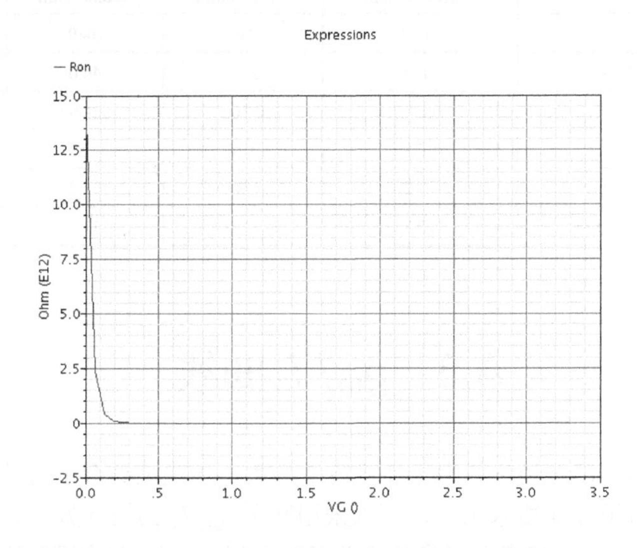

图 A-20 V_{DS}=1mV 时，导通电阻 R_{ON} 相对于栅极电压 V_G 的曲线

A.7 工艺参数总结

依照以上介绍的各工艺参数提取仿真设置，针对不同尺寸的 nMOS 管与 pMOS 管进行参数提取，nMOS 管的结果见表 A-1，pMOS 管的结果见表 A-2。在设计过程中，可以作为参考。

表 A-1　不同尺寸 nMOS 管工艺参数提取结果

W/L	350nm/350nm	1μm/350nm	350nm/1μm	1μm/1μm
V_{TH}（mV）	749	762	726	753
$\mu_n C_{OX}$（A/V^2）	249	254	195	207
λ（V^{-1}）	0.17	0.17	0.056	0.062
γ（$V^{1/2}$）	0.67	0.66	0.80	0.81
栅电容密度（$fF/\mu m^2$）	6.2	5.4	4.9	4.5
方块导通电阻（kΩ）	2.97	3.05	3.01	2.98

表 A-2　不同尺寸 pMOS 管工艺参数提取结果

W/L	300nm/300nm	1μm/300nm	300nm/1μm	1μm/1μm
V_{TH}（mV）	−620	-601	-649	-666
$\mu_n C_{OX}$（A/V^2）	58.9	55.7	46.0	45.8
λ（V^{-1}）	0.078	0.104	0.0093	0.0078
γ（$V^{1/2}$）	0.75	0.74	0.83	0.86
栅电容密度（$fF/\mu m^2$）	13.2	6.84	6.62	4.99
方块导通电阻（kΩ）	10.3	12.0	11.4	12.5

A.8　g_m/I_d 曲线

以上所介绍的都是经典的手工计算模型参数，该模型适合于传统晶体管宽度较大的工艺。对于深亚微米工艺，可以采用基于 g_m/I_d 的设计方法。本书不具体介绍 g_m/I_d 设计方法，读者可以参考相关书籍文献。g_m/I_d 对应于直流工作点中的 gmoverid 参数。图 A-21 所示为 nMOS 管的跨导 g_m 与 g_m/I_d 相对于栅极电压 V_G 的曲线。当栅极电压较小时，nMOS 管处于亚阈值导通状态，此时 g_m 较小，g_m/I_d 较大；当栅极电压较大时，nMOS 管处于深度饱和状态，此时 g_m 较大，g_m/I_d 较小；当栅极电压处于中间值时，g_m 与 g_m/I_d 值均较大。

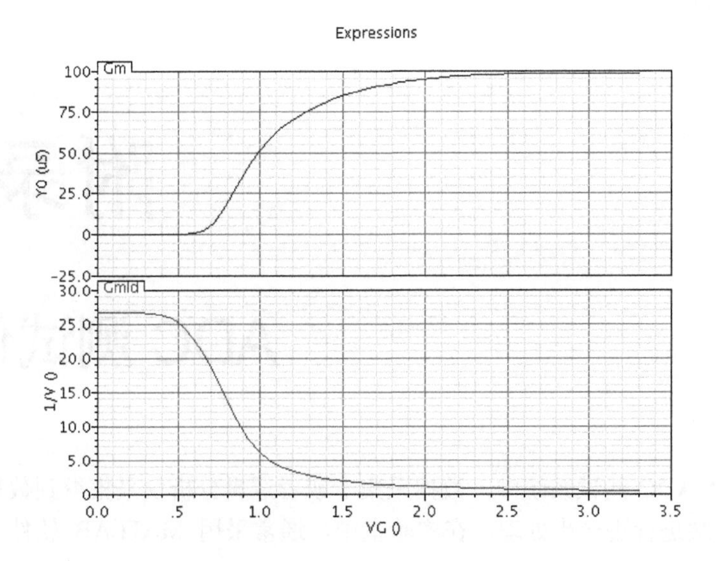

图 A-21　nMOS 管的跨导 g_m 与 g_m/I_d 相对于栅极电压 V_G 的曲线

附录 B

ADC 测试代码

在 SAR ADC 测试系统中，数据采集卡或者逻辑分析仪采集得到数据之后，需要在 PC 端进行进一步处理。在实验室中，通常采用 MATLAB 软件进行运算处理。

B.1 DNL/INL 代码

以下为 DNL/INL 的测试代码。输入信号为摆幅超过 ADC 输入范围的正弦信号，ADC 转换得到数字码序列 code。以下测试代码的输入变量为 code，输出变量为 dnl 与 inl。

```
function[dnl,inl]=inldnl_sin_func(code)
%DNL_INL_SIN
% dnl and inl ADC output
% input code contains the ADC output vector obtained from quantizing a sinusoid

format long;

% histogram boundaries
minbin=min(code);%
maxbin=max(code);%

% histogram
h = hist(code, minbin:maxbin);
```

```
% cumulative histogram
ch = cumsum(h);

% transition levels found by
T = -cos(pi*ch/sum(h));

% linearized histogram
hlin = T(2:end)-T(1:end-1);

% truncate at least first and last bin,more if input did not clip ADC
trunc=2;
hlin_trunc=hlin(1+trunc:end-trunc);

% calculate lsb size and dnl and inl
lsb = sum(hlin_trunc)/(length(hlin_trunc));
dnl = [0 hlin_trunc/lsb-1];
find(dnl<=-1);
misscodes = length (find(dnl<=-1));
inl = cumsum(dnl);


figure;
% subplot dnl
subplot(2,1,1);
plot(minbin+[1:length(dnl)],dnl,'k');
grid on;
set(gca,'GridLineStyle',':','GridColor','k');
axis([minbin maxbin min(dnl)-0.2 max(dnl)+0.2]);
title(['DNL = +',num2str(max(dnl),2),' / ',num2str(min(dnl),2),' LSB ']);
xlabel('Code','Fontweight','bold')
ylabel('DNL [LSB]','Fontweight','bold')
set(gcf,'NumberTitle','on');
set(gcf,'Name', 'DNL');

% subplot inl
subplot(2,1,2);
```

```
plot(minbin+[1:length(inl)],inl,'k');
set(gca,'GridLineStyle',':','GridColor','k');
axis([minbin maxbin min(inl)-0.2 max(inl)+0.2]);
title(['INL = +',num2str(max(inl),2),' / ',num2str(min(inl),2),' LSB ']);
xlabel('Code','Fontweight','bold')
ylabel('INL [LSB]','Fontweight','bold')
set(gcf,'NumberTitle','on');
set(gcf,'Name', 'INL');
grid on;
```

B.2 FFT 分析代码

以下为 FFT 的测试代码。输入信号为摆幅小于 ADC 输入范围的正弦信号，ADC 转换得到数字码序列 code。以下测试代码的输入变量为 code，输出变量为 SNR、SFDR、THD 与 SNDR。

```
function [SNR SFDR THD SNDR]=fft_test(code, Fs, name, fig, win);

% FFT_TEST
% SNDR SFDR THD and SNDR ADC output
% input code contains the ADC output vector obtained from quantizing a sinusoid
% input Fs the ADC sampling rate
% input test name
% input figure enable
% input window selection enable

% normalize input
% code_nor=code./2^bit_width;

% number of sample
N = length(code);

% window selection.
switch win
```

```
    case 0;
    w = ones(N,1);%rectangular
    code = w.*code;
    kk = 0; %number of non-zero bins on each side of the signal
    case 1;
    w = hann(N);%hann
    code = w.*code/0.5;
    kk = 1; %number of non-zero bins on each side of the signal
end;

% generate frequency axis
k = 0:N-1;
freq = k/N*Fs;

% FFT of the signal
X = fft(code)/(N/2);
cutoff = ceil(N/2);

% take the first half of the spectrum
X = abs(X(1:cutoff));
freq = freq(1:cutoff);

% remove zero in fft output to avoid taking the log of 0.
index0 = find(X == 0);
X(index0) = eps;

% find input frequency
X(1:6) = 0; % remove DC signal
[value_sig index_sig] = max(X);
Fin=abs(freq(index_sig));

% output spectrum in log domain
mag = 20*log10(X/value_sig);

% calculate dynamic performance metrics
```

```
% calculate the harmonics power
hm_power = 0;
phd = 0; % power of harmonics
hm = 6; % number of harmonics

for i = 2:hm;
    hm_center = floor(mod(index_sig*i, N/2));
    if (hm_center >= kk && hm_center < N/2-kk)
        hm_power = sum(X(hm_center-kk+1:hm_center+kk+1).^2);
    end
    phd=phd+hm_power;
end

% calculate the signal power
psig = sum(X(index_sig-kk:index_sig+kk).^2);

% calculate the noise power
pnoise = sum(X.^2)-psig-phd;

% calculate total spectral power
pall = sum(X.^2);

% power in log domain
NSD=10*log10(1000*pnoise/(Fs/2));
PALL_ABS=10*log10(pall);
PSIG_ABS=10*log10(psig);

% calculate the SNR, THD, SNDR
SNR = 10*log10(psig/pnoise);
THD = -10*log10(psig/phd);
SNDR = 10*log10(psig/(pnoise+phd)) ;

% find the largest component except the signal
[asig, index] = max(mag);
```

```
spur = max([mag(1:index-kk-1); mag(index+kk+1:cutoff)]);

% calculate the SFDR
SFDR = asig-spur;

% spectrum plot
if (fig == 1)
figure;
plot(freq, mag, 'k', 'LineWidth',1);
grid on;
set(gca,'GridLineStyle',':','GridColor','k');
s1=sprintf('SFDR=%4.2f, SNR=%4.2f, THD=%4.2f, SINAD=%4.2f', SFDR, SNR, THD, SNDR);
title(['{\fontsize{10}', name, ' Spectrum, ',s1 ,'}']);
xlabel('{\fontsize{10}Frequency [Hz]}');
ylabel('{\fontsize{10}Magnitude [dB]}');
end
```

附录 C

本书常用术语表

中　文	英　文	缩略语
模拟/数字转换器，模/数转换器	Analog-to-Digital Converter	ADC
每秒取样率	Samples Per Second	SPS, Sps
无杂散动态范围	Spurious-Free Dynamic Range	SFDR
逐次逼近 ADC	Successive Approximation Register ADC	SAR ADC
德尔塔－西格玛	Delta-Sigma	Δ-Σ, ΔΣ
量化误差	Quantization Error	
最低有效位	Least-Significant Bit	LSB
（输入）失调误差	Offset Error	
增益误差	Gain Error	
微分非线性误差	Differential Non-Linearity	DNL
积分非线性误差	Integral Non-Linearity	INL
失码	Missing Code	
失电平	Missing Level	
单调性	Monotonicity	
信噪比	Signal-to-Noise Ratio	SNR
信纳比或信噪失真比	Signal-Noise-and-Distortion Ratio	SNDR 或 SINAD
有效分辨率带宽	Effective-Resolution Bandwidth	ERBW
有效位	Effective Number of Bits	ENOB
动态范围	Dynamic Range	
总谐波失真	Total Harmonics Distortion	THD
无杂散动态范围	Spur Free Dynamic Range	SFDR
交调失真	Intermodulation Distortion	IMD

中 文	英 文	缩略语
二阶交调失真	Two-tone Intermodulation Distortion	IMD2
多音功率比	Multi-tone Power Ratio	MTPR
采样保持	Sample-and-Hold	S&H
奈奎斯特 ADC	Nyquist ADC	
过采样 ADC	Oversampling ADC	
过采样率	Oversampling Ratio	OSR
噪声整形	Noise Shaping	
信号传递函数	Signal Transfer Function	STF
噪声传递函数	Noise Transfer Function	NTF
势垒降低	Drain Induced Barrier Lowering	DIBL
品质因数	Figure of Merit	FoM
节能窗口	Energy Efficient Window	EEW
抗混叠滤波器	Anti-aliasing Filter	
低电压差分信号	Low-Voltage Differential Signaling	LVDS
最高有效位	Most Significant Bit	MSB
伪	Dummy	
增益带宽积	Gain Bandwidth	GBW
拉丁超立方采样	Latin Hypercube Sampling	LHS
数/模转换器	Digital-to-Analog Converter	DAC
电容型 DAC	Capacitor DAC	CDAC
快速傅里叶变换	Fast Fourier Transform	FFT
相干采样	Coherent Sampling	
印制电路板	Printed Circuits Board	PCB
现场可编程逻辑门阵列	Field Programmable Gate Array	FPGA
有限冲激响应（非递归型）	Finite Impulse Response	FIR
无限冲激响应（递归型）	Infinite Impulse Response	IIR

参考文献

[1] Analog Devices. AD6676 Datasheet[EB/OL]. 2016-04[2022-03-14]. http://www.analog.com/media/cn/technical-documentation/data-sheets/AD6676_cn.pdf.

[2] Analog Devices. LTC2500-32 Datasheet[EB/OL]. 2018[2022-03-14]. https://www.analog.com/media/en/technical-documentation/data-sheets/250032fb.pdf.

[3] Analog Devices. AD7177-2 Datasheet[EB/OL]. 2015[2022-03-14]. https://www.analog.com/media/cn/technical-documentation/data-sheets/AD7177-2_cn.pdf.

[4] Chiu Y. Data Converter Basics[EB/OL]. UTD EECT 7327 Handouts, 2014[2022-03-14].http://personal.utdallas.edu/~yxc101000/courses/7327/slides/converter basics.pptx.

[5] Chang A H T. Low-power high-performance SAR ADC with redundancy and digital background calibration[D]. Massachusetts Institute of Technology, 2013.

[6] Pelgrom, Marcel J M, Aad C J D, et al. Matching properties of MOS transistors[J]. IEEE Journal of solid-state circuits 24.5 (1989): 1433-1439.

[7] Anderson T O. Optimum control logic for successive approximation AD converters. Computer Design. USA, DA: 1972, 11(7): 81-86.

[8] Analog Devices. AD7380 Datasheet. 2019[2022-03-14]. https://www.analog.com/media/en/technical-documentation/data-sheets/AD7380-7381.pdf.

[9] Bossche M V, Joannes S, Renneboog J. Dynamic testing and diagnostics of A/D converters[J]. IEEE Transactions on Circuits and Systems 33.8 (1986): 775-785.